KB079927

숲에서
우주를
보  다

# 숲에서 우주를 보다

## The Forest Unseen

**데이비드 조지 해스컬** 지음
**노승영** 옮김

에이도스

세라에게

# 차례

머리말

티베트 불교 승려 두 명이 놋쇠 깔때기를 손에 들고 탁자 위로 몸
을 숙이고 있다. 깔때기 끝에서 색색의 모래가 탁자 위로 흘러내린
다. 모래가 가느다란 선을 그릴 때마다 만다라가 점점 커진다. 승려들
은 원의 중심에서 출발하여, 기본적인 형태를 표시한 백묵 선을 따
라가며 수백 가지 세부 사항을 기억에 의존하여 채워 넣는다.

부처를 상징하는 연꽃이 가운데 놓여 있고 화려한 궁전이 연꽃을
에워쌌다. 궁전의 네 문 밖에는 깨달음의 단계를 나타내는 각양각색
의 동심원이 그려져 있다. 몇 날 며칠이 걸려 만다라가 완성되면 그
림을 다 지우고 모래를 흐르는 물에 버린다. 제작에 필요한 집중, 복
잡성과 일관성 사이의 균형, 무늬에 내포된 상징, 그리고 무상함에
이르기까지 만다라에는 여러 의미가 있다. 하지만 그 무엇도 만다라
를 그리는 궁극적 목적을 설명하지 못한다. 만다라는 인생의 경로,
우주의 질서, 부처의 깨달음을 재현한 것이다. 이 작은 모래 원을 통
해 우주 전체를 보는 것이다.

한 무리의 미국인 대학생들이 밧줄 뒤에서 티격태격하며 왜가리
처럼 목을 쭉 빼고 만다라의 탄생 과정을 지켜본다. 미국인답지 않

게 조용하다. 만다라에 정신을 빼앗겼거나 승려의 낯선 모습에 기가 죽었나 보다. 학생들은 생태학 실험 수업 첫 시간을 만다라 관찰로 시작한다. 관찰이 끝나면 근처 숲에 들어가 땅에 고리를 던져 자신의 만다라를 만들 것이다. 땅에 그려진 원을 오후 내내 들여다보며 숲의 공동체가 어떻게 어우러지는지 관찰할 것이다.

산스크리트어 '만다라'는 '공동체'로 번역되기도 한다. 그렇게 학생과 승려는 같은 일을 하며 만다라를 관觀하고 마음을 가다듬는다. 둘의 유사성은 말과 상징의 차원을 뛰어넘는다. 나는 만다라만 한 면적에 숲의 모든 생태 이야기가 담겨 있다고 믿는다. 사실, 숲의 진면목을 또렷하고 생생하게 보려면 주마간산으로 전체를 훑어보기보다는 작은 면적을 꼼꼼히 뜯어보는 게 낫다.

극히 작은 것에서 우주를 탐구하는 것은 여러 문화권을 관통하는 명상 주제다. 지금 우리를 인도하는 비유는 티베트 만다라이지만, 서양 문화에서도 비슷한 본보기를 찾을 수 있다. 블레이크는 시 「순수의 예언」에서 만다라보다 더 작은 흙이나 꽃을 비유로 들었다. "한 톨의 흙에서 세상을 보고/ 한 송이 들꽃에서 천국을 보리라." 블레이크의 소망은 서양 신비주의 전통에서 비롯했으며, 이 전통을 가장 분명히 보여주는 것은 기독교 관상가觀想家들이다. 십자가의 성 요한네스, 아시시의 성 프란치스코, 노리치의 성녀 율리아누스에게는 지하 감옥과 동굴과 작은 개암이 궁극적 실재를 들여다보는 렌즈였다.

이 책은 티베트 만다라와 블레이크의 시와 율리아누스의 개암이 던진 화두에 대한 생물학자의 대답이다. 잎, 돌, 물이라는 작은 사색의 창을 통해 숲 전체를 볼 수 있을까? 나는 테네시 주 산악 지대의 오래된 숲에 그린 만다라에서 이 물음에 대한 대답을, 아니 대답의 실마리를 찾고자 했다. 숲 만다라는 지름이 1미터를 약간 넘는 원으로, 승려들이 그렸다 지운 만다라와 같은 크기였다. 숲을 정처 없이 걷다가 앉기에 적당한 바위가 있어서 이곳을 나의 만다라로 정했다. 바위 앞, 한 번도 본 적 없는 이 만다라의 무늬는 겨울의 남루한 외투 아래에 숨겨져 있었다.

이곳은 테네시 주 남동부의 경사진 숲이다. 100미터쯤 올라가면 컴벌랜드 고원의 서쪽 가장자리를 이루는 높은 사암 절벽이 있다. 절벽은 계단 모양 단구段丘를 이루는데 평평한 단구면과 가파른 단구애를 번갈아 가며 300미터를 내려가면 계곡 바닥에 이른다. 만다라는 가장 높은 단구면의 호박돌 사이에 자리 잡고 있다. 참나무, 단풍나무, 피나무basswood, 히코리hickory, 백합나무tuliptree 말고도 여남은 종의 다 자란 낙엽활엽수가 경사지를 완전히 덮었다. 숲 바닥에는 호박돌에서 떨어져 나온 돌멩이가 어지러이 널려 있다. 평지는 거의 없으며 부풀고 갈라진 돌들이 낙엽에 덮여 있을 뿐이다.

숲이 보전된 것은 가파르고 험준한 지형 덕분이다. 산기슭으로 내려가면 계곡 바닥에 기름지고 평평한 흙이 보인다. 처음에는 아메리카 원주민이, 그 뒤에는 유럽에서 온 개척자들이 가축을 먹이고 작물을 기르려고 돌을 골라내고 개간했다. 19세기 말과 20세기 초에는 소수의 정착민이 산 중턱에서 농사를 지으려 했지만 땅이 척박하여 애를 먹었다. 가난한 농부들은 밀주密酒를 빚어 수입을 보충했다.

이곳의 지명이 '흔들자루 우묵땅Shakerag Hollow'인 것은 돈이 든 자루를 흔드는 것이 밀주업자를 부르는 신호였기 때문이다. 몇 시간 뒤에 돈 대신 독주毒酒가 담긴 자루가 돌아왔다.

농사터와 공터는 다시 숲으로 바뀌었지만, 돌더미와 낡은 파이프, 녹슨 대야, 수선화 꽃밭에는 사람의 자취가 남아 있다. 숲의 나머지 부분은 20세기 들어 목재와 땔감을 얻기 위해 벌목되었다. 사람 손을 타지 않은 조각땅이 몇 군데 남아 있었는데, 접근할 수 없거나 운이 좋았거나 땅 주인이 내버려둔 덕이었다. 만다라는 그런 조각땅 중 한 곳에 있다. 100만 평의 산지에 자리 잡은 만 평가량의 오래된 숲. 이곳은 한때 개간되었으나 이제는 테네시 산림의 특징인 풍부한 생태계와 생물 다양성을 지탱할 만큼 무르익었다.

오래된 숲은 지저분하다. 만다라에서 돌 던지면 닿을 거리에 거목 대여섯 그루가 쓰러진 채 다양한 부식 단계를 거치고 있다. 썩어가는 줄기는 수많은 동물, 균류, 미생물의 먹이가 된다. 나무가 쓰러지면 임관林冠(숲지붕_옮긴이)에 구멍이 뚫려 오래된 숲의 두 번째 특징이 나타난다. 굵은 노목들 옆에서 젊은 나무 군집이 자라며 수령樹齡의 모자이크를 이루는 것이다. 만다라 서쪽으로 바로 옆에는 밑동 지름이 1미터에 이르는 피그너트히코리pignut hickory가 자란다. 그 옆에는 히코리 한 무더기가 쓰러져 생긴 빈터에 어린 히코리가 빼곡히 들어찼다. 내가 앉은 바위 뒤에는 중년의 설탕단풍나무sugar maple가 서 있는데 줄기 둘레가 내 몸통만 하다. 이 숲에서는 온갖 수령의 나무가 자란다. 이는 식물 공동체가 대대로 이어지고 있음을 뜻한다.

나는 만다라 옆의 납작한 사암에 앉아 있다. 내가 세운 만다라 규칙은 간단하다. 자주 이곳을 찾아 한 해 동안의 순환을 지켜본다. 소란 피우지 않는다. 아무것도 죽이지 않고 어떤 생물도 옮기지 않고 만다라 안을 파헤치거나 그 위에 엎드리지 않는다. 이따금 사려 깊은 손길은 괜찮겠지만. 방문 일정을 계획하지는 않았지만, 일주일에 몇 번은 이곳을 찾을 것이다. 이 책은 그 기간 동안 만다라에서 일어난 일들을 담았다.

# 결혼

눈 녹는 소리, 기름지고 축축한 나무 내음과 함께 새해가 시작된다. 숲 바닥을 덮은 낙엽 깔개에 습기가 내려앉았고, 대기는 상쾌한 나뭇잎 향으로 가득하다. 구불구불 내리막 숲길을 벗어나, 이끼 끼고 마모된 집채만 한 바위 뒤로 돌아 들어간다. 산 중턱 우묵땅 너머에 나의 푯돌이 보인다. 낙엽 더미를 뚫고 솟아오른 기다란 바위, 이 사암 덩어리가 만다라의 한쪽 끝이다.

돌 더미를 가로질러 푯돌까지 가는 데는 몇 분이면 충분하다. 우람한 히코리나무의 껍질에 손을 얹고 한 발짝 디디면 발밑에 만다라가 있다. 만다라의 반대편으로 가서 납작한 바위에 앉는다. 신선한 공기를 들이마시며 휴식을 취한 뒤에 가만히 앉아 관찰을 시작한다.

낙엽은 얼룩덜룩한 갈색이다. 만다라 한가운데에는 앙상한 미국생강나무spicebush(스파이스부시) 줄기와 어린 물푸레나무가 허리 높이까지 자랐다. 썩어가는 낙엽과 휴면 중인 나무의 거무죽죽한 색깔 위로 만다라 가장자리의 바위에서 반사된 빛이 드리웠다. 이 바위들은 절벽에서 떨어진 조각들이 수천 년에 걸쳐 불규칙하고 울퉁불퉁하게 마모된 것이다. 크기는 너구리만 한 것부터 코끼리만 한 것까지 있는데, 웅크린 사람만 한 것이 대부분이다. 빛은 바위에서 직접 반사된 것이 아니라 습한 공기 속에서 에메랄드빛, 옥빛, 진줏빛을 발하는 지의류 덮개에서 반사된 것이다.

지의류로 덮인 바위는 습기와 햇빛이 알록달록 어우러진 사암 더미 산의 축소판이다. 바윗돌 꼭대기에는 딱딱한 회색 조각들이 흩어져 있다. 바위 사이의 어두운 틈새에서 자줏빛 광채가 난다. 옆면에서 터키석이 반짝거리고 석회암이 동심원을 그리며 완만하게 흘러내린다. 지의류의 빛깔은 모두 갓 칠한 듯 선명하다. 이 같은 활기는 숲의 나머지 부분에 드리운 겨울의 음침한 무기력과 대조를 이룬다. 이끼조차 칙칙한 색깔에 하얗게 서리가 앉았다.

지의류는 모든 생물이 꼼짝없이 얼어붙은 겨울에도 유연한 생리 기능을 발휘하며 생기를 뿜어낸다. 지의류가 추운 겨울을 이겨낸 비결은 버림의 역설이다. 지의류는 온기를 얻기 위해 연료를 태우지 않으며 주위 온도에 따라 생명 활동을 조절한다. 동식물과 달리 물이 없어도 살 수 있어서 습할 때는 부풀고 건조할 때는 쪼그라든다. 식물은 추위가 닥치면 몸을 움츠리고 세포를 꼭 감싸며 봄이 오면 그제야 조금씩 기지개를 켜지만, 지의류는 얕은 잠을 잔다. 단 하루라도 추위가 누그러지면 금세 생기를 되찾는다.

삶을 대하는 이런 태도는 다른 곳에서도 찾아볼 수 있다. 『장자』에는 세찬 폭포수 아래에서 헤엄치는 남자 이야기가 나온다. 사람들이 놀라서 그를 구하려고 달려갔으나 남자는 멀쩡히 물 밖으로 나왔다. 어떻게 물살을 이겼느냐고 묻자 남자는 이렇게 대답했다. "천명을 따라 이뤄지게 한 겁니다. 나는 소용돌이와 함께 물 속에 들어가고 솟는 물과 더불어 물 위에 나오며 물길을 따라가며 전혀 내 힘을 쓰지 않습니다." 지의류는 장자보다 4억 년 앞서 이 지혜를 터득했다. 장자의 비유에서 순리를 통한 승리에 진정으로 통달한 자는 폭포 옆 바윗면에 달라붙은 지의류다.

지의류는 겉으로는 평온하고 단순해 보이지만 그 속에 복잡함을 감추고 있다. 지의류는 균류와 조류, 또는 균류와 세균이 합쳐진 것이다. 균류는 바닥에 실을 깔아 편안한 보금자리를 만들고 조류와 세균은 이 실 속에 살면서 태양의 에너지를 이용하여 당을 비롯한 영양소 분자를 합성한다. 결혼 생활이 다 그렇듯, 어떻게 결합하느냐에 따라 두 배우자 다 변화를 겪는다. 균체는 밖으로 뻗어 나가 나뭇잎과 비슷한 구조를 형성하는데, 자신을 보호하는 겉껍질, 빛을 흡수하는 조류를 위한 층, 호흡을 위한 작은 기공으로 이루어진다. 배우자인 조류는 세포벽을 잃고 균류에게 몸을 의탁하며 유성 생식을 포기하고 (빠르지만 유전적으로 똑같은) 자기 복제를 선택한다. 지의류의 균류는 실험실에서 배우자 없이도 자랄 수 있지만, 홀로 남은 배우자는 몸이 상하고 병약해진다. 이와 마찬가지로 지의류의 조류와 세균도 배우자인 균류 없이 살아갈 수 있지만 서식 환경이 제한된다. 개별성의 굴레를 벗어버린 지의류는 세계 정복의 동맹을 결성했다. 육지의 10퍼센트 가까이가 지의류로 덮여 있는데, 특히 나무가 자라지 않으며 연중 겨울 나라인 극북極北은 지의류 천지다. 나무가 울창한 이곳 테네시의 만다라에서도 바위마다, 줄기마다, 가지마다 지의류 껍질을 둘렀다.

어떤 생물학자는 균류가 조류를 덫에 빠뜨려 착취한다고 주장한다. 이런 해석은 지의류의 구성원이 개체이기를 포기하고 억압자와 피억압자의 구분을 불가능하게 만들었음을 간과한 것이다. 사과나무와 옥수수 밭을 돌보는 농부처럼, 지의류는 생명의 혼합물이다. 개별성이 사라지면 승자와 패자를 가르는 득점표도 의미가 없다. 옥수수가 피억압자일까? 농부가 옥수수에 의존하면 옥수수의 희생자인 것일까? 이것은 존재하지 않는 구분을 가정한 질문이다. 인간의 심장박동과 작물의 개화開花는 하나의 생명 활동이다. '혼자'를 선택할 수는 없다. 농부의 생리 구조는 식물을 식량으로 삼도록 형성되었으며 이는 벌레를 닮은 최초의 동물이 등장한 수억 년 전으로 거슬러 올라간다. 작물은 인간과 더불어 산 기간이 1만 년밖에 안 되지만, 그 사이에 자신의 독립성을 포기했다. 지의류는 진화의 손길에 의해 몸을 섞고 세포막을 엮음으로써 이러한 상호 의존을 생생하게 보여준다. 옥수숫대와 농부가 한 몸이 된 격이다.

만다라의 지의류가 다채로운 색깔을 뽐내는 것은 그 속에 들어 있는 다양한 조류, 세균, 균류 때문이다. 파란색이나 자주색 지의류에는 남세균이 들어 있다. 초록색 지의류에는 조류가 들어 있다. 균류는 노란색이나 은색의 햇빛 차단 색소를 분비하여 나름의 색깔을 만들어낸다. 지의류의 다채로운 색깔은 생명나무의 유서 깊은 세 줄기인 세균, 조류, 균류의 색깔이 어우러져 생겼다.

조류의 초록색은 더 오래된 결혼의 산물이다. 조류 세포 깊숙이 들어 있는 보석 색소는 태양의 에너지를 빨아들인다. 이 에너지는 일련의 화학 작용을 거쳐 공기 분자를 당과 양분으로 결합한다. 이렇게 만들어진 당은 조류 세포와 동반자 균류의 양식이 된다. 햇빛을 흡수하는 색소는 엽록체라는 작은 보석 상자에 들어 있는데, 엽록체는 하나하나가 막으로 둘러싸여 있으며 저마다 자신의 유전 물질이 있다. 암녹색 엽록체는 1억 5000만 년 전에 조류 세포 안에 둥지를 튼 세균의 후손이다. 세입자 세균은 질긴 외투와 성 정체성과 독립을 포기했다. 조류 세포가 균류와 결합하여 지의류가 되었듯 말이다. 그런데 딴 생물 안에서 살아가는 세균은 엽록체만이 아니다. 모든 식물, 동물, 균세포 안에는 어뢰 모양의 미토콘드리아가 들어 있는데, 미토콘드리아는 세포의 식량을 연소시켜 에너지를 만들어내는 소형 발전소다. 미토콘드리아도 한때는 자유롭게 살아가는 세균이었으나 엽록체처럼 섹스와 자유를 포기하고 동반자를 얻었다.

생명체의 화학적 지문 DNA에는 더더욱 오래된 결혼의 흔적이 남아 있다. 우리의 세균 조상은 다른 종과 유전자를 섞고 바꾸어, 요리사가 동료의 요리법 카드를 베끼듯 유전 명령을 조합했다. 이따금, 주방장 두 명이 식당을 완전히 합병하듯 두 종이 하나로 융합되기도 한다. 인류를 비롯한 현대 생명체의 DNA에는 이러한 합병의 흔적이 남아 있다. 우리의 유전자는 한 단위처럼 행동하지만 실은 미묘하게 다른 둘 이상의 문체로 쓰여 있다. 수십억 년 전에 서로 다른 종들이 결합한 흔적이다. 생명'나무'는 하찮은 비유가 아니다. 우리의 계보 저 아래쪽은 얽히고설킨 그물망 또는 물이 만나는 삼각주를 닮았다.

우리는 러시아 인형(마트료시카)이다. 우리가 살아 있는 것은 우리 안의 다른 생명들 덕분이다. 하지만 인형은 따로 떼어놓을 수 있는 데 반해 우리의 세포 도우미와 유전 도우미는 우리에게서 떼어놓을 수 없다. 그들에게서 우리를 떼어놓을 수도 없다. 우리는 거대한 지의류다.


***


연합. 융합. 만다라의 주민들은 상생하는 제휴 관계를 맺었다. 하지만 협력이 숲 속의 유일한 관계는 아니다. 약탈과 착취도 벌어진다. 지의류 껍질로 감싼 바위 안쪽의 만다라 한가운데에서 낙엽 위에 꼬인 채 누워 있는 한 녀석은 이 고통스러운 연합을 상기시킨다.

녀석이 천천히 꼬인 몸을 풀었다. 나의 무딘 관찰력으로는 알아차리기 힘들 정도였다. 처음 눈길을 끈 것은 젖은 낙엽 위를 바삐 돌아다니는 호박색 개미 두 마리였다. 개미가 부산하게 움직이는 광경을 반 시간쯤 보다가 개미들이 낙엽 속에 파묻힌 꼬인 끈에 특별히 관심이 있음을 알아차렸다. 끈의 길이는 내 손만 했으며 바닥의 히코리

잎처럼 비에 젖은 갈색이었다. 처음에는 오래된 포도나무 덩굴손이나 잎줄기인 줄 알고 무심히 넘겼다. 그런데 더 흥미로운 대상에 눈길을 돌리려는 찰나, 개미가 더듬이로 덩굴손을 건드리자 꼬인 끈이 풀리더니 움직이기 시작했다. 이제야 알겠다. 연가시다. 연가시는 착취 본능이 있는 괴상한 생물이다.

녀석의 정체가 드러난 것은 몸을 비트는 동작 때문이었다. 연가시는 내부에서 압력을 가하여 몸을 부풀린 다음 근육을 수축시켜 어떤 동물과도 다른 방식으로 몸을 뒤틀고 경련한다. 복잡하거나 우아하게 움직일 필요는 전혀 없다. 지금의 한살이 단계에서는 짝을 향해 기어가고 알을 낳는 두 가지 동작만 할 수 있으면 충분하기 때문이다. 그 전에도 정교한 동작은 필요 없었다. 귀뚜라미 몸속에 똬리를 틀고 들어앉아 있었기 때문이다. 귀뚜라미가 녀석의 발과 입을 대신했다. 연가시는 몸속 약탈자로 살아가며 단물을 다 빨아먹고 나면 귀뚜라미를 죽인다.

연가시의 한살이는 웅덩이나 개울에 낳은 알이 부화되면서 시작된다. 작은 애벌레는 강바닥을 기어다니다가 달팽이나 작은 곤충의 먹이가 된다. 녀석은 새 집에서 보호용 갑옷으로 전신을 감싼 채 혹 모양을 하고 때를 기다린다. 대부분의 애벌레는 나머지 단계로 넘어가지 못하고 혹 단계에서 생을 마친다.

만다라에 있는 녀석은 다음 단계로 넘어간 소수의 생존자 중 하나다. 녀석의 숙주가 땅으로 올라와 죽은 뒤에 잡식성 귀뚜라미의 먹이가 되었다. 이 사건들이 잇따라 일어날 가능성은 매우 희박하기 때문에 연가시는 알을 수천만 개씩 낳는다. 그중에서 성체가 되기까지 살아남는 것은 한두 마리에 불과하다. 귀뚜라미 몸속에 들어간 녀석은 뾰족한 대가리를 이용하여 소화관 벽을 뚫고 들어가 터를 잡고는 쉼표 크기에서 시작하여 내 손 길이까지 (귀뚜라미 몸속 크기에 맞게 똬리를 틀면서) 자란다. 더는 자랄 수 없게 되면 귀뚜라미의 뇌를 조종하는 화학 물질을 분비한다. 그러면 물을 두려워하던 귀뚜라미가 웅덩이나 개울을 찾아가 스스로 몸을 던져 익사한다. 귀뚜라미가 물에 닿자마자 연가시는 힘센 근육을 바짝 긴장시켜 귀뚜라미의 체벽을 찢어버리고는 자유의 몸이 된다. 쓸모가 없어진 귀뚜라미는 바닥에 가라앉아 죽는다.

자유를 찾은 연가시는 애타게 동료를 찾으며, 수십에서 수백 마리가 뒤엉켜 꼴사나운 모습으로 짝짓기를 한다. 이런 습성 때문에 연가시를 '고르디우스 벌레'라 부르기도 한다. 끝을 찾을 수 없을 만큼 복잡하게 묶은 전설 속 고르디우스 왕의 매듭에 빗댄 표현이다. 매듭을 푸는 사람은 왕위를 물려받을 수 있었으나 아무도 성공하지 못했다. 매듭을 푼 것은 또 다른 약탈자 알렉산드로스 대왕이었다. 그는 연가시처럼 숙주를 속이고 칼로 매듭을 자른 뒤에 왕관을 요구했다.

연가시는 짝짓기에 신물이 나면 매듭을 풀고는 각자 제 갈 길을 간다. 그러고는 연못가 습지나 축축한 숲 바닥에 알을 낳는다. 부화한 애벌레는 알렉산드로스의 약탈자 기질을 발휘하여 달팽이에게 침투하고 귀뚜라미를 제물로 삼는다.

연가시가 숙주와 맺는 관계는 전적으로 약탈적이다. 희생자는 고통을 겪을 뿐 숨겨진 유익이나 보상을 전혀 받지 못한다. 하지만 기생충 연가시조차 몸속에 미토콘드리아가 없으면 살 수 없다. 약탈의 원동력은 협력이다.

\*\*\*

노장사상적 연합. 농부의 의존. 알렉산드로스의 약탈. 만다라에서 펼쳐지는 관계들은 다양하며 여러 색이 섞여 있다. 산적과 순박한 주민은 생각만큼 쉽게 분간할 수 없다. 진화는 선을 긋지 않았다. 모든 생명은 빼앗기도 하고 손잡기도 한다. 기생하는 약탈자는 자기 몸속에서 협력하는 미토콘드리아 덕에 영양을 섭취한다. 조류는 고세균에게서 에메랄드빛을 물려받고 회색 균류의 벽에 몸을 의탁했다. 생명의 화학적 토대인 DNA조차 고르디우스의 매듭처럼 여러 색이 섞여 만들어졌다.

# 케플러의
# 선물

발목까지 눈이 덮인 탓에, 갈라지고 울퉁불퉁한 숲 바닥은 매끄러운 이랑이 되었다. 바위 사이의 깊은 틈이 보이지 않아서, 걸을 때 무척 위험하다. 나무줄기에 몸을 지탱한 채 천천히 발을 내디디면서 만다라를 향해 미끄러지며 기어 올라간다. 눈을 털어내고 바위에 앉아 외투 자락을 여민다. 10분마다 골짜기 아래에서 무언가 쪼개지는 소리가 총소리처럼 쩌렁쩌렁 울린다. 딱딱하게 얼어붙은 앙상한 회색 가지가 툭 부러지는 소리다. 온도가 영하 10도까지 떨어졌다. 천지가 꽁꽁 얼어붙을 정도는 아니지만 올해 처음 찾아온 진짜 추위다. 나무가 딱딱하게 굳기에는 충분하다.

해가 모습을 드러내면 눈은 흰색의 부드러운 깔개에서 수천 개의 날카롭고 밝은 광원으로 바뀐다. 만다라 표면에서 반짝이는 눈에 손가락을 찔러 넣어 한 자밤(나물이나 양념 따위를 손가락 끝으로 집을 만한 분량_옮긴이) 퍼 올린다. 자세히 살펴보니 눈은 태양빛을 반사하는 별 무리다. 눈의 표면이 태양과 내 눈 사이에서 정확한 각도를 이루면 눈부신 빛을 쏘아 보낸다. 햇빛은 눈의 송이송이 작은 장식에서 반사되어, 별 모양이나 가시 모양이나 육각형의 완벽한 대칭을 이룬다. 섬세한 눈송이 수백 개가 내 손끝에 모여 있다.

이 아름다움은 어디에서 왔을까?

1611년에 요하네스 케플러는 행성의 운동을 연구하다가 잠깐 짬을 내어 눈송이를 명상했다. 특히 눈송이의 여섯 면이 대칭을 이루는 것에 매료되었다. "눈이 내리기 시작할 때마다 어김없이 최초의 형태가 육각의 작은 별 모양인 데는 분명히 뚜렷한 원인이 있을 것이다." 케플러는 수학 법칙과 자연의 패턴에서 답을 찾고자 했다. 케플러는 꿀벌의 벌집과 석류의 씨앗 또한 육각형임에 착안하여 이것이 기하학적으로 효율적이기 때문일 것이라고 추측했다. 하지만 수증기는 석류 씨앗처럼 껍질에 다닥다닥 붙지 않으며 벌집의 형태가 되지도 않으므로, 케플러는 벌집과 석류 씨앗으로 눈송이 구조의 원인을 밝힐 수는 없겠다고 생각했다. 꽃과 여러 광물이 육각형 법칙을 따르지 않는다는 점도 골칫거리였다. 삼각형, 사각형, 오각형도 반듯한 기하학적 패턴으로 쌓을 수 있으니 순수한 기하학적 설명은 후보에서 제외해야 했다.

케플러는 눈송이가 땅의 영혼과 신, 즉 만물에 깃든 '창조의 영'을 우리에게 보여준다고 썼다. 하지만 이 같은 중세적 해결책에 만족할 수는 없었다. 케플러는 신비를 가리키는 손가락이 아니라 손에 잡히는 설명을 찾고 싶었다. 지식의 얼음 궁전 속을 들여다볼 수 없었던 케플러는 좌절을 느끼며 논문을 마무리했다.

케플러가 원자 개념을 진지하게 받아들였다면 좌절감을 달랠 수 있었을지도 모르겠다. 원자 개념은 일찍이 고대 그리스의 철학자들이 주창했으나 케플러를 비롯한 17세기 초의 과학자들은 대부분 이에 동조하지 않았다. 하지만 2000년에 걸친 원자의 유배 생활도 막바지에 이르러, 17세기 말이 되자 원자는 다시 인기를 끌었다. 공과 막대기가 교과서와 칠판 위에서 의기양양하게 춤추었다.

원자의 구조를 알아내려면 얼음에 엑스선을 쬔다. 이때 나타나는 광선의 패턴을 통해 일상 척도의 1000조 분의 1밖에 안 되는 세계를 들여다볼 수 있다. 산소 원자의 들쭉날쭉한 선이 보인다. 산소 원자 하나에는 부산하게 움직이는 수소 원자가 두 개 달라붙어 있으며 주위에서 전자가 번쩍거린다. 우리는 분자를 이리저리 둘러보며 모든 각도에서 규칙성을 검사한다. 놀랍게도 원자는 케플러의 석류 씨앗처럼 배열되어 있다. 눈송이의 대칭은 여기에서 비롯한다. 물 분자는 6면의 패턴을 되풀이 또 되풀이하며 육각형 고리를 차곡차곡 쌓아 올려 산소 원자가 육안으로 보일 때까지 팽창한다.

눈송이의 기본적인 육각형 모양은 얼음 결정이 어떻게 자라는가에 따라 다양하게 변하며 온도와 습도가 최종 형태를 결정한다. 공기가 매우 춥고 건조하면 육각기둥이 만들어진다. 남극은 이런 단순한 형태의 눈으로 덮여 있다. 기온이 올라가면 얼음 결정이 정확히 육각형으로 자라지 못한다. 그 이유는 아직 완전히 밝혀지지 않았지만, 수증기가 얼음 결정의 일부 가장자리에서 더 빨리 냉각되기 때문인 듯하다. 공기 조건이 조금만 달라져도 냉각 속도가 확 달라진다. 공기가 매우 습한 곳에서는 눈송이의 여섯 귀퉁이에서 가지가 돋는다. 이 가지는 새로운 육각형 판으로 변하기도 하고, 공기가 따뜻하면 곁가지를 뻗기도 한다. 온도와 습도의 조합이 또 달라지면 속이 빈 육각기둥, 바늘, 홈 파인 접시 등의 모양으로 자라기도 한다. 떨어지는 눈송이는 바람에 날리며 온도와 습도의 무수하고 미세한 변화를 겪는다. 두 눈송이가 똑같은 상황에 처하는 경우는 결코 없으며, 이 때문에 눈송이를 이루는 얼음 결정은 저마다 모양이 독특하다. 따라서 결정 성장의 법칙에 우연한 사건이 포개져 질서와 다양성 사이에 긴장이 생기는데 이것이 우리의 심미안을 만족시킨다.

케플러가 현재의 우리를 방문할 수 있다면 눈송이의 아름다움이라는 수수께끼가 해결된 것에 반색할 것이다. 석류 씨앗과 벌집 구멍의 배열에 주목한 그의 통찰은 옳았다. 구를 쌓으면 기하학적으로 눈송이 모양이 될 수밖에 없기 때문이다. 하지만 케플러는 물질 세계가 원자로 이루어져 있음을 몰랐기 때문에 작디작은 산소 원자로부터 얼음의 기하학적 형태가 자랄 수 있음을 상상하지 못했다. 그럼에도 케플러는 문제를 해결하는 데 간접적으로나마 한몫했다. 눈송이에 대한 그의 성찰에 자극받은 다른 수학자들이 빽빽하게 배열된 구珠의 기하학적 성질을 연구했고 이 덕에 원자를 지금처럼 이해할 수 있게 되었으니 말이다. 케플러의 논문은 현대 원자론의 초석을 닦은 것으로 평가된다. 하지만 케플러 자신은 동료에게 '아드 아토모스 에트 바쿠아*ad atomos et vacua*', 즉 원자와 진공을 받아들일 수 없다며 원자론을 매몰차게 거부했다. 케플러의 통찰은 자신이 보지 못한 것을 남들에게 보여주었다.

손끝에 놓인 투명한 별들을 다시 들여다본다. 케플러와 그의 후배 과학자들 덕에 나는 눈송이에서 원자의 구조를 본다. 만다라 그 어디에서도 무한히 작은 원자 세계와 크나큰 감각 영역의 관계가 이토록 명쾌하게 드러나지는 않는다. 바위, 나무껍질, 내 피부와 옷 같은 다른 표면은 여러 분자가 복잡하게 얽혀 있기 때문에, 아무리 관찰해도 미세한 구조를 직접 들여다볼 수는 없다. 하지만 육면 얼음 결정의 형태는 우리 눈에 보이지 않는 원자의 기하학적 구조를 맨눈으로 직접 볼 수 있게 해준다. 손끝에서 눈송이를 떨어낸다. 눈송이는 눈밭과 구별되지 않는 하나가 된다.

1월 21일

# 실험

만다라에 북풍이 몰아친다. 목도리가 펄럭거리고 턱이 아리다. 기온이 영하 20도다. 찬 바람으로 인한 체감 온도는 더 낮을 것이다. 남부의 숲에서 이만한 추위는 이례적이다. 전형적인 남부의 겨울은 살짝 얼었다 녹았다를 반복하며, 강추위가 찾아오는 일은 1년에 며칠이 고작이다. 오늘의 추위는 만다라의 생명을 생리학적 극한까지 몰아갈 것이다.

옷의 보호를 받지 않고 숲의 동물처럼 추위를 경험하고 싶다. 충동적으로 장갑과 모자를 얼어붙은 땅에 벗어던진다. 목도리도 풀어버린다. 방한용 멜빵바지, 남방, 티셔츠, 바지도 재빨리 벗는다.

실험을 시작한 지 첫 2초 동안은 의외로 상쾌하다. 답답한 옷을 벗었더니 찬 기운이 기분 좋게 느껴진다. 하지만 세찬 바람이 환상을 휘몰아 간다. 머리가 두통으로 지끈거린다. 몸에서 나오는 열기에 살갗이 타는 듯하다.

캐롤라이나박새<sup>Carolina chickadee</sup>들의 합창이 이 우스꽝스러운 스트립 쇼의 배경 음악으로 울려 퍼진다. 새들은 불똥 튀듯 가지 사이를 누비며 나무에서 춤춘다. 어디에 앉든 1초도 쉬지 않고 다시 날아오른다. 이 추운 겨울날, 녀석의 활기찬 모습과 나의 생리학적 무능력 사이의 대조는 자연 법칙을 거스르는 듯하다. 작은 동물은 큰 동물보다 추위에 버티는 능력이 부족해야 정상이다. 동물의 몸을 비롯한 모든 물체는 부피가 길이의 세제곱에 비례하여 증가하기 때문이다. 동물이 방출할 수 있는 열량은 부피에 비례하기 때문에 몸길이의 세제곱에 비례하여 열이 발생해야 한다. 하지만 열을 잃어버리는 표면적은 길이의 제곱에 비례하여 증가한다. 작은 동물은 겉넓이 대 부피의 비율이 매우 크기 때문에 몸이 쉽게 차가워진다.

동물의 크기와 열 손실 속도가 이처럼 연관된 탓에 지리적으로 몸 크기가 달라진다. 어떤 동물 종이 넓은 지역에서 오래 서식한 경우, 북부에 사는 종이 남부에 사는 종보다 대체로 몸집이 크다. 이 관계를 베르크만 법칙이라고 한다. 이 관계를 처음 밝힌 19세기 해부학자의 이름을 딴 것이다. 테네시 주의 캐롤라이나박새는 이 종의 북방 한계선에 서식한다. 그래서 남방 한계선인 플로리다 주에 사는 개체보다 10~20퍼센트 더 크다. 테네시 주의 새들은 이곳의 추운 겨울에 맞게 겉넓이와 몸 부피의 비율을 조절했다. 더 북쪽으로 올라가면 캐롤라이나박새 대신 근연종인 검은머리미국박새<sup>black-capped chickadee</sup>

가 서식하는데 캐롤라이나박새보다 10퍼센트 더 크다.

숲 속에 벌거벗은 채 서 있자니 베르크만 법칙이 엉터리 아닌가 싶다. 바람이 거세게 몸을 파고들자 살갗이 타는 듯 쓰라리다. 그러다 더 극심한 통증이 시작된다. 의식 너머에 있는 무언가가 심상치 않은 낌새를 챘다. 얼마 지나지 않아, 이 추운 겨울날 내 몸이 쓰러진다. 그래도 나는 몸무게가 미국박새(캐롤라이나박새는 미국박새의 일종이다_옮긴이)보다 1만 배나 더 나간다. 몸무게로만 따지면 이 새들은 몇 초 안에 몰살되어야 마땅하다.

미국박새의 생존 비결 중 하나는 나의 맨살보다 추위에 강한 보온 깃털이다. 매끈한 겉털이 부풀어 있는 것은 속에 숨어 있는 솜털 때문이다. 솜털 한 올 한 올은 수천 개의 가느다란 단백질 가닥으로 이루어졌다. 이 작은 가닥이 모인 가벼운 솜털은 같은 두께의 스티로폼보다 보온 효과가 열 배나 뛰어나다. 겨울이 되면 새들은 깃털의 개수를 50퍼센트 늘려 보온성을 높인다. 추울 때는 깃털 뿌리에 붙은 근육을 긴장시켜 몸을 부풀리는데, 그러면 보온 깃털이 두 배로 두꺼워진다. 하지만 아무리 뛰어난 방한복을 입고 있어도 추위를 언제까지나 막을 수는 없다. 미국박새의 피부는 내 피부와 달리 추위에 극심한 통증을 느끼지 않지만, 열이 방출되는 것은 마찬가지다. 추위가 극심할 때는 솜털 1~2센티미터라고 해봐야 고작 몇 시간 동안 목숨을 부지할 수 있을 뿐이다.

바람을 향해 몸을 기울인다. 경계심이 더욱 커진다. 몸이 말을 듣지 않고 사정없이 휘청거린다.

여느 때 열을 발생시키던 화학 반응이 완전히 정지했다. 심부 체온이 떨어지는 것을 막아줄 마지막 수단은 근육을 발작적으로 흔드는 것뿐이다. 근육이 제멋대로 발동하며 서로 잡아당기는 바람에 몸이 덜덜 떨린다. 달리거나 무거운 물체를 들 때처럼 몸속에서 음식 분자와 산소가 연소되지만, 지금은 연소 과정에서 열이 발생한다. 다리, 가슴, 팔을 마구 흔들어 혈액을 데운다. 이렇게 데워진 혈액은 뇌와 심장에 열기를 전달한다.

몸을 떠는 것은 미국박새의 주된 방한 전략이기도 하다. 겨우내, 온도가 낮고 돌아다니지 않을 때는 근육을 열펌프 삼아 몸을 흔든다. 가슴의 넓적한 비행 근육이 주로 열을 발생시킨다. 비행 근육은 몸무게의 4분의 1가량을 차지하므로, 이 근육을 흔들면 혈액 온도가 금방 올라간다. 인간은 이만큼 큰 근육이 없기 때문에, 새처럼 격렬하게 몸을 흔들 수 없다.

몸을 흔들며 서 있자니 공포가 엄습한다. 허둥지둥 옷을 입는다. 손에 감각이 없어서 옷을 집어들기 힘들다. 지퍼를 올리고 단추를 채우는 데에도 애를 먹는다. 혈압이 확 치솟았을 때처럼 머리가 아프다. 유일한 욕망은 빨리 움직이는 것이다. 걷고 뛰고 팔을 흔든다. 뇌에서는 빨리 열을 발생시키라고 신호를 보낸다.

실험 시간은 고작 1분이었다. 북극의 공기로 덮인 이번 일주일의 1만 분의 1에 불과하다. 그런데도 나의 생리 현상은 엉망이 되었다. 머리는 쾅쾅 울리고 허파는 공기를 충분히 들이마시지 못하고 팔다리는 마비되었다. 실험을 몇 분만 더 계속했더라면 심부 체온이 저체온증 수준까지 떨어졌을 것이다. 그러면 근육 조절 능력이 사라지고 졸음과 환각이 밀려온다. 인체는 정상적인 상황에서 약 37도를 유지한다. 체온이 몇 도만 떨어져 34도가 되면 정신 착란이 일어난다. 30도가 되면 장기의 기능이 정지되기 시작한다. 오늘처럼 찬바람이 불면 벌거벗은 채로 한 시간만 있어도 체온이 그만큼 떨어질 수 있다. 추위를 막아주는 문화적 적응의 혜택을 스스로 저버리고 나니 그야말로 난데없이 겨울 숲에 떨어진 열대 유인원 신세다. 이런 조건에 훌륭하게 적응한 미국박새를 보니 나 자신이 초라하게 느껴진다.

5분 동안 팔을 흔들고 발을 구른 뒤에 손을 소매 안에 넣고 몸을 웅크린다. 아직도 몸이 떨리지만 공포는 가라앉았다. 막 전력질주를 한 것처럼 근육이 피로하고 숨이 차다. 열 내려고 몸부림친 후유증이 이제야 나타난다. 몇 분 이상 몸을 흔들면 몸에 비축된 에너지가 금세 고갈될 수도 있다. 인간 탐험가이든 야생동물이든 굶주림은 종종 죽음의 전주곡이다. 식량 공급이 계속되는 한 몸을 흔들며 목숨을 부지할 수 있지만, 위장이 비고 지방이 고갈되면 생존할 수 없다.

따뜻한 부엌에 돌아가서 에너지를 보충해야겠다. 추위에 아랑곳없이 음식을 보존하고 운반하는 기술의 혜택을 볼 것이다. 하지만 미국박새에게는 말린 곡식도, 가축의 고기도, 수입한 채소도 없다. 겨울 숲에서 살아남으려면 6그램짜리 난로를 지필 먹이를 넉넉히 구해야 한다.

실험실과 야외에서 미국박새가 소비하는 에너지를 측정했다. 미국박새가 겨울을 나려면 최소 65,000줄의 에너지가 필요하다. 이

중 절반을 몸 흔드는 데 쓴다. 수치가 추상적이어서 감이 오지 않는다면 새가 먹는 양으로 환산해보자. 이 책에 인쇄된 쉼표만 한 거미에는 1줄의 에너지가 담겨 있다. 글자만 한 거미는 100줄이다. 어절 크기의 딱정벌레에는 250줄이 들어 있다. 기름진 해바라기 씨에는 1000줄 이상의 에너지가 들어 있지만, 만다라의 새들은 씨앗을 먹는 종이 아니다. 미국박새가 에너지 수지를 맞추려면 매일 500입의 먹이를 찾아야 한다. 하지만 만다라의 식료품 창고는 텅 빈 것처럼 보인다. 얼어붙은 숲에는 딱정벌레도, 거미도, 어떤 먹이도 보이지 않는다.

황량하게만 보이는 숲에서 미국박새가 살아남는 비결은 뛰어난 시력이다. 녀석의 눈 뒤에 있는 망막은 수용체가 사람보다 두 배나 촘촘하게 배열되어 있다. 그래서 시각이 예리하며 우리가 보지 못하는 미세한 것까지 볼 수 있다. 내가 보기에는 매끈한 나뭇가지 같은데 녀석의 눈에는 틈이 갈라지고 껍질이 벗겨진, 먹이가 숨어 있을 법한 가지로 보이는 것이다. 많은 곤충이 나무껍질의 작은 틈새에 숨어 겨울을 나는데, 미국박새의 날카로운 눈은 이 곤충들의 은신처를 놓치지 않는다. 시력이 이만큼 좋으면 세상이 어떻게 보일지 온전히 알 수는 없지만, 돋보기를 들이대면 비슷하게나마 감을 잡을 수 있다. 평소에는 보이지 않던 미세한 차이가 눈에 들어온다. 미국박새는 날카로운 눈으로 나뭇가지와 줄기, 낙엽을 훑으며 숨은 먹이를 추적하는 데 하루의 대부분을 보낸다.

또한 미국박새의 눈은 색깔을 우리 눈보다 더 많이 분간한다. 우리 눈에는 세 가지 종류의 색 수용체가 있어서 원색 세 개와 주요 혼색 네 개를 감지하는 데 반해 미국박새는 자외선을 감지하는 색 수용체가 하나 더 있다. 그 덕에 원색 네 개와 주요 혼색 열한 개를 볼 수 있어서, 인간이 경험하거나 심지어 상상할 수조차 없을 만큼 넓은 색시각 범위를 자랑한다. 또한 조류의 색 수용체에는 광학 필터 역할을 하는 유색의 기름방울이 있어서 각 수용체를 자극하는 색 범위가 좁다. 그 덕에 색시각의 정확도가 커졌다. 우리는 이런 필터가 없기 때문에, 우리와 조류가 함께 볼 수 있는 색 영역에서도 조류가 색의 미묘한 차이를 훨씬 잘 분간한다. 미국박새는 우리의 흐리멍덩한 눈으로는 볼 수 없는 색의 초현실을 살아간다. 그리고 이곳 만다라에서 자신의 능력을 활용하여 먹이를 찾는다. 숲 바닥에 듬성듬성 떨어져 있는 마른 머루는 자외선을 반사한다. 딱정벌레와 나방의 날개도 이따금 자외선을 띠며 털애벌레 중에도 그런 것이 있다. 조류는 자외선을 감지하는 능력이 없더라도 정확한 색 지각 능력으로 사소한 차이를 분간하여 곤충의 위장술을 무력화한다.

조류와 포유류의 시각이 달라진 것은 1억 5000만 년 전 쥐라기 때 일어난 사건 때문이다. 그때 현생 조류의 계통이 파충류로부터 갈라졌다. 이 고ㅎ조류는 조상인 파충류에게서 네 개의 색 수용체를 물려받았다. 포유류도 파충류로부터 진화했으며 조류보다 먼저 갈라져 나왔다. 하지만 우리의 원原포유류 조상은 조류와 달리 쥐라기 때 땃쥐 같은 야행성 동물이었다. 자연 선택의 근시안적 실용주의는 야행성 동물에게 색시각의 사치를 허락하지 않았다. 포유류의 조상이 물려받은 네 개의 색 수용체 중에서 두 개가 퇴화해 사라졌다. 오늘날까지도 대부분의 포유류는 색 수용체가 둘뿐이다. 하지만 인류의 조상을 비롯한 일부 영장류는 훗날 제3의 색 수용체를 진화시켰다.

미국박새는 곡예사 같은 몸놀림으로 시력의 이점을 뒷받침한다. 이 가지에서 저 가지로 옮겨 가는 데 날갯짓 한 번이면 충분하다. 발로 나뭇가지를 움켜쥐고 몸을 아래로 던져 철봉 돌기를 하기도 한다. 여전히 가지를 움켜쥔 채 몸이 회전하는 동안 부리로 가지를 검사하고는 날개를 확 펼쳐 다른 가지로 이동한다. 그러면서 나뭇가지 표면을 살살이 훑는다. 미국박새는 거꾸로 서서 나뭇가지 아래를 들여다보는 시간이 똑바로 서 있는 시간과 맞먹는다.

미국박새가 열심히 수색을 벌였지만, 내가 지켜보는 동안 먹이를 한 마리도 잡지 못했다. 미국박새는 여느 새처럼 고개를 뒤로 젖혀 먹이를 삼키거나 (큰 먹이는) 발로 붙잡고 부리로 찍는다. 내가 녀석들을 관찰한 시간은 15분에 불과했다. 녀석들이 추위를 이겨내려면 지방을 비축해야 한다. 지방은 필수 영양소일 뿐 아니라 겨울의 들쭉날쭉한 식량 사정에 대처하는 데도 안성맞춤이다. 날씨가 따뜻해지거나 거미나 열매를 찾으면 새들은 먹이를 섭취하여 지방으로 바꾼 다음 먹이가 없거나 날씨가 추울 때를 대비하여 몸에 저장한다.

지방 비율은 개체마다 다르다. 미국박새 무리는 계층을 이루는데, 대체로 우두머리 한 쌍과 부하 여러 마리로 이루어진다. 우두머리는 무리가 찾는 먹이를 마음대로 차지할 수 있기 때문에, 대개 날씨와 상관없이 배불리 먹는다. 이 상류층 새들은 몸매가 날씬하다. 부하

미국박새들은 이따금씩만 배불리 먹으며 힘든 겨울을 고스란히 겪는다. 새끼이거나 짝짓기를 하지 못하여 지위가 낮은 새들은 식량 공급의 불안정성에 대비하여 살을 찌운다. 보릿고개에 대비하여 보험을 드는 셈이다. 하지만 살을 찌우는 데는 대가가 따른다. 포동포동한 새는 새매의 손쉬운 먹잇감이다. 미국박새의 비만도는 굶주려 죽을 위험과 잡아먹힐 위험 사이를 줄타기한다.

미국박새는 먹이를 지방으로 저장하는 것 이외에 곤충이나 씨앗을 나무껍질 아래에 숨겨두기도 한다. 캐롤라이나박새는 특히 잔가지 밑에 구멍을 뚫어 먹이를 곧잘 숨겨둔다. 이렇게 하면 동작이 민첩하지 못한 새들이 먹이를 훔쳐가지 못한다. 그래도 저장된 식량을 빼앗길 위험이 있으므로 미국박새 무리는 영토를 방어하고, 다른 무리가 접근하면 쫓아낸다. 다른 나라에는 저장 습성이 없는 미국박새가 있는데, 녀석들은 영역 본능이 훨씬 약하다.

겨울에는 큰 새들이 미국박새 무리에 곧잘 합류한다. 오늘은 솜딱따구리downy woodpecker가 참나무 껍질에 숨은 애벌레를 잡아먹고는 미국박새들이 동쪽으로 날아가자 뒤따라 날아간다. 댕기박새tufted titmouse도 미국박새 무리와 함께 다닌다. 댕기박새는 미국박새처럼 가지 사이를 뛰어다니지만, 몸이 날렵하지 못하여 가지 끝에서 철봉 돌기를 하기보다는 잔가지 위에 서 있기를 좋아한다. 이 새들은 모두 울음소리로 서로를 부른다. 미국박새와 댕기박새는 지저귀거나 휘파람 소리를 내고 솜딱따구리는 삑 하고 새된 소리를 낸다. 무리 짓는 습성 덕에 구성원들은 새매의 위협에서 벗어날 수 있다. 감시하는 눈길이 많으면 새매를 쉽게 발견할 수 있기 때문이다.

하지만 군중 속의 안전에는 대가가 따른다. 댕기박새는 미국박새보다 덩치가 두 배 크기 때문에, 무리에서 주도권을 휘두르며 죽은 가지나 높이 달린 가지, 자기가 좋아하는 자리에서 미국박새를 몰아낸다. 위치가 조금만 달라져도 미국박새가 먹이를 얻을 기회가 훌쩍 줄어든다. 무리에 댕기박새가 없으면 미국박새가 더 배불리 먹을 수 있다. 따라서 겨울 만다라에서 살아남으려면 정교한 생리 과정뿐 아니라 사회적 역학 관계를 주도면밀하게 조정해야 한다.

해가 저문다. 차가워진 팔다리를 움직이고 얼어붙은 눈을 문지르는 등 숲에서 걸어 나갈 준비를 한다. 새들은 그 뒤로도 얼마 동안 먹이 찾는 일을 계속하다가 둥지로 돌아갈 것이다. 해가 떨어지고 기온이 내려가면 미국박새는 나뭇가지가 떨어져 생긴 구멍에 모여, 열을 빼앗아가는 바람으로부터 몸을 피한다. 몸과 몸을 맞대 공 모양을 만들어 부피에 비해 겉넓이를 줄임으로써 베르크만 법칙을 따른다. 그 뒤에는 체온이 10도 떨어져 에너지를 절약하는 저체온 휴면 상태에 들어갈 것이다. 밤에도 낮과 마찬가지로 행동과 생리적 적응을 다 함께 하면 겨울을 이겨낼 수 있다. 몸을 맞대고 휴면하면 밤 동안의 에너지 손실이 절반으로 줄어든다.

미국박새는 추위에 놀랍게 적응하지만, 항상 성공하는 것은 아니다. 내일이 되면 숲의 미국박새가 몇 마리 줄어 있을 것이다. 겨울의 매서운 손길이 많은 개체를 끄집어내려, 내가 알몸으로 오들오들 떨며 느낀 무시무시한 허무보다 더 깊은 곳으로 데려갈 것이다. 낙엽을 헤치고 먹이를 찾던 미국박새 중에서 봄까지 살아남아 참나무 싹을 보는 녀석은 절반에 불과할 것이다. 미국박새가 동사凍死하는 때는 대부분 오늘 같은 밤이다.

이번 주의 맹추위는 며칠 안에 끝날 테지만, 새들의 몰살로 인한 변화는 한 해 내내 숲에 미칠 것이다. 겨울밤의 죽음은 겨울 숲의 부족한 식량 공급량을 초과하는 만큼의 개체를 솎아내어 미국박새 개체 수를 억제한다. 캐롤라이나박새가 살아가려면 한 마리당 평균 3만 제곱미터가 필요하다. 따라서 1제곱미터의 이 만다라가 먹여 살릴 수 있는 미국박새 수는 수만 분의 1마리에 지나지 않는다. 오늘의 추위는 초과분을 제거할 것이다.

여름이 찾아오면 만다라는 더 많은 새를 먹여 살릴 수 있을 것이다. 하지만 겨울의 기근으로 미국박새 같은 텃새의 개체 수가 감소한 탓에, 여름에는 식량이 남아돈다. 이 같은 한철 풍요는 철새에게 둘도 없는 기회다. 녀석들이 중앙아메리카와 남아메리카에서 오랜 비행을 감수하고 북아메리카의 숲을 찾는 것은 이 때문이다. 따라서 겨울 추위는 풍금조tanager, 휘파람새warbler, 비레오새vireo 수백만 마리가 해마다 이동하는 원인이다.

간밤의 죽음은 미국박새가 환경에 적응하도록 미세 조정 하는 역할도 할 것이다. 덩치가 작은 캐롤라이나박새는 덩치가 큰 녀석보다 죽을 가능성이 크므로 베르크만 법칙에 따른 위도별 몸집 차이가 더 뚜렷해질 것이다. 마찬가지로 극심한 추위를 겪으면서, 몸을 흔드는 능력, 복슬복슬한 깃털, 에너지 비축량이 부족한 녀석들은 개체군에서 배제될 것이다. 아침이 되면 이 숲의 미국박새 개체군은 겨울의 고난에 더 훌륭히 적응할 수 있을 것이다. 이것은 자연 선택의 역설이다. 죽음이 삶을 완성하는 역설.

내가 추위를 견디지 못한 것도 자연 선택 탓이다. 내가 만다라의 혹한에 적응하지 못한 것은 우리 조상이 혹한에 적응하는 선택을 하지 않았기 때문이다. 인류는 수천만 년 동안 아프리카 열대 지방에서 살던 유인원에서 진화했다. 몸을 데우는 것보다는 식히는 것이 훨씬 중요했기에 혹한에 대처하는 능력을 기르지 못했다. 우리 조상은 아프리카를 떠나 유럽으로 북상할 때 불과 의복을 가져갔다. 온대 지방과 극 지방에 열대를 가져다놓은 셈이다. 이 기발한 해법은 고통과 죽음을 줄였으며 결과는 의심할 여지 없이 훌륭했다. 하지만 안락함은 자연 선택을 무력화했다. 불과 의복을 선택한 대가로 영영 겨울에 적응하지 못하게 된 것이다.

어스름이 깔리고, 나는 따스한 벽난로가 기다리는 집으로 돌아간다. 만다라는 하늘을 나는 추위의 달인들에게 맡겨둔 채. 새들은 수천 세대에 걸쳐 고난을 겪으며 힘겹게 기술을 갈고닦았다. 나는 만다라의 동물처럼 추위를 경험하고 싶었지만, 이제는 그것이 불가능한 바람이었음을 안다. 내 몸은 미국박새와 다른 진화적 경로를 걸었기에 경험을 완전히 공유할 수 없다. 하지만 알몸으로 찬바람을 맞아보니 숲의 동물에 대한 존경심이 더욱 깊어졌다. 놀랍다는 말 이외에는 할 말이 없다.

# 겨울 식물

바람은 지속저음으로 웅웅거리며 만다라 위 높은 절벽의 나무들을 할퀴어댔다. 이 바람은 북쪽에서 불어온 주초의 강풍과 달리 남쪽에서 불어왔다. 절벽은 몇 차례의 회오리와 돌풍을 제외하고는 바람으로부터 만다라를 보호했다. 바람 방향이 바뀌니 추위도 누그러졌다. 온도가 영하 1~2도로 올라가서, 겨울옷 차림으로 한 시간을 앉아 있어도 여전히 따뜻하다. 극심하고 무지막지한 신체 통증은 사라졌다. 무해한 바람이 상쾌하다.

지나가는 한 무리의 새들은 동장군의 손아귀에서 벗어난 것이 기쁜가 보다. 무리 안에는 다섯 종이 섞여 있다. 댕기박새가 다섯 마리, 캐롤라이나박새가 두 마리, 캐롤라이나굴뚝새Carolina wren가 한 마리, 금관상모솔새golden-crowned kinglet가 한 마리, 붉은배딱따구리red-bellied woodpecker가 한 마리다. 무리는 투명 고무줄로 묶여 있는 듯하다. 뒤처지거나 반경 10미터 밖으로 나갔다가도, 튕기듯 가운데로 돌아간다. 무리 전체는 눈 덮인 부동不動의 숲을, 손가락으로 튀긴 공처럼 굴러간다.

가장 시끄러운 녀석은 댕기박새로, 끊임없이 재잘거린다. 댕기박새는 한 마리 한 마리가 고음의 쩍쩍 소리로 엇박자를 내며 여기에 맞추어 거친 휘파람 소리와 찍찍거리는 소리를 덧붙인다. 날씨가 추울 때는 들리지 않던 '삐—따' 소리를 연신 내는 녀석도 있다. 밝은 음색에 두 음정으로 이루어진 이 소리는 짝짓기 노래다. 아직 눈이 쌓여 있지만 새들의 머릿속에는 벌써 봄이 들어왔다. 앞으로 한두 달 안에 알을 낳지는 않겠지만, 구애의 확장 형태인 사교적 줄다리기는 이미 시작되었다.

만다라의 식물은 생명력으로 충만한 새들과 대조를 이룬다. 잿빛 가지와 그 아래의 헐벗은 곁가지가 연출하는 풍경은 삭막하다. 눈雪 위로 보이는 것은 죽음이다. 반쯤 썩은 단풍나무 가지와 닳아빠진 폴림니아leafcup 줄기 밑동이 불거져 나왔다. 줄기마다 눈을 왕관처럼 두르고 있는데 그 밑에 시커먼 식물 잔해가 널브러져 있다. 겨울의 완승이다.

하지만 생명은 끈질기게 지속된다.

헐벗은 떨기나무와 나무는 보기와 달리 해골이 아니다. 가지와 줄기는 모두 살아 있는 조직으로 둘러싸여 있다. 겨울의 꼭 쥔 손아귀에서 먹이를 끄집어내어 추위와 싸워 생존하는 새들과 달리, 식물은 몸속에 여름을 만들어내지 않고도 겨울을 이겨낸다. 새들의 생존법도 놀랍긴 하지만, 완전히 죽은 것처럼 보이던 식물이 다시 살아나는 것은 인간이 한 번도 경험하지 못한 기적이다. 죽은 자가, 게다가 얼어 죽은 자가 어떻게 다시 돌아온단 말인가.

하지만 그들은 정말로 돌아온다. 식물이 살아남는 방법은 칼 삼키는 묘기와 비슷하다. 준비를 단단히 하고 날카로운 날에 세심한 주의를 기울여야 한다. 식물의 생리 구조로는 쌀쌀한 온도까지만 버틸 수 있다. 인간의 몸속에서 일어나는 화학 반응과 달리 식물의 생화학 반응은 폭넓은 온도에서 작동할 수 있으며 온도가 내려가도 반응이 멈추지 않는다. 하지만 냉각이 결빙에 이르면 문제가 생기기 시작한다. 얼음 결정은 점점 커지면서 식물 세포의 섬세한 내부 조직을 뚫고 찢고 부순다. 식물은 매해 겨울마다 수만 개의 칼을 삼키되 그중 하나도 여린 심장에 닿지 않도록 해야 한다.

식물은 첫 결빙 몇 주 전에 준비를 시작한다. DNA를 비롯한 연약한 조직을 세포 한가운데로 옮긴 다음 완충재로 감싼다. 세포는 지방질로 바뀌며, 저온에서도 굳지 않도록 지방의 화학 결합을 바꾼다. 세포막은 투과성과 유연성이 커진다. 변형된 세포는 두툼하고 푹신푹신해진 덕에 얼음의 폭력을 거뜬히 흡수한다.

월동 준비를 끝내는 데는 며칠에서 몇 주까지 걸린다. 가지는, 준비를 제대로 마쳤으면 가장 추운 밤도 거뜬히 날 수 있었을 테지만 때아닌 서리가 내리면 비명횡사한다. 토종 식물은 얼어 죽는 일이 드물다. 자연 선택으로부터 서식처의 계절 리듬을 배웠기 때문이다. 하지만 현지 사정에 어두운 외래종은 겨울에 대량 숙청되는 경우가 비일비재하다.

세포는 물리적 구조를 바꿀 뿐 아니라, 얼어붙은 도로에 염화칼슘을 뿌리듯 당을 발라 어는점을 낮춘다. 설탕 바르기는 세포 안에서만 일어나기 때문에, 세포를 둘러싼 물은 달지 않다. 식물은 이 불균형 덕분에 물리 법칙에 따른 선물을 받는다. 바로 얼음이 얼 때 발생하는 열이다. 세포를 둘러싼 물이 얼면 세포는 온도가 금세 몇 도 올라간다. 겨울 첫서리가 내리는 동안, 당의<sup>糖衣</sup>를 입은 세포의 내부는 바깥 맹물의 보호를 받는다. 농부들은 이 온도 상승 현상을 응용하여, 서리가 내리는 밤에 작물에 물을 분무하여 발열 효과를 높인다.

세포 사이의 물이 모두 꽁꽁 얼면 더는 열이 발생하지 않는다. 하지만 세포 안의 물은 여전히 액체 상태다. 이 액체 상태의 물이 다공성 세포막을 통해 밖으로 스며 나온다. 하지만 당 분자는 구멍보다 커서 세포막을 통과하지 못하고 세포 안에 남는다. 온도가 내려가는 만큼 세포에서 물이 빠져나가 내부의 당 농도가 높아지기 때문에 어는점은 더 내려간다. 온도가 아주 낮아지면 세포는 시럽 덩어리처럼 쪼그라들어 얼음 조각으로 둘러싸인 무빙<sup>無氷</sup>의 생명 창고가 된다.

만다라의 크리스마스고사리<sup>Christmas fern</sup>와 이끼에게는 또 다른 난관이 닥친다. 겨울철에도 날씨만 따뜻하면 늘푸른 잎과 줄기로 양분을 흡수할 수 있지만, 날씨가 추워지면 엽록소의 에너지원 공급에 차질이 생긴다. 엽록소는 햇빛에서 에너지를 포획하여 들뜬상태의 전자로 변환하는데 날씨가 따뜻할 때는 전자의 에너지를 세포 내 식량 생산 과정에 빠르게 투입할 수 있지만, 추울 때는 공급에 차질이 생겨 세포 안에 지나치게 들뜬 전자가 넘쳐나게 된다. 이 사태를 내버려두면 갈 곳 잃은 에너지가 세포를 파괴할 것이다. 전자의 폭동을 미연에 방지하기 위해, 늘푸른 식물은 불필요한 전자 에너지를 가로채어 바닥상태로 안정시키는 화학 물질을 겨울 동안 세포에 저장해둔다. 이 화학 물질이 바로 비타민, 그중에서도 비타민 C와 E다. 아메리카 원주민도 이 사실을 알았기에 겨우내 건강을 유지하려고 늘푸른 식물을 씹었다.

얼음이 만다라의 식물들을 파고들어도, 세포 하나하나는 조심스럽게 수축함으로써 생명을 얼음으로부터 미세하게 분리한다. 봄이 되어 이 세포 수축 과정을 거꾸로 돌리면 가지, 싹, 뿌리가 되살아나 마치 겨울이 없었던 것처럼 원래 상태로 돌아간다. 하지만 다른 방법을 쓰는 식물도 있다. 폴림니아는 겨울에 완전히 굴복하여 지난 가을에 열여덟 달의 짧은 생을 마치고 선 채로 죽었다. 눈이 수증기로 바뀌듯 이들은 새로운 물리적 형태로 승화되었다. 이 새로운 형태는 수증기처럼 눈에 안 보이지만 우리 주위에 머물러 있다. 만다라의 흙 속에는 폴림니아 씨앗 수천 개가 묻혀 겨울이 지나기만을 기다린다. 씨앗은 껍질이 딱딱하고 속이 말라 있어서 얼음의 습격에 아랑곳없이 추운 계절을 무사히 넘길 수 있다.

만다라의 첫인상은 황량하지만 속을 들여다보면 다른 광경이 펼쳐진다. 이 1제곱미터의 면적 안에 식물 세포 수십만 개가 잔뜩 웅크린 채 깊숙이 틀어박혀 있다. 식물의 칙칙한 회색빛 표면은 화약처럼 에너지를 숨기고 있다. 따라서, 댕기박새 같은 새들이 1월에 왕성한 활력을 자랑한다 해도 고요한 식물 속에 담긴 생명력에 비하면 새 발의 피다. 만다라에 봄이 찾아오면, 식물이 발산하는 에너지는 새들을 비롯한 숲 전체가 또 한 해를 살아가는 힘이 될 것이다.

# 발자국

    단풍잎가막살나무<sup>maple-leaf viburnum</sup> 끄트머리가 달아났다. 비스듬히 깎여 나간 밑동과 가지만 남았다. 이 여린 새순을 잘라낸 범인은 만다라에 동서로 발자국 세 개를 남겼다. 발자국은 낙엽에 5센티미터 깊이로 파인 아몬드 모양의 자국 두 개로 이루어졌다. 이것은 갈라진 발굽의 흔적, 즉 유제류 무리의 표시다. 전 세계의 여느 생태계와 마찬가지로 만다라에서 새순을 뜯어 먹은 것은 발굽이 갈라진 포유류, 이 경우는 흰꼬리사슴<sup>white-tailed deer</sup>이다.

    간밤에 만다라를 지나간 사슴은 먹는 부위를 선택할 때 신중을 기했다. 단풍잎가막살나무는 봄을 준비하면서 가지 끝에 음식을 저장해두었다. 어린 끝 부분은 아직 질기거나 딱딱해지지 않았다. 이 단풍잎가막살나무의 여린 생장점은 강탈되고 소화되어 사슴의 근육이나 (녀석이 암사슴이었다면) 배 속에 든 새끼의 영양분이 되었을 것이다.

사슴에게는 조력자가 있었다. 가지와 잎의 질긴 세포 안에서 영양분을 끄집어내려면 크디큰 동물과 작디작은 동물이 힘을 합쳐야 한다. 대형 다세포 동물은 목질부를 물어뜯어 씹을 수 있지만 섬유소, 즉 식물을 구성하는 주요 분자는 소화하지 못한다. 세균과 원생생물 같은 단세포 미생물은 물리적으로는 보잘것없지만 화학적으로는 어마어마한 능력이 있다. 섬유소도 이들을 가로막지 못한다. 그리하여 도적떼가 탄생한다. 동물이 돌아다니며 식물을 으깨어 내려보내면 미생물은 곱게 갈린 섬유소를 소화시킨다. 여러 동물 집단이 이 방식을 독립적으로 발전시켰다. 흰개미 소화관에는 원생생물이 살고, 토끼와 친척들의 소화관 끝 커다란 방에는 미생물이 들어앉아 있으며, 남아메리카에서 나뭇잎을 먹고 사는 신비의 새 호아친[hoatzin]은 목에 발효 주머니가 있고, 사슴을 비롯한 반추동물은 반추위라는 특수 위에 커다란 미생물 주머니가 들어 있다.

미생물과 손잡은 덕에 큰 동물들은 식물 조직 속에 꽁꽁 숨겨진 풍부한 에너지를 이용할 수 있게 되었다. 미생물과 계약을 맺지 않은 동물은—인간도 여기 포함된다—연한 열매, 소화하기 쉬운 씨앗, 우리의 팔방미인 동물 사촌이 내어주는 젖과 고기만 먹고 살아야 한다.

***

사슴은 위 앞니가 없는 대신 그 자리에 딱딱한 판이 있어서 이 판과 아랫니로 만다라의 묘목을 잡아 뜯는다. 목질부는 어금니로 보내어 으깬 뒤에 삼킨다. 반추위는 또 다른 생태계, 즉 미생물로 이루어진 거대한 교반기다. 반추위는 사슴 위장의 나머지 부분이 늘어나 생긴 주머니다. 어미 사슴의 젖을 제외한 모든 음식물은 반추위에 보내진 뒤에 위를 거쳐 창자로 이동한다. 반추위를 둘러싼 근육이 내용물을 뒤적거린다. 반추위 안쪽의 축 늘어진 피부는 세탁기의 돌출판처럼 음식물을 잘 섞어준다.

반추위에 서식하는 미생물은 대부분 산소가 있으면 살 수 없다. 지금과 전혀 다른 대기 조건에서 진화한 고대 생물의 후손이기 때문이다. 산소는 약 25억 년 전에 광합성이 등장한 뒤에야 지구 대기에 포함되었는데, 반응성이 크고 위험한 유독성 화학 성분이어서 많은 생물이 절멸하고 또 많은 생물이 산소가 없는 곳으로 숨어들었다. 이 혐기성 생물은 오늘날까지도 호수 바닥이나 소택지, 깊은 땅속 같은 무산소 환경에서 살아간다. 다른 생물은 산소라는 새로운 오염 물질에 적응하여 뛰어난 회피 전략을 개발한 덕에 유독한 산소를 이로운 물질로 탈바꿈시켰다. 이렇게 해서 산소를 이용한 호흡법이 등장했다. 음식물의 에너지를 끄집어내는 이 생화학적 수법을 우리가 물려받았다. 따라서 우리가 살아가는 것은 고대의 환경 오염 덕분이다.

동물의 소화관이 진화하면서 혐기성 난민들은 새로운 피난처를 찾았다. 소화관은 산소가 비교적 적을 뿐 아니라 미생물에게는 천국과도 같은 곳이었다. 잘게 다진 음식물이 끊임없이 공급되니 말이다. 하지만 문제가 한 가지 있었다. 동물의 위에는 살아 있는 조직을 분해하기 위한 산성 소화액이 가득 들어 있기 때문이다. 그래서 대다수의 동물의 위에는 식물을 소화시키는 미생물이 살지 않는다. 하지만 반추동물은 호텔리어의 수완을 발휘하여 위를 리모델링했으며 그 덕에 진화 평가서에 별점 4점을 받았다. 미생물 손님을 끌어들이기 위한 핵심 전략은 반추위를 소화관 맨 앞에 놓고 산성도 염기성도 아닌 중성을 띠도록 하는 것이다. 이렇게 만든 교반기에서는 미생물이 왕성하게 증식한다. 동물의 침은 염기성이어서, 소화된 산성 음식물을 중화한다. 만에 하나 유입되는 산소는 청소부 세균들이 흡수한다.

반추위가 얼마나 훌륭하게 작동하는가 하면, 과학자들이 아무리 정교한 시험관과 통을 가지고도 반추위 미생물의 증식 속도나 소화 능력을 (앞서는 것은 고사하고) 흉내 내지 못했을 정도다. 반추위의 뛰어난 성능은 안락한 방에 머물고 있는 미생물의 엄청난 생물학적 복잡성 덕이다. 반추위액 1밀리리터에는 적어도 200종에 1조 마리나 되는 세균이 헤엄치고 있다. 이 미생물 중에는 정체가 밝혀진 것도 있고 아직 기재되거나 발견되지 않은 것도 있다. 오로지 반추위에서만 발견되는 미생물도 많다. 원래는 독립적으로 살아가고 있었으나, 반추위라는 것이 생긴 뒤로 5500만 년 동안 분화했을 것이다.

반추위 안에서는 원생생물이 세균 노동자를 잡아먹는다. 원생생물은 단세포 생물이지만 세균보다 수백에서 수천 배 크다. 균류는 원생생물에 기생하다가 결국 원생생물의 커다란 세포를 터뜨린다. 반추위액을 떠다니거나 음식물 찌꺼기를 차지하는 균류도 있다. 이렇듯 반추위에는 다양한 생물이 서식하고 있어서 식물 잔해를 완전히 소화시킬 수 있다. 어떤 생물 종도 혼자서는 식물 세포를 완전히 소화할 수 없다. 각각의 종이 전체 과정의 한몫을 담당하여, 자신이 좋아하는 분자를 자르고 성장에 필요한 에너지를 거둬들이고 찌꺼기를 반추위액에 돌려보낸다. 이 폐기물은 다음 생물의 먹이가 되어 일련의 분해 사슬을 이룬다. 세균은 일부 균류의 도움을 받아 섬유소의 대부분을 분해한다. 원생생물은 녹말이 함유된 곡물을 특히 좋아하는데, 세균 소시지에 곁들인 감자쯤으로 여기는지도 모르겠다. 반추위의 영양 물질은 미니 먹이 사슬을 거쳐 다시 반추위액으로 돌아온다. 이는 생태계의 영양 물질 순환을 그대로 본뜬 것이다. 사슴의 배 안에는 나름의 만다라가 들어 있어, 허기진 입술과 이빨을 시작으로 세련된 생명의 군무群舞가 펼쳐진다. 어린 반추동물은 아무것도 없는 상태에서 반추위 생태계를 만들어야 하는데, 이 과정에 몇 주가 걸린다. 그동안 엄마 젖과 흙, 식물을 먹으면서 자신을 도와줄 미생물을 섭취한다.

반추위 생태계는 끝없이 변화하는 자기 희생적 만다라다. 소화된 식물 세포와 함께 반추위 밖으로 방출된 미생물은 사슴의 제2위에서 산과 소화액으로 범벅된다. 접대의 시간이 끝났다. 방 임자는 미생물을 죽여 소화한 다음, 액화된 식물 잔해와 더불어 미생물의 단백질과 비타민을 차지한다.

반추위에는 식물의 고형 성분과 여기 달라붙은 미생물이 남아 있기 때문에, 식물을 완전히 소화시키고 반추위의 미생물 생태계를 유지할 수 있다. 사슴은 고형 성분을 더 빨리 분해할 수 있도록 입으로 게워 올려 되새김질한 뒤에, 물컹물컹해진 성분을 삼킨다. 이런 반추 작용이 있기에 사슴은 먹이를 잽싸게 뜯어 삼킨 다음, 포식자가 없는 안전한 은신처에 가서 느긋하게 씹을 수 있다.

계절이 바뀜에 따라 사슴이 먹는 식물도 달라진다. 겨울에는 목질부를, 봄에는 새싹(또는 잎)을, 가을에는 도토리를 먹는다. 반추위는 이 변화에 적응하기 위해 생태계 구성원을 조금씩 넣고 뺀다. 연한 잎을 소화시키는 데 알맞은 세균은 봄에 증가했다가 겨울이 되면 감소한다. 사슴이 꼭대기에서 통제할 필요는 없다. 반추위 구성원들이 서로 경쟁을 벌이면서 먹이에 맞는 소화 능력을 저절로 갖추기 때문이다. 하지만 식단이 갑자기 바뀌면 반추위 생태계의 정교한 균형이 깨질 수 있다. 한겨울에 옥수수나 이파리를 먹이면 반추위의 균형이 깨져 산성도가 걷잡을 수 없이 증가하고 가스가 발생한다. 이 같은 소화 불량은 사슴의 목숨을 앗아갈 수도 있다. 어린 반추동물이 엄마 젖을 빨 때도 비슷한 문제가 생길 수 있다. 반추위에서 젖이 발효하여 가스가 발생할 수 있기 때문이다. 반추위에 미생물을 완전히 구비하지 못한 미성숙한 동물은 더더욱 위험하다. 그래서 빨기 반사를 일으켜 반추위를 우회하여 제2위에 바로 젖을 보낸다.

자연에서는 반추동물의 식단이 갑자기 바뀌는 일이 드물지만, 소나 염소나 양을 가축으로 사육할 경우 반추동물의 식습관을 염두에 두어야 한다. 하지만 동물의 식습관에 부응하다 보면 시장의 요구에 부응할 수 없으므로, 반추위의 균형을 맞추는 일은 산업농에게 여간 골칫거리가 아니다. 소를 목초지에서 떼어내어 우리에 가두고 옥수수로 살을 찌우려면 의약품을 투여하지 않고서는 반추위의 평화를 유지할 수 없다. 미생물 조력자를 압살하지 않고서는 소고기를 얻을 수 없는 것이다.

반추위를 설계하는 데 5500만 년 걸렸고 산업농이 지금의 모습을 갖추는 데 50년이 걸렸으니 문제가 안 생길 수 있겠는가.

\* \* \*

사슴이 만다라에 미치는 영향은 미미했다. 언뜻 보기에 떨기나무와 꼬마나무<sup>sapling</sup>는 아무 탈이 없는 듯하다. 가지 끄트머리와 뭉툭하게 잘려 나간 곁가지를 관찰하려면 바짝 다가가야 한다. 만다라의 떨기나무 여남은 개 중 절반가량이 가지치기를 당했지만, 밑동까지 잘린 것은 하나도 없다. 추측컨대 사슴과 동반자 미생물이 만다라를 자주 들르긴 하지만 굶주리지는 않는 듯하다. 촉촉한 곁가지 끄트머리만 뜯어 먹고 원가지는 남겨두었으니 말이다. 하지만 동부 숲에 사는 흰꼬리사슴들은 이런 호사를 누리기가 점차 힘들어지고 있다. 사슴 서식지의 상당 부분에 걸쳐 식물 보호벽을 세웠지만 허사였다. 사슴 개체 수는 급속히 증가했으며 이 대군단의 이빨과 반추위는 숲에서 꼬마나무와 떨기나무, 들꽃을 초토화했다.

많은 생태학자들은 사슴 개체 수가 최근 증가한 탓에 미국 대륙 전체가 재앙을 맞을 것이라고 주장한다. 겨울의 반추위에 옥수수를 쑤셔 넣는 것도 그에 못지않은 재앙일 것이다. 반추위 생태계는 자연 질서를 거스르는 불균형에 빠질 것이다. 사슴 반대론은 난공불락인 듯하다. 사슴 개체 수가 증가하고 식물 개체 수가 감소한다. 떨기나무에 둥지를 짓는 새들이 집터를 찾지 못한다. 진드기가 옮기는 질병이 교외의 정원에까지 퍼졌다. 우리는 사슴의 포식자를 몰아냈다. 처음에는 아메리카 원주민을, 다음에는 늑대를 몰살했다. 현대의 사냥꾼도 수가 점차 줄고 있다. 논밭과 마을을 만드느라 숲을 쪼개고 가른 탓에 사슴이 좋아하는 가장자리 서식지가 조성된다. 우리는 사냥철이 사슴 개체 수에 최소한의 영향을 미치도록 동물 보호법을 제정하여 사슴들을 면밀히 보살폈다. 숲의 생존 능력은 정말로 위협받고 있을까?

그럴지도 모르지만, 시야를 넓혀서 보면 동부 숲에서 사슴이 하는 역할을 흑백으로 재단하기에는 애매한 구석이 있다. '정상적인' 숲이 무엇인가에 대한 문화적·과학적 기억은 역사상 특정한 시기에 형성되었다. 천 년 내 처음으로 사슴이 숲에서 내몰린 시기 말이다. 19세기 말에 상업적 수렵이 대규모로 행해지자 사슴 개체는 멸종 직전에 내몰렸다. 테네시 주 대부분의 지역에서 사슴이 사라졌다. 이 만다라도 예외가 아니었다. 1900년부터 1950년대까지 이 만다라를 찾은 사슴은 한 마리도 없었다. 그러다 딴 지역에서 사슴을 들여오고 아메리카스라소니<sup>bobcat</sup>와 들개가 자취를 감추자 사슴 개체 수가 점차 늘었으며, 1980년대가 되자 숲은 다시 사슴 천지가 되었다. 동부 숲 전역에서 비슷한 패턴이 되풀이되었다.

이런 연유로 숲에 대한 학술적 이해가 왜곡되었다. 20세기에 미국 동부의 숲 생태를 대상으로 한 학술 연구는 대부분 목본초식동물이 없는 예외적 조건에서 수행되었다(일반적인 초식동물인 'herbivore'는 '초식동물'로, 높은 곳에 달린 나뭇가지나 나뭇잎을 먹는 초식동물인 'browser'는 '목본초식동물'로, 낮은 곳의 풀을 먹는 초식동물인 'grazer'는 '초본초식동물'로 번역했다_옮긴이). 생태 변화의 기준으로 삼는 과거 연구도 예외가 아니다. 기준에는 오해의 소지가 있다. 이 숲에서 반추동물과 대형 초식동물이 이토록 자취를 감춘 적은 일찍이 없었으니 말이다. 따라서 우리가 기억하는 숲은 대형 초식동물이 없는 비정상적인 절름발이 숲이다.

이 역사는 불길한 가능성을 잉태한다. 들꽃과 (떨기나무에 둥지를 짓는) 휘파람새의 이례적 호시절도 이제 끝물이다. 사슴이 나뭇잎과 싹을 너무 많이 뜯어 먹어서 숲이 평상시의 듬성듬성하고 뻥 뚫린 상태로 돌아갈지도 모르기 때문이다. 초기 유럽 이주민이 남긴 일기와 편지도 이런 우려를 뒷받침한다. 버지니아에 살던 토머스 해리엇은 1580년에 "사슴이 일부 지역에서 넘쳐난다"라고 썼고, 토머스 애시는 1682년에 "무리의 끝이 보이지 않는다. 나라 전체가 하나로 이어진 공원 같다"라고 썼으며, 배런 드 라 핸턴은 1687년에 "이 숲에서 사슴과 칠면조가 얼마나 많은지 말로 다 표현할 수 없다"라고 덧붙였다.

유럽 이주민의 글은 시사하는 바가 크지만 무비판적으로 받아들여서는 안 된다. 이들의 편지는 식민지 개척을 옹호하는 편견에 치우쳤을지도 모른다. 이들이 아메리카 대륙에 발을 내디디던 시기는 (대부분 사냥꾼인) 원주민들이 질병과 집단 학살로 급감한 직후였다. 하지만 집단 학살의 이야기와 이들의 선조가 남긴 고고학적 증거로 미루어 보건대 사슴은 유럽인이 오기 전부터 풍부했던 듯하다. 아메리카 원주민은 숲을 개간하고 (어린 식물의 성장을 촉진하려고) 불을 놓았는데, 이로 인해 사슴 개체 수가 폭발적으로 증가했다. 사슴의 고기와 가죽 덕에 사람들은 겨울을 날 수 있게 되었으며 아메리카 최초의 인간 거주자들이 남긴 신화에서는 사슴 정령이 춤을 춘다. 따라서 역사적 증거로 보나 고고학적 증거로 보나 결론은 하나다. 사슴은 1800년대에 총의 제물이 되기 전에 숲에 풍부하게 서식했다. 1900년대 초중엽의 사슴 없는 숲은 예외적 현상이었다.

인류가 아메리카 대륙에 도착하기 전으로 거슬러 올라가면 현대의 사슴 혐오증은 더욱 설 자리를 잃는다. 북아메리카 동부에서는 5000만 년 동안 온대림이 증가했다. 이 시기에 아시아, 북아메리카, 유럽에서 숲이 굵은 띠를 이루며 퍼져 나갔다. 이 띠는 지구 기후가 냉각되면서 조각조각 잘렸다. 특히 주기적으로 빙하기가 찾아올 때마다 온대림이 남쪽으로 내려갔고, 빙하가 물러나면 온대림이 북쪽으로 올라갔다. 이제 이 숲의 남은 조각은 중국 동부, 일본, 유럽, 멕시코 고지대, 북아메리카 동부에 듬성듬성 흩어져 있다. 이 대륙들에서 펼쳐지는 온대림의 춤에는 일관된 주제가 있다. 포유류 목본초식동물이, 대개는 대량으로 서식한다는 것이다.

만다라를 지나간 사슴은 식물을 뜯어 먹던 대형 동물의 마지막 주자에 속한다. 왕땅늘보Giant ground sloth는 덩치가 코뿔소만 한데 숲을 어슬렁거리며 식물을 뜯어 먹었다. 그 곁에는 숲사향소woodland musk ox, 왕초식곰giant herbivorous bear, 긴코맥long-nosed tapir, 페커리돼지peccary, 아메리카숲들소woodland bison, 멸종한 사슴과 영양, 그리고 무엇보다 신기한 동물인 마스토돈mastodon이 서식했다. 마스토돈은 현생 코끼리의 친척으로 엄니가 나 있었으며 머리가 넓고 낮았다. 어깨까지의 높이가 3미터였으며 동부 숲의 북쪽 가장자리에 서식했다. 여느 대형 초식동물처럼 마스토돈도 약 11000년 전 마지막 빙하기 말에 멸종했다. 그전에도 빙하기를 겪었지만, 이번에는 얼음이 녹으면서 새로운 포식자인 인류가 등장했기 때문이다. 인류가 출현하고 얼마 지나지 않아 대다수 대형 초식동물이 멸종했다. 작은 포유류는 별다른 영향을 받지 않았다. 오로지 크고 살찐 녀석들만 사라졌다.

미국 동부 곳곳의 동굴과 소택지에서는 대형 초식동물의 화석이 풍부하게 발견된다. 이 화석들은 19세기 진화론 논쟁에 불을 붙였다. 다윈에 따르면 이 동물들은 자연계가 늘 유동한다는 또 다른 증거였다. "아메리카 대륙의 상태를 고찰하면 놀라지 않을 도리가 없다. 예전에는 거대 괴물로 들끓었을 것이 틀림없지만, 지금은 앞선 근연종에 비하면 난쟁이에 불과한 동물만 발견된다." 하지만 토머스 제퍼슨은 왕땅늘보를 비롯한 대형 동물이 여전히 살아 있을 거라고 믿었다. 어차피 죽여버릴 거라면 신이 왜 창조했겠느냐는 논리였다. 자연은 신의 완벽한 창조물이므로 몇 조각이라도 떨어져 나가면 와르르 무너지리라는 것이었다. 제퍼슨은 탐험가 루이스와 클라크에게 태평양 연안에 가서 대형 동물을 찾아오라고 지시했다. 하지만 탐험대는 마스토돈도, 땅늘보도, 멸종한 대형 동물의 증거는 하나도 발견하지 못했다. 다윈이 옳았다. 창조의 조각은 떨어져 나가도 괜찮다.

사슴이 만다라를 방문하고 발자국을 남겼듯, 멸종한 초식동물은 토종 식물의 구조에 흔적을 남겼다. 주엽나무honey locust tree와 감탕나무holly tree는 가지와 잎에 가시가 나 있다. 가시는 3미터까지만 나 있는데, 현생 초식동물이 닿을 수 있는 높이보다 두 배나 높았지만 멸종한 대형 목본초식동물을 막기에는 딱 맞는 높이였다. 게다가 주엽나무는 꼬투리 길이가 60센티미터로, 현생 토착종이 통째로 삼켜 씨앗을 퍼뜨리기에는 너무 크다. 하지만 마스토돈이나 땅늘보 같은 멸종한 대형 초식동물에게는 안성맞춤이었다. 우윳빛 수액이 들어 있는 오세이지오렌지osage orange 열매도 씨앗을 퍼뜨려줄 동물이 사라진 사례다. 다른 대륙에도 비슷한 열매가 있는데, 코끼리나 맥 같은 대형 초식동물이 열매를 먹는다. 하지만 북아메리카에서는 이 동물들이 화석으로만 존재한다. 이 외톨이 식물에는 역사의 흔적이 새겨져 있다. 이를 통해 우리는 숲 전체의 사별死別을 일별한다.

고대 숲이 어떻게 생겼는지는 영영 알 길이 없지만, 멸종 목본초식동물의 뼈와 아메리카 원주민의 설화로 보건대 떨기나무와 꼬마나무가 번성하기에 수월한 장소는 아니었을 것이다. 북아메리카의 숲은

5000만 년 동안 뜯어 먹혔고, 뒤이어 1만 년 동안 포유류 초식동물이 급감했으며, 100년 동안 목본초식동물이 전혀 없는 기이한 시기를 거쳤다. 고대 숲은 조각 나고 듬성듬성했으며 초식동물 무리의 공격을 받았을까? 지금은 사라졌지만, 이 초식동물에게도 틀림없이 천적이 있었을 것이다. 아니 거의 사라졌다고 해야 할 것이다. 검치호랑이sabertooth cat와 다이어늑대dire wolf는 멸종했고 회색늑대gray wolf와 퓨마mountain lion, 아메리카스라소니는 희귀 동물이 되었다. 미국 서부에서는 왕퓨마와 치타가 목본초식동물을 잡아먹었다. 대형 육식동물이 여러 종 있었다는 사실은 초식동물이 풍부했다는 또 다른 증거다. 대형 고양잇과 동물과 늑대는 대형 먹잇감이 필요하다. 현재 육식동물이 대량으로 서식하는 지역은 모두 목본초식동물이 풍부한 곳이다. 그런데 육식동물의 살은 식물이 먹이 사슬을 따라 올라간 것에 불과하다. 따라서 대형 포식자의 화석이 풍부하다는 것은 식물이 뻔질나게 뜯어 먹혔으리라는 확실한 증거다.

인류는 일부 포식자를 멸종시켰지만 최근에 새로운 사슴 사냥꾼 세 종류를 들여왔다. 가축화된 개, 서부에서 유입된 코요테, 그리고 자동차 범퍼다. 개와 코요테는 새끼를 즐겨 사냥하고 자동차는 다 큰 사슴이 교외에서 죽는 주원인이다. 여기서 우리는 성립할 수 없는 등식等式을 맞닥뜨린다. 한편에서는 초식동물 수십 종이 사라졌는데 다른 한편에서는 한 종류의 포식자를 다른 종류로 대체한다. 미국의 숲에서 초식동물이 식물을 먹는 양은 얼마나 되어야 정상적이거나 용납할 수 있거나 자연적일까? 골치 아픈 물음이다. 하지만 20세기에 성장한 무성한 숲 식물상이 초식동물에게 먹히지 않은 것은 분명 이례적 현상이다.

대형 초식동물 없는 숲은 바이올린 없는 교향악단이다. 우리는 부실한 교향곡에 익숙해진 탓에, 바이올린의 연속음이 돌아와 더 친숙한 악기들과 어우러지는 것이 거북스럽게 들린다. 초식동물의 귀환을 반대하는 현재의 분위기는 역사적으로 타당한 근거를 전혀 찾을 수 없다. 우리는 시야를 넓히고, 교향악 전체를 듣고, 수백만 년 동안 꼬마나무를 뜯어 먹은 동물과 미생물의 합작에 박수를 보내야 할 것이다. 떨기나무 숲이여 안녕, 진드기여 반가워. 홍적세(북아메리카에 대형 초식동물이 살았던 시대_옮긴이)로 돌아오신 것을 환영합니다.

# 이끼

만다라 표면에서 물 소동이 벌어진다. 구름이 일제 사격을 가하다 잠시 사격을 중지했다가 더 많은 화력을 쏟아붓는 동안 후두둑 후두둑 소리가 요란하다. 멕시코 만에서 바람에 실려 온 비 군단이 일주일 내내 숲에 공격을 퍼부었다. 세상은 몰아치고 넘쳐나는 물바다가 되었다.

이끼는 습기를 만나면 반색하며 빗속으로, 푹 젖은 초목으로 뻗어나간다. 이끼의 변신은 놀랄 만하다. 지난주까지만 해도 겨울 추위에 시달리느라 바짝 마른 상태로 허옇게 만다라의 바위 표면에 달라붙어 있었지만, 이제 힘든 시절은 지나갔다. 이끼의 몸은 구름의 에너지를 흡수했다.

나 또한 건조한 겨울을 겪으면서 촉촉하고 푸르른 신록에 갈증을 느꼈다. 그래서 가까이 다가가 살펴본다. 만다라 가장자리에 엎드려 이끼를 쳐다본다. 가까이 갈수록 땅과 생명의 내음과 아름다움이 기하급수적으로 증가한다. 갈증이 더 커져서 더 바싹 기어가 돋보기를 꺼내어 눈에 댄다.

바위 표면에는 두 종류의 이끼가 섞여 있다. 녀석들을 정확히 동정同定(생물의 분류학상 소속이나 명칭을 바르게 정하는 일_옮긴이)하려면 실험실에 가져가 현미경으로 세포 형태를 검사해야 한다. 그래서 이름 붙이지 않고 그냥 관찰하기로 한다. 한 녀석은 굵은 밧줄 모양으로 놓여 있는데, 밧줄 하나하나는 촘촘히 놓인 쪽잎(소엽小葉)에 싸여 있다. 멀리서 보면 이 줄기들은 살아 있는 레게 머리처럼 보이지만, 가까이 다가가면 쪽잎들이 나선형으로 멋지게 배열된 것이 마치 수없이 달린 녹색의 꽃잎 같다. 또 한 녀석은 곧게 서 있는데, 가문비나무spruce tree의 축소판처럼 가지를 뻗었다. 두 종류 다 끄트머리 생장점은 연한 상추 잎 같은 투명한 연두색이다. 뒤로 갈수록 색이 짙어져, 결국 다 자란 참나무 잎의 암녹색으로 바뀐다. 이 세계는 빛이 지배한다. 잎 하나하나가 세포 하나의 두께여서 빛이 이끼를 드나들며 춤춘다. 마치 내부에서 발광發光하는 듯하다. 물과 빛, 생명이 힘을 모아 겨울의 감옥을 무너뜨렸다.

이끼는 왕성한 초록의 기운을 뿜내지만 알아주는 사람이 별로 없다. 교과서에는 이끼가 먼 과거의 원시적 성질을 고집하다가 양치식물이나 종자식물(꽃식물) 같은 고등 식물로 대체되었다고 쓰여 있다. 하지만 이끼가 진화의 찌꺼기라는 주장은 여러 면에서 오류다. 이끼가 우월한 현생 식물에게 밀려나 쇠락한 구식 촌뜨기라면 한때 영광을 누리다가 서서히 잊혔음을 보여주는 화석 증거가 발견되어야 할 것이다. 하지만 많지 않은 화석 증거는 상황이 정반대였음을 시사한다. 게다가 최초의 원시 육상식물 화석은 현생 이끼의 가지런한 쪽잎과 정교한 (발아하는) 줄기와는 닮은 구석이 거의 없다.

유전자 비교는 화석 관찰을 뒷받침했다. 식물의 계통수는 네 개의 큰 가지로 갈라지는데, 각 가지가 갈라져 나온 지는 5억 년 가까이 된다. 가지가 갈라진 순서는 아직 확실히 밝혀지지 않았지만, 개울가와 축축한 돌 표면을 좋아하며 악어 가죽을 뒤집어쓴 모양으로 기어 다니는 태류蘚類가 가장 먼저 갈라져 나온 듯하다. 그 다음에 이끼(선류蘚類)의 조상이 갈라져 나왔으며, 양치식물이나 종자식물 등속과 가장 가까운 친척인 뿔이끼가 뒤를 이었다. 이끼는 독자적인 방식으로 진화했으며 '고등' 식물의 중간 형태인 적은 예나 지금이나 한 번도 없다.

돋보기를 들고 이끼에 잔뜩 달라붙은 물방울을 관찰한다. 마치 만곡蠻曲한 은빛 저수지 같다. 물방울을 잎과 줄기 사이에 붙잡아두는 힘은 표면장력이다. 물방울은 흘러내리지 않고 오히려 표면을 움켜쥐고 올라간다. 이끼는 중력을 없애고, 기어오르는 액체 뱀을 불러들였나 보다. 여기는 메니스커스(모세관 속의 액체 표면이 만드는 곡선_옮긴이)의 세계다. 물의 가장자리가 유리컵 표면을 따라 올라가는 현상 말이다. 이끼는 전체가 유리 표면 같은 구조로 되어 있어서 물을 미로의 한가운데로 유인한다.

이끼와 물의 관계는 이해하기가 쉽지 않다. 포유류의 배관은 내부에 있다. 모두 땅속에 매설된 파이프와 펌프인 셈이다. 나무도 껍질 밑에 도관을 숨겼다. 집의 배관조차도 밖에서는 보이지 않는다. 포유류, 나무, 집은 거시 세계에 속한다. 이끼의 미시 세계는 다른 법칙을 따른다. 물과 식물 세포 표면의 전기적 인력은 짧은 거리에서 강하게 작용하며, 이끼의 몸은 이 인력을 능수능란하게 활용하여 복잡한 외부 구조에서 물을 이동시키고 저장하도록 되어 있다.

줄기 표면에 파인 홈은, 물에 적신 휴지처럼 이끼의 축축한 내부에서 물을 빨아들여 건조한 끄트머리로 내보낸다. 작은 줄기는 물을 움켜쥘 수 있도록 꼬여 있으며, 잎에는 물이 달라붙는 표면적을 늘리려고 혹이 돋아 있다. 잎은 물을 초승달 모양으로 잡아둘 수 있도록 줄기와 정확한 각도를 이루고 있다. 여기에 달라붙는 물방울은 양털 같은 잔털과 표면 주름에 달라붙은 물방울과 서로 연결되어 있다. 이끼는 질척질척한 삼각주의 축소판을 세워놓은 모양이다. 물은 웅덩이에서 얕은 못을 지나 개울로 기어가듯 흐르며 이끼를 수분으로 감싼다. 비가 그쳤을 때, 이끼는 세포 안에 저장한 양의 5~10배나 되는 물을 표면에 잡아들였다. 이끼는 메마른 먼 길을 터벅터벅 걸어가는 낙타처럼 물을 잔뜩 저장해두고 기나긴 건기를 이겨낸다.

이끼는 나무와 다른 구조로 건축되었지만, 최종 결과는 장기적인 진화적 생존의 관점에서 볼 때 (논란의 여지가 있지만) 그에 못지않게 복잡하고 성공적이다. 하지만 이끼의 정교한 구조는 물을 나르고 저장하는 용도에 그치지 않는다. 일주일 전에 비가 오기 시작했을 때, 지금의 왕성한 성장을 가능하게 한 생리적 변화가 연쇄적으로 일어났다. 물은 처음에는 메마른 이끼를 감싼 뒤에 세포의 얇고 딱딱한 벽을 뚫고 들어가 바싹 마른 '건포도'의 표면을 매끈하게 폈다. 쭈글쭈글하던 이 건포도는 휴면 중이던 살아 있는 세포로, 자극을 받은 세포막은 비가 준 선물을 빨아들이기 시작했다. 세포가 부풀어오르고 세포막이 세포벽을 밀어내자 생명이 돌아왔다.

세포 수천 개가 서로 밀어대면서 잎과 줄기가 포동포동하게 부풀고 이끼가 겨울잠에서 깨어났다. 잎의 가장자리에서는 곡선을 이룬 커다란 세포가 물을 빵빵하게 빨아들여 잎을 줄기의 축으로부터 밀어냄으로써 물을 담아둘 공간을 만들고 잎의 앞면이 하늘을 보도록 방향을 돌렸다. 잎 안쪽의 오목면은 물을 저장한다. 잎 바깥쪽의 볼록면은 햇빛과 공기를 모아들여 이끼의 식량으로 삼는다. 비에 젖어 부푼 낱낱의 잎은 물을 수확하고 햇빛을 사냥하는 역할을 동시에 수행한다. 즉, 뿌리와 가지인 셈이다.

세포 안에서는 일대 혼란이 벌어졌다. 밀어닥친 물은 세포의 내장을 뒤범벅으로 섞었다. 촉촉해진 세포막이 어찌나 빨리 헐거워졌는지 세포의 내용물이 삐져나오기까지 했다. 이렇게 영영 사라져버린 당과 무기질은 유연성의 대가다. 하지만 무질서가 영원히 계속되지는 않았다. 이끼는 작년에 죽기 전에, 현명하게도 세포 속에 수리용 화학 물질을 비치해두었다. 세포가 부풀어오르자 이 화학 물질이 수해 입은 세포의 가재도구를 복구하고 안정시킨다. 물기 머금은 세포는 균형을 되찾는 즉시, 써버린 수리용 화학 물질을 보충할 것이다. 건기가 찾아왔을 때 가재도구를 보관할 수 있도록 당과 단백질도 주입한다.

이렇듯 이끼는 가뭄에도 홍수에도 대처할 수 있는 만반의 준비를 갖추었다. 여느 식물은 응급 사태를 그처럼 꼼꼼하게 준비하기보다는 재난이 닥치고서야 구명 도구를 만들기 시작한다. 가뭄이나 홍수가 갑자기 닥치면 꾸물대던 식물은 목숨을 잃겠지만 이끼만은 예외다.

이끼가 가뭄을 이겨내는 방법은 꼼꼼한 대비만이 아니다. 이끼는 여느 식물의 세포를 바삭바삭하게 말려 바스러뜨릴 극한의 건조함도 견딜 수 있다. 마른 이끼는 세포에 당을 채운 뒤에 결정화한다. 이 돌사탕에는 유리질로 변한 세포의 내장이 고스란히 보존된다. 사탕이 된 세포에 섬유질을 씌우고 쓴 양념을 뿌리지만 않았다면 건이끼는 맛있는 별미였을 것이다.

* * *

땅에서 50만 년을 살아가는 동안 이끼는 물과 화학 물질을 자유자재로 부리는 전문 안무가가 되었다. 만다라의 바위를 덮은 무성한 이끼 덤불은 유연한 몸과 재빠른 동작(생리적 변화)이 얼마나 유리한 특징인가를 보여준다. 주변의 나무와 딸기나무, 풀이 아직 겨울의 굴레를 쓰고 있을 때 이끼는 굴레를 벗고 마음껏 자란다. 나무는 첫 해빙의 덕을 보지 못한다. 훗날 상황이 역전되면, 나무는 뿌리와 도관을 이용하여 만다라의 여름을 지배하며 뿌리 없는 이끼에 그늘을 드리울 것이다. 하지만 지금은 그 큰 덩치 때문에 아직 마비 상태에서 풀려나지 못했다.

이끼의 늦겨울 설레발은 자신의 성장에만 이로운 것이 아니다. 만다라의 뭇 생명이 이끼가 저장한 물 덕을 톡톡히 본다. 폭우의 운동에너지는 산허리를 할퀴고 지나가지만 만다라에는 맑은 물이 흐른다. 주변 들판과 마을에서 흘러나온 진흙과 모래가 이곳에서는 전혀 눈에 띄지 않는다. 이끼와 두터운 낙엽층이 수분을 빨아들여 세찬 빗방울의 기세를 꺾은 덕에, 흙에 쏟아지는 포화는 애무로 바뀌었다. 물이 산기슭으로 흘러내리는 동안, 풀과 떨기나무와 나무가 뿌리를 가로세로로 엮어 흙을 움켜쥐고 붙잡아둔다. 수백 가지 생물 종이 흙이라는 베틀에 매달려 씨줄과 날줄을 교차시키며 빗물에도 찢기지 않는 질긴 섬유질 천을 짠다. 이에 반해 어린 밀밭과 교외 잔디밭은 뿌리가 성기고 엉성해서 흙을 잡아두지 못한다.

이끼의 쓰임새는 물의 침식 작용에 저항하는 최전방 방어선에 머물지 않는다. 이끼는 뿌리가 없기 때문에 물과 영양분을 공기 중에서 얻는다. 이끼의 거친 표면은 한 점 바람에서도 먼지를 붙잡아 몸에 좋은 무기질을 뽑아낸다. 자동차 배기관에서 배출된 산䣋과 발전소에서 배출된 유독한 금속이 바람에 실려 오면 이끼는 활짝 벌린 촉촉한 팔로 오염 물질을 맞아들인다. 이처럼 만다라의 이끼는 빗물에서 산업 폐기물을 정화하고 자동차 배기가스의 중금속과 화력 발전소의 연기를 붙잡아 가둔다.

비가 그치면 이끼는 스펀지처럼 물을 머금었다가 서서히 내보낸다. 따라서 숲은 위에서 아래로 생명을 먹여 살리고, 갑작스러운 진흙 사태로부터 강을 보호하고, 건기에도 유량을 유지한다. 젖은 숲에서 일어나는 증산蒸散(식물체 안의 수분이 수증기가 되어 공기 중으로 나오는 현상_옮긴이)은 다습한 구름을 형성하며, 숲이 매우 넓다면 국지성 호우를 유발한다. 우리는 이 선물을 누리면서도 우리가 얼마나 여기에 의존하는지 좀처럼 의식하지 못하지만, 경제적 필요가 문득 우리의 잠을 깨우기도 한다. 뉴욕 시는 정수장을 짓는 데 돈을 들이기보다는 캐츠킬 산맥을 보호하기로 결정했다. 캐츠킬 산맥에 있는 수백 만 곳의 이끼 긴 만다라는 기술적 '해결책'보다 저렴했다. 코스타리카의 일부 강 유역에서는 하류의 물 이용자가 상류의 숲 소유자에게 비용을 지불한다. 숲이 제공하는 서비스의 대가다. 그리하여 인간 경제는 자연 경제라는 현실을 감안하여 설계되며, 숲을 파괴하려는 유인誘因이 감소한다.

만다라에 비가 계속 퍼붓는다. 내가 앉은 자리에서, 두 급류의 포효가 들린다. 물길은 만다라 양쪽으로 100미터 이상 떨어져 있다. 평소에는 고요히 똑똑 떨어지던 빗물이 지금은 굉음을 내며 와르르 쏟아진다. 방수복 차림으로 한 시간 넘게 움츠리고 있자니 쉴 새 없이 구타당하는 기분이다. 하지만 이끼는 어느 때보다 편안해 보인다. 물 다스리는 법을 5억 년 동안 진화시켰으니 말이다.

2월 28일

# 도롱뇽

낙엽 틈새로 다리가 휙 지나간다. 뭉툭한 꼬리가 뒤이어 나타났다가 축축한 낙엽 속으로 사라진다. 낙엽을 들추고 싶은 충동을 억누른 채, 도롱뇽이 다시 모습을 드러내기를 기다린다. 몇 분 뒤에 반짝이는 머리를 밖으로 내밀더니 도롱뇽이 빈터를 향해 내달린다. 딴 구멍으로 비집고 들어갔다가 다시 나타났다가 홱 하고 달리다 잎줄기에 발이 걸려 꼴사나운 모습으로 재주를 넘으면서 움푹 꺼진 곳에 빠진다. 혼쭐이 났지만 다시 정신을 차리고 땅 위로 올라와서는 고개를 흔들며 낙엽 밑으로 기어든다. 찬 안개가 자욱하여 1미터 앞도 간신히 보일락 말락 하지만 도롱뇽은 직사광선을 받은 듯 환하게 빛난다. 검고 매끄러운 살갗에 은빛 점들이 박혀 있다. 빨간색 작은 줄무늬가 등을 따라 흘러내린다. 살갗은 이루 말할 수 없이 축축하다.

마치 꽉 압축한 구름이 움직이는 듯하다.

이끼처럼 도롱뇽도 물기를 좋아한다. 하지만 이끼와 달리 가뭄에 몸을 바짝 말린 채 비를 기다리는 전략은 쓰지 못한다. 그 대신 유목민처럼 차갑고 축축한 공기를 찾아 습도 변화에 따라 흙 속을 들락날락한다. 겨울에는 바위와 자갈 사이로 기어들어가 땅속 7미터까지 파 내려가서는 혹한을 피하고 어두운 지하의 혈거인처럼 산다. 봄과 가을에는 다시 기어나와 낙엽을 뒤지며 개미, 흰개미, 작은 파리를 찾는다. 고온건조한 여름에는 또 다시 땅속으로 들어가지만, 무더운 여름밤이면 굴 밖으로 나와 탈수 걱정 없이 밤참을 즐긴다.

녀석의 길이는 내 엄지손가락 손톱 두 배만 하다. 몸과 다리가 가느다란 걸 보니 플레토돈속$^{Plethodon}$이다. 지그재그도롱뇽$^{zigzag\ salamander}$ 아니면 남부붉은등도롱뇽$^{southern\ redback}$일 것이다. 플레토돈속은 색깔이 다양하고 연구가 제대로 되지 않아서 동정同定에 더더욱 자신이 없다. 게다가 도롱뇽의 '속'마다 실제로 어떤 특징이 있는지 확실히 아는 사람은 아무도 없다. 자연은 우리의 선 긋기 욕망에 부응하지 않는다.

녀석은 몸집이 작다. 지난해 여름에 부화한 새끼인가 보다. 어미는 지난해 봄에 발을 섬세하게 놀리고 뺨을 부드럽게 부비며 구애를 했으리라. 도롱뇽의 살갗에는 냄새샘(취선臭腺)이 분포해 있기 때문에, 뺨을 부비는 행위는 화학적 밀어와 페로몬 연애시를 속삭이는 것과 같다. 암수가 눈이 맞으면 암컷이 고개를 들고 수컷이 암컷의 가슴 아래로 미끄러져 들어간다. 수컷이 앞으로 나아가고 암컷이 뒤를 따른다. 수컷의 꼬리에 올라타 함께 콩가 춤을 춘다. 몇 스텝 밟은 뒤에 수컷이 정자를 한 줌 얹은 작은 고깔 모양 젤리를 내놓는다. 수컷이 꼬리를 흔들며 더 앞으로 이동하고 암컷이 뒤를 따른다. 암컷이 멈추더니 괄약근(항문이 아니라 생식기의 괄약근_옮긴이)을 이용하여 정자를 집어 든다. 춤이 끝나면 두 도롱뇽은 영영 제 갈 길을 간다.

암컷은 바위틈이나 구멍 뚫린 통나무를 찾아 알을 낳는다. 그러고는 몸으로 감싼 채 6주 동안 품는다. 대다수 명금류鳴禽類보다 더 오래 돌본다. 발달 중인 배아가 한쪽에 달라붙지 않도록 알을 돌린다. 죽은 알은 먹는다. 곰팡이가 퍼져 한배 알들이 모두 죽을까 봐서다. 딴 도롱뇽들이 알을 훔쳐 먹으려고 둥지를 서성거리면 어미는 침입자를 쫓아낸다. 어미 없는 알은 어김없이 곰팡이가 피거나 포식자에게 먹히기 때문에 이렇게 감시하지 않으면 안 된다. 알이 부화하면 어미의 임무도 끝난다. 어미는 바닥난 에너지를 보충할 먹이를 찾아 낙엽을 뒤진다. 새끼 도롱뇽은 어미와 똑같이 생겼다. 거들먹거리듯 숲 바닥을 기어다니며 혼자 힘으로 먹이를 찾는다. 따라서 만다라를 누비는 플레토돈속은 개울이나 웅덩이나 연못에 발가락 한 번 담그지 않고 일생을 살아간다.

이 부화 과정에서 두 가지 통념을 반박할 수 있다. 첫째, 양서류가 부화하려면 물이 있어야 한다는 통념이다. 플레토돈속은 양서兩棲하지 않는, 즉 물속이나 땅 위의 양쪽에서 살지 않는 양서류다. 그래서 미끌미끌한 몸으로 우리 손아귀를 빠져나가듯 분류학의 범주를 빠져나간다. 둘째, 양서류가 '원시적'이어서 새끼를 돌보지 않는다는 통넘이다. 이 통념은 뇌의 진화에서 어미의 돌봄 같은 '고등한' 기능이 포유류나 조류 같은 '고등한' 동물에 국한된다는 주장에 담겨 있다. 도롱뇽 어미의 삼엄한 경계는 어미의 돌봄이 (동물의 위계를 가정하는) 뇌 과학자들의 생각보다 동물계에 더 널리 퍼져 있음을 보여준다. 어류, 파충류, 벌, 딱정벌레, 애정이 넘치는 이른바 '원시적' 어미와 마찬가지로, 많은 양서류가 알이나 새끼를 돌본다.

만다라의 새끼 도롱뇽은 낙엽 속에서 한두 해를 더 지내며 먹이를 먹으면, 짝짓기 할 만큼 몸집이 커질 것이다. 플레토돈속은 육식동물의 먹성을 발휘하여 몸집을 불린다. 도롱뇽은 낙엽계의 상어다. 물살을 가르는 상어처럼 낙엽을 누비며 작은 무척추동물을 잡아먹는다. 진화는 플레토돈속의 허파를 버리고 주둥이를 더 효과적인 사냥 도구로 만들었다. 기관氣管을 없애고 피부로 호흡한 덕에, 먹이와 씨름하다가 호흡하려고 주둥이를 뗄 필요가 없다. 플레토돈속은 진화계의 샤일록과 계약을 맺고는 허파 몇 그램을 내어주고 더 근사한 혀를 사들였다. 도롱뇽은 3000두카트의 빚으로 방탕하게 지내며 동부 숲 곳곳의 젖은 낙엽을 정복한다. 지금은 도박의 수지가 맞지만, 언젠가는 고리대금업자 샤일록이 빚을 갚으라고 독촉할지도 모른다. 환경 오염이나 지구 온난화로 낙엽의 서식 조건이 바뀌면 플레토돈속은 제대로 대처하지 못할 것이다. 실제로, 지구 온난화로 인한 서식지 변화를 예상해봤더니, 서늘하고 축축한 서식지가 사라지면서 산山도롱뇽 개체 수가 대폭 감소할 것이라고 예측되었다.

***

    플레토돈 도롱뇽이 언제부터 허파가 없어졌는지는 아무도 모른다. 녀석의 친척들은 모두 허파가 있다. 그런데 산속 개울에 사는 녀석들은 허파 크기가 다소 작다. 찬 개울에는 산소가 풍부하기 때문에, 개울에 사는 도롱뇽은 살갗을 호흡 기관으로 쓸 수 있다. 그렇다면 허파 없는 육상 도롱뇽은 개울에 서식하는 친척으로부터 진화했을까? 예전 생물학자들은 주로 이렇게 설명했지만, 요즘 연구자들은 지질 기록에 주목한다. 암석은 불편한 진실을 들려준다. 플레토돈 도롱뇽이 진화했을 때 동부 산악 지대는 작은 언덕이었다. 그렇게 완만한 경사에서는 작은 허파가 달린 도롱뇽이 서식하는 차갑고 유속이 빠른 개울이 생길 수 없다. 따라서 플레토돈 도롱뇽이 허파를 잃어버린 내력은 설명할 도리가 없다.

    만다라는 플레토돈 도롱뇽의 서식지 전체를 포함할 만큼 넓다. 도롱뇽 성체는 영역을 지키며 좀처럼 몇 미터 이상 돌아다니지 않는다. 낙엽 표면을 가로로 이동하는 거리보다 더 깊숙이 땅속으로 파고드는 녀석들도 있다. 산도롱뇽이 다양한 것은 이 같은 정주定住 습성 탓이다. 멀리 돌아다니는 일이 드물기에, 산이나 계곡의 반대편에 서식하는 도롱뇽이 짝짓기 할 가능성은 희박하다. 따라서 국지적 개체군은 서식지의 특성에 맞게 적응한다. 이렇게 갈라진 채로 오랜 세월이 지나면 분리된 개체군은 겉모습과 유전적 특징이 달라질지도 모른다. 현재의 분류학 관행에 따르면 다른 '종'으로 구분될 수도 있다. 애팔래치아 산맥은 오래된 암석으로 이루어졌으며, 만다라가 있는 남쪽 끝은 빙하기 얼음에 덮인 적이 한 번도 없다. 그런 탓에 이곳의 도롱뇽은 지구상 어느 곳도 비길 수 없는 다양성의 폭발을 경험할 수 있었다. 도롱뇽을 종으로 분류하기가 그토록 힘든 데는 이런 까닭도 있다.

도롱뇽에게는 안된 일이지만, 다양한 도롱뇽을 진화시킨 이 오래되고 축축하고 따스한 숲에는 돈 되는 커다란 나무들도 자란다. 이 나무들을 대량으로 벌목하면 그늘진 낙엽층이 햇볕에 바싹 말라 도롱뇽의 씨가 마를 것이다. 천만다행으로 벌목지가 성숙림에 둘러싸여 몇 십 년 동안 방치되면 도롱뇽이 서서히 돌아올 것이다. 하지만 예전처럼 풍부해질 수는 없다. 아무도 이유를 알 수는 없지만 말이다. 대량 벌목 때문에 현지 개체의 유전적 조절 능력이 사라진 것일까? 나무를 베어내면 숲 바닥에 쓰러지는 나무가 없어서 축축한 틈새와 보금자리 구멍, 햇빛을 피할 은신처가 사라진다. 이렇듯 생명을 선사하는 도목倒木(쓰러진 나무_옮긴이)을 학술 용어로 '잔목殘木 coarse woody debris'이라 한다. 숲 생태계의 생명을 떠받치는 나무들에게는 걸맞지 않은 이름이다.

만다라의 도롱뇽은 오래된 숲의 작은 은신처에서 너저분한 도목들을 누비며 살아간다. 하지만 벌목이 이루어지지 않더라도 위험이 없는 것은 아니다. 이 도롱뇽은 꼬리가 잘렸는데, 아마도 쥐나 새, 아니면 목도리뱀ringneck snake을 만난 흔적일 것이다. 도롱뇽은 공격을 받으면 꼬리를 마구 흔들어 포식자를 혼란에 빠뜨린다. 필요하다면 꼬리가 떨어져 나가 사납게 요동치며 포식자의 혼을 쏙 빼놓고 그 틈에 달아난다. 플레토돈속의 꼬리 밑동에 있는 혈관과 근육은 꼬리를 잃으면 봉합되도록 되어 있다. 피부도 연하고 수축되어 있어서 꼬리를 떼어내도 몸의 나머지 부분은 멀쩡하다. 따라서 진화는 플레토돈도롱뇽과 두 가지 계약을 맺었다. 둘 다 담보는 살이다. 효과적인 주둥이는 허파를 잃은 대가이고 생명 연장은 꼬리가 떨어지는 대가다. 첫 번째 계약은 돌이킬 수 없지만 두 번째 계약은 잠정적이다. 꼬리에는 신비로운 재생 능력이 있기 때문이다.

플레토돈속은 변신의 귀재요, 구름과 같다. 구애와 새끼 돌보기는 우리의 오만한 분류를 비웃고, 허파는 강인한 주둥이를 위해 내주었으며, 신체 부위는 떼어낼 수 있고, 습기를 사랑하면서도 결코 물에 들어가지 않는 역설적 존재다. 그리고, 구름이 다 그렇듯 세찬 바람에는 한없이 약한 존재이기도 하다(여기서 '바람'은 숲에 영향을 미치는 환경 변화를 일컫는다_옮긴이).

# 노루귀

일주일 내내 따스했다. 서둘러 찾아온 때아닌 오월 날씨가 반가웠다. 봄의 첫 들꽃이 변화를 감지하고 낙엽 아래에서 고개를 내밀었다. 꽃의 줄기와 눈이 비집고 올라오자 평평하던 낙엽 깔개에 주름이 졌다.

만다라로 향하는 길 초입에서 신발을 벗고, 다져진 공공 산책로를 맨발로 디디니 땅의 부드러운 온기가 느껴진다. 겨울의 날카로움은 사라진 지 오래다. 동트기 전 잿빛 어스름 아래 길을 걷는다. 새들이 목청껏 노래한다. 동부산적딱새phoebe가 바위 절벽에서 첫소리를 낸다. 미국박새는 낮은 가지에서 휘파람 소리를 내고, 딱따구리는 길 아래 커다란 나무에서 딱딱딱 하고 운다. 땅 위에서나 아래에서나 계절은 이미 바뀌었다.

만다라의 노루귀 꽃눈이 마침내 낙엽을 뚫고 손가락 높이로 줄기를 뻗었다. 일주일 전만 해도 꽃눈은 은빛 솜털에 싸인 가느다란 발톱 같았다. 공기가 따뜻해지면서 발톱은 서서히 통통해지고 길쭉해졌다. 오늘 아침의 노루귀 줄기는 우아한 물음표 모양이다. 아직 잔털이 남아 있다. 물음표 끝에 꼭 닫힌 꽃봉오리가 매달렸다. 꽃은 다 소곳하게 고개를 숙였다. 꽃받침 조각은 꽃가루의 야간 습격을 막느라 닫혀 있다.

동이 트고 한 시간이 지나자 꽃봉오리가 열린다. 꽃받침 조각이 세 개 펼쳐졌는데, 속에 세 개가 더 있다. 꽃받침 조각이 자주색으로 물든다. 노루귀는 진짜 꽃잎이 없지만, 꽃받침 조각이 꽃잎의 모양과 역할을 하면서 밤에 꽃을 보호하고 낮에 곤충을 유인한다. 꽃봉오리가 열리는 동작은 하도 느려서, 계속 쳐다봐서는 알아차릴 수 없다. 시선을 딴 데로 돌렸다가 다시 쳐다보면 그제야 변화가 감지된다. 숨을 고르고 꽃의 속도에 맞춰 나의 속도를 낮추려 애써보지만 뇌가 너무 빨리 돌아간다. 꽃의 느리고 품위 있는 동작을 따라가지 못하겠다.

또 한 시간이 지나자 줄기가 곧게 펴진다. 이제는 물음표가 아니라 느낌표다. 꽃받침 조각이 넓게 펴져 세상을 향해 짙은 자줏빛을 발한다. 한가운데에 지저분한 걸레처럼 놓인 꽃밥을 들여다보라고 벌을 초대하는 것이다. 다시 한 시간이 지나자 느낌표는 갈겨쓴 필기체로 바뀐다. 줄기가 약간 뒤로 기울어지면서 꽃의 앞면이 위로 들려 나를 정면으로 바라본다. 올해 만다라의 첫 개화開花다. 하늘을 향한 줄기의 아치는 봄이 가져다준 해방과 축하를 나타내기에 걸맞은 포 즈다.

\* \* \*

노루귀의 학명 '헤파티카*Hepatica*'('간'을 일컫는 라틴어 '헤파티쿠스 *hepaticus*'의 여성형으로, 그리스어 '헤파티코스ηπατικός'에서 왔다_옮긴이)는 역사가 길다. 서유럽에서 같은 이름의 근연종이 2000년 이상 약초로 쓰였기 때문이다. 학명 '헤파티카'와 일반명 '간엽肝葉 liverleaf' 둘 다 노루귀의 의학적 효능을 일컫는 말이다. 세 겹의 잎은 간을 닮았다.

대부분의 문화권에서는 식물의 모양에서 약효를 유추하고 그에 따라 이름을 붙이는 경우가 많다. 서구에서는 한 무지렁이 학자가 이 관습을 신학적 체계로 정리했다. 1600년에 독일의 구두장이 야코브 뵈메는 신과 창조의 관계에 대한 놀라운 환상을 보았다. 이 계시가 어찌나 거대하고 강렬했던지 뵈메는 구둣방을 때려치우고 펜을 들었다. 글이 술술 흘러나와 책이 되었다. 그 책은 말로 표현할 수 없는 거대한 환상을 전하고자 했다. 뵈메는 신이 세상을 창조한 목적이 만물의 형태에 새겨져 있다고 믿었다. 육체에 쓰인 형이상학이랄까. 뵈메는 이렇게 썼다. "만물의 외부에는 내적이고 본질적인 것이 새겨져 있으며 …… 이는 유익하고 선한 것을 나타낸다." 따라서 불완전하고 죽을 수밖에 없는 인간은 세상의 겉모습에서 목적을 추론할 수 있으며 피조물의 형태, 색깔, 습성에서 창조주의 생각을 엿볼 수 있다.

뵈메는 자신의 책 때문에 고향 괴를리츠에서 추방당했다. 교회와
시 당국은 승인받지 않은 신비주의적 경험을 용납하려 하지 않았다.
구두장이는 가죽이나 자를 것이지 감히 환상을 보아서는 안 된다고,
그런 일은 교양과 학식을 갖춘 사람들에게 맡겨야 한다고 생각했다.
훗날 뵈메는 펜을 들지 않는다는 조건으로 귀향이 허락되었다. 뵈메
는 애썼지만 펜을 놓을 수 없었다. 환상의 힘이 그를 프라하로 데려
갔고 그곳에서 뵈메는 신학 논문을 계속 집필했다.

뵈메의 사상은 약초의사들이 그의 책을 연구하면서 널리 알려지
기 시작했다. 뵈메의 학설 덕에 약초 치료법을 신학적 틀에 끼워맞출
수 있었기 때문이다. 많은 약초의사들은 당시에 이미 식물의 겉모습
을 활용하여 약효를 암기했다. 피뿌리bloodroot(블러드루트)의 진홍색 즙
은 혈액 장애에 효과가 있고, 이빨풀toothwort(덩이냉이)의 톱니 모양 잎
과 흰 꽃잎은 치통을 가라앉히며, 뱀뿌리snakeroot의 꼬인 뿌리는 뱀에
물린 상처를 치료한다는 식이었다. 그런 와중에 이러한 연관성을 체
계화하고 정당화할 이론이 생긴 것이다. 식물의 형태와 색깔, 생장은
성스러운 치유의 목적을 나타낸다고 해석되었다. 사과나무의 화사하
고 향긋한 꽃은 불임을 치료하고 안색을 돌아오게 하기 위한 것이며
빨갛고 매운 식물은 피와 분노의 표시가 새겨졌으므로 혈액 순환이
나 정신적 자극에 좋다는 식이었다. 노루귀의 자주색 세 겹 잎은 간
을 상징한다고 해석되었다.

식물이 지닌 화학 성분의 약효를 추론하고 암기하는 데 외부의 표

시를 이용하는 방법은 '서명이론Doctrine of Signatures'(징후이론)으로 알려졌다. 이 이론은 유럽 전역에 전파되어 학계 엘리트의 관심을 끌었다. 학자들은 민간요법에서 약초의사들의 학설을 끄집어내어 당시의 현대 과학인 점성학에 접목하려 했다. 각 행성의 서명은 신의 목적을 나타내되 행성과 달과 태양의 복잡한 우주론을 통해 이를 알 수 있다는 것이었다. 사과꽃은 금성의 지배를 받으므로 베누스, 즉 미와 사랑의 여신 아프로디테의 아름다움과 치유력이 있으며 목성은 간과 관련된 모든 식물을, 화성은 호전적인 후추를 지배한다고 해석되었다. 따라서 질병을 정확하게 진단하고 치료하려면 자격을 갖춘 과학자가 천궁도를 펼쳐, 천구가 행성과 인체에 미치는 영향에 대한 방대하고 난해한 지식을 버무려 처방을 내려야 했다. 학계는 무식한 약초꾼의 사이비 치료법을 욕하는 한편 그 사이비들의 치료법을 도용하여 최신 점성술 의학에 활용했다.

물론 주류 의학계와 '사이비'의 긴장은 지금까지도 계속되고 있지만, 서명이론의 점성술 버전은 이제 인기를 잃었다. 현대의 의사들은 신이 잎의 모양과 별의 배치에 의학적 단서를 남겨두었다고 생각하지 않는다. 하지만 서명이론을 하찮은 미신으로 치부하기는 아직 이르다. 서명이론은 의학 지식을 체계화하여 문화적으로 전파하는 효과적인 수단이었으며 현대 의사들이 방대한 지식을 정리하는 데 쓰는 기억법보다 더 풍부하고 (아마도) 더 일관된 방법이었다. 이 방법 덕에 (대부분 문맹인) 약초의사들은 환자의 증상을 식물학적 동정同定과 의학적 지식의 난해한 세부 사항과 연관시킬 언어적 단서를 활용할 수 있었다. 서명이론이 그토록 오래 살아남았던 것은 우리 조상들이 어리석어서가 아니라 이 이론이 쓸모 있었기 때문이다.

*＊*

'헤파티카'라는 이름은 식물의 이름을 쓰임새에 따라 짓는 경향이 서양 문화에 있음을 보여준다. 이 명명법은 인류가 치료제와 음식을 식물에 의존하고 있음을 우리에게 상기시킨다. 하지만 실용적 이름은 자연을 온전히 체험하는 데 방해가 되기도 한다. 이를테면 우리의 명명법은 목적론을 엉뚱하게 적용하고 있다. 노루귀는 우리를 위해 존재하는 것이 아니라 자신의 삶을 살아갈 뿐이며 인류가 등장하기 수백만 년 전부터 유럽과 북아메리카의 숲에 서식했다. 게다가 우리의 명명법은 편협한 구분법을 자연에 들이댄다. 이래서는 생명의 복잡한 계보와 이종 교배(또한 수평적 유전자 이동)를 반영하기 힘들다. 우리는 종들이 서로 분리되었다고 생각하여 이름을 붙이지만, 현대 유전학에서는 자연의 경계가 우리가 생각하는 것보다 더 느슨하다고 주장한다.

초봄의 이 화창한 아침에 노루귀가 따스한 첫 햇볕과 하늘 나는 벌들을 당당하게 맞이하는 광경을 보면서, 만다라가 인간의 이론과 무관하게 존재한다는 사실을 새삼 실감한다. 나는 여느 사람처럼 문화에 얽매여 있기에 꽃을 총체적으로 보지 못한다. 내 시야의 나머지 부분은 수백 년에 걸친 인간의 언어에 점령당했다.

# 달팽이

만다라는 연체동물의 세렝게티다. 돌돌 감긴 초본초식동물이 탁 트인 지의류 사바나와 이끼 사바나를 돌아다닌다. 다 큰 달팽이들은 혼자서 낙엽의 들쭉날쭉한 표면을 오르락내리락 넘어 다닌다. 이끼 낀 언덕은 잽싼 젊은 것들에게 남겨둔다. 나는 배를 깔고 엎드려 만다라 가장자리에 앉은 커다란 달팽이 쪽으로 기어간다. 돋보기를 눈에 대고 더 가까이.

렌즈에 비친 달팽이 머리가 시야를 가득 채운다. 검은 유리로 만든 웅장한 조각 같다. 반들거리는 피부는 은판으로 장식되었고 등에는 작은 홈이 가로세로로 나 있다. 인기척에 달팽이가 청색경보를 발령하여 촉수를 집어넣고 껍데기 속에 몸을 감춘다. 숨죽이고 지켜보니 그제야 서서히 긴장을 푼다. 턱에서 삐져나온 작은 수염 두 개가 허공을 허우적거리다 아래로 내려가 바위를 건드린다. 고무 같은 촉수를 점자 읽는 손가락처럼 움직인다. 사암沙巖 책을 살살 쓰다듬으며 대강의 의미를 판독한다. 몇 분 뒤에 정수리에서 두 번째 촉수가 뻗어 나온다. 촉수 끝에 우윳빛 눈알이 달려 있는데, 위로 올라가며 머리 위 임관林冠을 향해 흔들거린다. 렌즈에 비친 내 눈동자가 엄청나게 확대되어 보일 텐데도 관심을 보이지 않고 눈자루를 더 뻗는다. 달팽이는 말랑말랑한 깃대(눈자루)를 껍데기보다 넓게 벌려 좌우로 힘차게 흔든다.

친척인 문어나 꼴뚜기와 달리 이 뭍달팽이는 정교한 렌즈와 바늘구멍(동공)이 없어서 선명한 영상을 만들어내지 못한다. 하지만 흐릿한 세상이 달팽이에게 어떻게 보이는가는 미스터리다. 과학자들은 달팽이가 무엇을 지각하는지 연구하느라 애를 먹는다. 이 소통 문제 때문에 달팽이 시각 연구가 난항을 겪고 있다. 이 분야에서 실험으로 성공을 거둔 유일한 예는 서커스 조련사의 수법을 빌려 달팽이가 어떤 신호를 볼 때마다 먹이를 먹거나 움직이도록 가르친 것이다. 지금까지 밝혀진바, 이 복족류 곡예사는 흰 카드에 찍힌 조그만 검은 점을 감지할 수 있다. 회색 카드와 체크무늬 카드도 구분할 수 있다. 내가 알기로, 뭍달팽이가 색깔이나 운동을 감지하는지, 불 붙은 링을 볼 수 있는지 알아낸 사람은 아무도 없다.

이런 실험이 흥미롭긴 하지만, 그 전에 더 폭넓은 질문을 던졌어야 했다. 달팽이가 본다는 것이 과연 무엇인가, 라는 질문 말이다. 달팽이는 우리처럼 볼까? 복족류 머릿속에도 체크무늬 카드의 영상이 떠오를까? 빛과 어두움을 내적(주관적)으로 경험하고 신경 다발이 이를 처리하여 판단하고 선택하고 의미를 부여할까?

인간의 몸과 달팽이의 몸은 둘 다 탄소와 흙의 말랑말랑한 덩어리로 만들어졌다. 그렇다면 이 신경학적 흙(인간의 몸)에서 의식이 생겨났는데 달팽이라고 해서 정신적 표상을 못 가질 이유가 무엇인가? 달팽이가 우리와 근본적으로 다른 것을 본다는 데는 의심의 여지가 없다. 달팽이의 시각은 기묘한 카메라 앵글에다 형체가 이리저리 기울어지는 아방가르드 영화일 것이다. 그런데 인간의 영화가 신경의 산물이라면 달팽이도 비슷한 경험을 한다고 보아야 하지 않을까? 하지만 우리는 달팽이 영화가 상영되는 극장이 텅 비었다고 생각한다. 아니, 아예 스크린이 없다고 생각한다. 우리는 달팽이에게 내적인 주관적 경험이 없다고 주장한다. 달팽이의 눈 프로젝터에서 비추는 빛은 단지 배관과 배선을 자극할 뿐이라는, 텅 빈 극장이 움직이고 먹고 짝짓고 생명 활동을 흉내 내도록 할 뿐이라는 것이다.

달팽이 머리가 폭발하듯 튀어나오면서 나의 사색도 중단된다. 검은색 돔이 반으로 나뉘며 희끄무레한 살덩어리가 밀려 나온다. 살덩어리를 쭉 뻗어 앞을 향한 뒤에 달팽이가 내 쪽으로 몸을 돌린다. 촉수는 거품이 부글부글 끓는 희멀건 돌출 부위를 중심으로 'X' 자를 만든다. 세로로 찢어진, 번들거리는 입술을 내밀며 입 전체를 아래로 내려 입술을 땅바닥에 대고 누른다. 달팽이가 바위 위를 미끄러지며 지의류의 바다를 떠다니기 시작한다. 내 눈이 휘둥그레진다. 이 흑단색 초본초식동물은 작은 섬모와 작디작은 근육 주름을 움직이며 앞으로 나아간다.

나는 엎드린 채 달팽이가 지의류 조각과 (참나무 잎 표면에서 돋아난) 목이버섯black fungus 사이에서 쉬는 모습을 관찰한다. 그런데 돋보기를 치우는 순간 모두 사라진다. 척도가 달라지자 전혀 다른 세상이 펼쳐진다. 버섯은 보이지 않고, 달팽이는 큰 것들이 지배하는 세상의 하찮은 존재로 전락했다. 다시 렌즈 세상으로 돌아가니 선명한 촉수가 보인다. 검은색과 은색이 어우러진 달팽이의 우아한 모습이 이제야 눈에 들어온다. 돋보기는 눈을 크게 뜨고 세상의 아름다움을 들여다보는 창이다. 이러한 아름다움은 여러 층위로 이루어져 있어서 우리의 일상적 시각으로는 발견의 기쁨을 제대로 누리지 못한다.

구름 뒤에서 해가 고개를 내밀면서 달팽이 감시 활동도 막을 내린다. 아침의 포근한 습기가 가시자 달팽이가 엘 카피탄(요세미티 계곡에 있는 거대한 절벽_옮긴이) 쪽으로 향한다. (여러분이 어떤 세상을 보느냐에 따라 작은 돌멩이일 수도 있겠지만.) 달팽이가 촉수로 돌을 만지고는 고개를 뒤로 젖혀 쭉 뻗는다. 목과 머리가 고무줄처럼 늘어난다. 기린 목만큼, 더, 좀 더, 그러다 뺨이 돌에 닿자 넓적하게 펴더니 손도 없는 주제에 마치 턱걸이 하듯 몸 전체를 끌어올린다. 중력이 사라진 듯, 녀석은 말도 안 되는 높이까지 물 흐르듯 올라간다. 그리고 몸을 뒤집어 돌 틈으로 사라진다. 렌즈 세상에서 고개를 들자 세렝게티가 텅 비었다. 초본초식동물들이 모두 햇볕에 증발했다.

3월 25일

# 봄 한철살이
# 식물

만다라까지 걷는 일이 고역이 되었다. 매 걸음 내디딜 때마다 들꽃 대여섯 송이가 생사의 기로에 선다. 아름다운 들꽃을 짓이기지 않으려고 발 놓을 자리를 신중하게 고르며 천천히 한 발짝 한 발짝 디딘다. 산 중턱은 녹색과 흰색 천지다. 낙엽 표면의 절반은 갓 자란 잎과 꽃으로 덮였다.

하지만 발에만 집중할 수도 없다. 올해의 첫 나비와 철새 휘파람새가 머리 위를 날고 있으니 말이다. 뒷날개에 하얀 점이 박혀서 동부반점나비eastern comma라 불리는 적갈색 나비 한 마리가 머리 위를 휙 지나 히코리 줄기에 내려앉는다. 따스한 햇볕이 나무껍질 조각 밑에서 겨울잠 자던 녀석을 깨웠다. 중앙아메리카에서 방금 돌아온 검은목초록휘파람새black-throated green warbler와 흑백휘파람새black-and-white warbler

가 절벽에서 노래한다. 되살아난 숲의 생명력이 사방에서 나를 감싸, 주체할 수 없는 활력으로 내 정신을 고양한다.

만다라에서 하얀 꽃들이 만개하는 광경을 본다. 백여 송이가 세상을 향해 빛을 발한다. 흰색 꽃잎에 분홍색 줄무늬가 그려진 클레이토니아<sup>spring beauty flower</sup>가 자줏빛 노루귀와 뒤섞여 낮게 자란다. 미국바람꽃<sup>rue anemone</sup> 몇 송이가 만다라 가장자리에 모습을 드러낸다. 낙엽 위로 손가락 길이만 한 높이에서 하얀 꽃이 고개를 끄덕인다. 가장 키가 큰 꽃은 덩이냉이로, 발목 높이를 살짝 넘는다. 억센 줄기 끝에서 길고 하얀 꽃잎이 무리 지어 꽃을 감싸고 있다. 죽은 낙엽의 깔개에서 생명이 움터 싱그러운 푸른 잎이 혜성의 꼬리처럼 돋아나고 그 끝에 꽃이 달렸다. 만다라 위쪽의 겨울나무와는 극적인 대조를 이룬다. 나무의 눈<sup>芽</sup>은 아직 열리지도 않았으니까.

봄 들꽃은 나무가 꾸물거리는 틈을 타 열심히 생장하고 번식한다. 생명의 근원인 광자를 수관<sup>樹冠</sup>이 가로막기 전에 임무를 끝내야 한다. 3월의 태양은 아직 고도가 낮지만 햇볕은 목덜미를 익힐 만큼 뜨겁다. 지금은 수관 아래의 광도<sup>光度</sup>가 일년 중 가장 높은 시기다. 겨울의 족쇄를 거침없이 벗어젖히고 꽃과 동물이 무수히 터져 나온다.

지금 만다라를 장식하는 식물을 통틀어 '봄 한철살이 식물<sup>spring ephemeral</sup>'(춘계단명식물)이라 한다. 이 이름은 봄에 찬란하게 피었다가 여름 뙤약볕에 서둘러 지는 모습에 빗댄 것이지만, 이름과 달리 봄 한철살이 식물은 땅속에서 남몰래 장수를 누린다. 이 식물들은 지하 저장고에서 자라나는데, 어떤 것은 뿌리줄기라는 땅속줄기에서 돋아

나고 또 어떤 것은 비늘줄기(알뿌리)나 덩이줄기에서 생긴다. 해마다 잎과 꽃을 피운 뒤에는 은밀한 정적으로 돌아간다. 그러니 꽃이 차가운 봄 공기 속으로 고개를 들이밀 수 있는 것은 지난해에 양분을 저장해두었기 때문이다. 봄 한철살이 식물은 잎을 틔운 뒤에야, 광합성을 일으켜 에너지 수지를 맞춘다. 이 전략은 봄 한철살이 식물이 만다라의 빽빽한 그늘에서 살아남는 비결이다. 이런 줄기 중에는 수백 년 묵은 것도 있다. 느릿느릿 숲 바닥을 기면서 해마다 가로로 몇 센티미터씩 자란 것들이다. 이런 식물은 몇 주 동안 잠깐 봄볕을 쬐면서 양분을 만들어 한 해를 난다.

봄 한철살이 식물은 잎을 넓게 펴고는 햇빛과 이산화탄소를 허겁지겁 흡수한다. 잎이 숨쉬는 구멍인 기공氣孔이 활짝 열린다. 잎을 가득 채운 효소들은 공기를 원료 삼아 영양소 분자를 제조할 준비를 마쳤다. 이 식물들은 숲의 패스트푸드광이다. 나무가 빛을 막기 전에 식사를 끝마쳐야 하니 잽싸게 음식을 먹어치운다. 봄 한철살이 식물의 먹성을 지탱하려면 찬란한 햇빛이 필요하다. 잔뜩 부푼 몸은 그늘을 견디지 못한다.

만다라에는 느긋한 식물도 있다. 무병無柄연령초toadshade trillium('무병'은 잎자루가 없다는 뜻_옮긴이)는 노루귀와 아름다운 봄 식물 틈바구니에서 얼룩덜룩한 석 장의 잎을 펼치지만, 얼른 자라려고 안달하지 않는다. 무병연령초의 잎에는 햇빛을 거두어들일 효소가 거의 없어서 어차피 봄 한철살이 식물의 생장 속도를 따라가지 못한다. 하지만 임관이 닫히면 검약이 빛을 발한다. 효소가 적으면 관리하는 데 에너지가 적게 들기 때문에 여름의 짙은 그늘에서도 당을 만들어낼 수 있기 때문이다. 만다라의 제한된 공간을 차지하려는 연례 경주를 앞두고 식물들이 출발선에 섰다. 진화는 무척 다양한 주법을 개발했다. 캐롤라이나클레이토니아Carolina spring beauty가 근육질 단거리 선수라면 무병연령초는 비쩍 마른 장거리 선수다.

봄 한철살이 식물의 활활 타는 생명은 숲의 나머지 생물에게도 불을 댕긴다. 무럭무럭 자라는 뿌리는 흙의 암흑 생명에 기운을 불어넣어 영양 물질이 봄비에 씻겨 내려가지 않도록 흡수하고 저장한다. 뿌리는 영양가 많은 젤을 분비하여 솜털 같은 잔뿌리 끝을 감싼다. 이 작은 생명 덮개에는 세균과 균류, 원생생물이 딴 곳보다 100배나 풍부하다. 이 단세포 생물들은 선형동물, 진드기, 미세 곤충의 먹이가 된다. 포식자들은 다시 지네류(이하 지네)처럼 덩치 큰 토양 생물에게 잡아먹힌다. 내가 관찰하는 지금도 연한 감귤색 지네 한 마리가 만다라를 이리저리 쏘다닌다. 길이가 내 손바닥 너비보다 길다. 어찌나 큰지, 생명의 원천인 꽃들 사이를 꿈틀거리며 나아가는 몸뚱이의 마디 하나하나가 분간될 정도다.

며칠 전에 꽃을 명상할 때는 이 지네보다 더 사나운 포식자가 훼방을 놓았다. 손바닥만 한 회색 털 뭉치가 땅에서 쏜살같이 튀어나오더니, 먼지 덩어리가 진공청소기에 빨려 들어가듯 옆 구멍으로 냅다 뛰어들었다. 잠시 뒤에 만다라 맞은편에서 바쁘게 찍찍거리는 새된 소리가 들렸다. 숯검정 털과 뭉툭한 꼬리로 보아하니, 낙엽의 폭군이 만다라를 어슬렁거리고 있음이 틀림없었다. 짧은꼬리땃쥐short-tailed shrew였다.

땃쥐는 짧고 난폭한 삶을 산다. 열 마리 중 한 마리만이 1년을 넘겨 생존한다. 나머지는 격렬하게 물질대사를 하다가 장렬하게 산화한다. 땃쥐는 몹시 헐떡거리며 숨을 쉬기 때문에 땅 위에서 오래 버티지 못한다. 건조한 공기 속에서 숨을 너무 빠르게 몰아쉬다가는 몸의 수분이 죄다 빠져나가 죽을 수 있다.

땃쥐는 먹잇감을 덮쳐 독니로 문다. 잡은 동물을 죽일 때도 있고 마비시켜 공포의 감옥에 처넣을 때도 있다. 감옥은 숨이 붙었으나 꼼짝 못하는 먹잇감을 저장한 식료품 창고다. 흉포한 땃쥐는 눈앞에 보이는 것은 무엇이든 닥치는 대로 먹어치운다. 포유류학자들은 땃쥐에게 두 손 두 발 다 들었다. 땃쥐를 생쥐와 함께 산 채로 우리에 가두었다가는 한 무더기의 뼈와 분노한 회색 옥지기를 발견하게 될 것이다.

내가 들은 찍찍 소리는 땃쥐의 발성 중에서 저음역에 지나지 않았다. 대부분은 가청 주파수보다 더 높아서 우리 귀에 들리지 않는다. 이 초고음은 '땃쥐 소나'다. 땃쥐는 초음파 신호를 쏘아 반사된 음파를 듣는다. 이 반향정위echolocation를 이용하여 굴속을 돌아다니고 먹이를 찾는다. '땅속 잠수함'을 인도하는 것은 소리다. 땃쥐는 눈이 매우 작다. 포유류학자들은 땃쥐가 볼 수 있는지, 아니면 명암을 분간할 뿐인지 의견이 엇갈린다. 달팽이처럼, 땃쥐의 시각도 미스터리다.

흙의 먹이 사슬은 땃쥐에게서 정점에 이른다. 땃쥐를 잡아먹는 것은 올빼미뿐이다. 나머지 동물은 땃쥐의 무시무시한 이빨과 냄새샘에서 풍기는 고약한 냄새가 무서워서 멀찍이 피해 다닌다.

여기 땃쥐와 인간의 공통점이 있다. 최초의 포유류는 중생대의 달팽이와 지네를 공포에 몰아넣은 땃쥐 같은 동물이었다. 우리 조상들은 집요하고 악독했으며, 카페인에 취해 어두운 복도를 돌아다니는 사람처럼 밤의 세계를 누비고 다녔다. 우리의 현재 상황과 비교하고 싶지 않은가? 다행히 독니와 악취 냄새샘은 퇴화했지만.

**\*\*\***

봄 한철살이 식물은 공중에도 생명의 불을 댕긴다. 작은 검은벌 black bee이 이 꽃에서 저 꽃으로 날며 캐롤라이나클레이토니아만을 애타게 찾아다닌다. 벌은 꽃에 얼굴을 박고 우리가 꿀이라 부르는 진한 단물로 갈증을 채운 뒤에 분홍색 꽃가루가 묻어 있는 꽃밥 위를 오락가락하며 다리에 꽃가루를 묻힌다. 일을 끝낸 녀석은 장미색 가루설탕을 뿌린 초콜릿 사탕처럼 보인다. 이제 뒷다리에 커다란 분홍색 꽃가루 주머니를 매단 채 날아오른다.

하늘 나는 초콜릿 사탕은 모두 암벌로, 겨울 굴에서 나온 지 얼마 안 됐다. 암벌들은 주위를 날면서 부드러운 땅이나 오래된 통나무를 살펴보며 새 보금자리를 물색한다. 보금자리를 정했으면 굴을 파고 방마다 번들거리는 분비물을 벽지처럼 바른다. 분비물은 벽을 지탱하고 연약한 새끼에게서 수분이 달아나지 않도록 차단하는 역할을 한다. 어미는 꽃가루와 꿀을 섞어 경단을 만든 뒤에 그 위에 알을 낳는다. 그러고는 진흙을 바른 조그만 방에 경단과 알을 넣고 봉한다. 알에서 깬 애벌레는 꽃가루 반죽 속으로 파고들었다가 몇 주 뒤에 나타난다. 벌 애벌레의 몸은 순전히 꽃으로 만들어졌다. 꽃가루와 꿀은 그 뒤로 평생 동안 벌을 먹여 살린다. 벌은 다른 것은 아무것도 먹지 않는다. 벌이야말로 1960년대 히피의 모토 '꽃의 힘'의 원조다.

숲의 벌 중에서 일부 종의 새끼는 모습을 드러내자마자 스스로 먹고살 길을 찾아 떠난다. 하지만 많은 종은 자신의 알을 낳을 기회를 포기하고 집에 남는다. 이 도우미 벌들은 엄마인 여왕벌이 산란에 전념할 수 있도록 먹이를 구하러 다닌다. 벌이 이렇듯 이타적 공동체를 형성하는 데는 두 가지 원인이 있다. 하나는 외부 환경이고 또 하나는 유전자에 각인된 형질이다.

벌의 서식 환경은 인구밀도가 높아서 새끼들이 집에 머무는 게 유리하다. 숲 바닥은 대부분 돌밭이거나 너무 축축하거나 낙엽이 두텁게 깔려 있어 보금자리로는 알맞지 않다. 벌들은 집터를 놓고 치열하게 경쟁하며, 스스로 여왕벌이 되려는 암컷은 실패의 위험을 감수해야 한다. 집에 남는 것은 안전한 선택이다. 자기가 태어난 곳만큼 훌륭한 보금자리가 어디 있겠는가.

한편 벌에게는 어미를 돕는 유전자가 들어 있다. 여왕벌은 가을날 혼인 비행에서 저장해둔 정자로 알을 수정시키는데, 여기서 암벌이 태어난다. 따라서 암벌은 인간처럼 염색체 사본을 두 개―하나는 엄마에게서, 하나는 아빠에게서―물려받는다. 이에 반해 수벌은 무정란에서 태어나기 때문에 염색체 사본이 엄마에게서 물려받은 하나뿐이다. 따라서 수벌의 정자 세포는 모두 똑같다. 신기한 유전 체계는 더 신기한 혈연관계로 이어진다. 벌 군집의 자매 벌들은 유전적으로 매우 가깝다. 염색체 부녀회인 셈이다. 인간 형제는 평균적으로 유전자의 절반을 공유하지만 벌 자매는 훨씬 많이 공유한다. 아빠에게서 물려받은 절반의 DNA는 동일하며, 엄마에게서 물려받은 절반은 자매들에게 골고루 나뉜다. 따라서 부모에게 물려받는 유전자의 평균 비율은 공통 조상의 원리에 따라 4분의 3이다. 암벌이 하나 이상의 수벌과 교미하면 이 비율이 조금 떨어지기는 하지만, 그래도 진화 과정에 영향을 미치기에는 충분히 높다.

진화의 회계사는 가까운 친척을 돕고 먼 친척을 무시하는 동물에게 보상한다. 정상적인 상황이라면 자기 자식을 키우는 것이 최선의 전략이라는 뜻이다. 하지만 암벌의 유전자는 집을 떠나 스스로 새끼를 낳는 것 못지않게 어미를 돕는 방안도 염두에 두도록 프로그래밍되었다. 따라서 어미 벌이 봄철의 보금자리를 수정된 알로 채우면, 그 뒤에 부화되는 딸들은 집을 떠나는 것이 위험하고 집에 머무는 것이 매우 편안하다고 생각한다. 한편 수벌에게는 다른 동기가 작용한다. 집에 머무는 행위를 보상하는 특별한 관계 같은 것은 없다. 따라서 아들은 귀족 가문의 불한당처럼 보금자리 주위를 맴돌며 꿀을 찾아 어슬렁거리고 처녀 여왕벌을 쫓아다니는 데 정력을 쏟는다. 이런 꼴불견이 눈꼴사나운 누이들은 수벌을 보금자리에서 억지로 쫓아내기도 한다.

벌집에서 벌어지는 갈등의 원인은 형제 대 자매의 긴장만이 아니다. 일벌은 이따금 자기 알을 부화실에 몰래 넣으려고 시도한다. 그러면 여왕벌은 그 알을 먹어치우고 분수 모르는 딸의 산란을 억제하는 냄새를 발산함으로써, 이미 강력한 유전적 근친성을 더욱 강화한다. 겨울을 난 암벌들이 군집을 동시에 발견하면 서로 알을 많이 낳으려고 다툼을 벌이기도 한다. 대개는 승자가 여왕이 되지만, 공동 창립자들은 여전히 자기 알을 낳으려고 시도한다.

벌집의 걱정거리는 가족 간의 불화만이 아니다. 애벌레는 방어 수단이 없고 벌집에는 꽃가루와 꿀이 가득하니 강도들이 군침을 흘릴 수밖에 없다. 오늘도 많은 강도들이 만다라의 꽃 위를 날며 기회를 엿본다. 재니등에bee fly는 강도들 중에서도 솜씨가 가장 뛰어나다. 다 자란 재니등에는 해롭지 않으며 심지어 우스꽝스럽기까지 하다. 이 꽃 저 꽃 옮겨 가며 딱딱한 주둥이로 꿀을 빨아 먹는다. 감귤색 몸통은 먼지떨이처럼 생겼다. 하지만 꽃 위에서 펼쳐지는 유쾌한 익살극은 재니등에 암컷이 벌집 입구에 알을 낳는 순간 막을 내린다. 알이 부화하면 구더기처럼 생긴 애벌레가 벌집에 기어 들어가 벌들이 모아놓은 꽃가루와 꿀을 훔쳐 먹는다. 그런 뒤에는 포식성 애벌레로 탈피하여 벌 애벌레를 잡아먹고 방을 차지한다. 재니등에 애벌레는 배가 터지도록 먹은 뒤에 방 입구를 막고 땅속에서 기다린다. 이듬해 봄에 봄 한철살이 식물이 만다라에 생명의 불을 댕기면 재니등에는 번데기를 찢고 나와 약탈자에서 어릿광대로 탈바꿈한다.

만다라에서 벌과 등에를 보고 있으면 어떤 패턴이 관찰된다. 다 자란 재니등에는 꽃을 가리지 않고, 모든 꽃에 내려앉아 꿀을 빨고 꽃가루를 먹는다. 이에 반해 벌은 입맛이 까다로워서 클레이토니아 만 좋아하고 미국바람꽃이나 노루귀처럼 꿀이 없는 꽃은 거들떠보 지 않는다. 이러한 선호 관계는 거대하고 복잡한 관계의 망토에서 끝 자락에 해당한다. 이 숲에서는 봄이면 봄마다 수백 종의 곤충과 꽃 이 달콤한 뇌물을 건네거나 꽃가루받이의 보조금을 노리며 번식에 성공하려고 애쓴다. 재니등에처럼 개체 수는 많은데 꽃가루 나르는 효율은 낮은 꽃가루받이꾼이 있는가 하면 까탈스러운 벌처럼 개체 수는 적은데 효율은 높은 꽃가루받이꾼도 있다.

이처럼 얽히고설킨 관계의 그물망은 최초의 꽃이 진화한 1억 2500만 년 전으로 거슬러 올라간다. 가장 오래된 화석 꽃 아르카이 프룩투스*Archaefructus*는 꽃잎이 없지만, 꽃가루가 붙어 있는 꽃밥 끝에 잎사귀(암술잎과 수술잎)가 달려 있다. 아르카이프룩투스를 기재한 식 물학자들은 이 부위로 꽃가루받이꾼을 유인했으리라 생각했다. 그 밖의 옛 꽃들도 곤충을 이용하여 꽃가루를 나른 듯하다. 이는 최초 의 꽃이 진화한 뒤로 곤충과 꽃이 동반자였음을 뒷받침하는 또 다 른 증거다. 어쩌다 둘이 결혼하게 되었는지는 밝혀지지 않았지만, 종 자식물은 양치식물을 닮은 식물에서 진화한 것으로 보인다. 이 양치 식물 조상들의 번식 수단은 홀씨(포자)였는데, 홀씨는 곤충의 손쉬운 먹잇감이었다. 꽃의 조상들은 홀씨 먹는 곤충을 유인하기 위해 화려하게 치장하고 곤충의 몸에 홀씨를 붙이려고 홀씨를 아주 많이 만들어냈다. 약탈자 곤충은 저주에서 축복으로 바뀌었다. 약탈자들은 본의 아니게 홀씨를 이 꽃에서 저 꽃으로 나르며 꽃의 번식에 한몫했다. 결국 홀씨가 꽃가루에 둘러싸이면서 진짜 꽃이 탄생했다. 벌과 클레이토니아가 처음 맺은 관계는 이곳 만다라에서도 그대로 재연된다. 벌과 벌 애벌레는 모아들인 꽃가루를 대부분 먹으며, 이 꽃에서 저 꽃으로 나르는 것은 조금밖에 안 된다.

꽃과 곤충이 이루는 관계의 핵심은 바뀌지 않았지만, 세부 사항과 장식은 매우 정교하게 발전했다. 만다라를 날아다니는 곤충은 향기와 광고, 유혹에 둘러싸인다. 모두 곤충을 자기 가게로 끌어들이려는 꽃의 유인책이다. 재니등에는 모든 호객에 솔깃하여 오라는 족족 방문한다. 이에 반해 벌은 대부분 취향이 까다롭다. 이 같은 선별 성향은 전문화로 이어져, 한 곤충만을 위해 설계된 꽃이 있는가 하면 뇌가 한 꽃에만 맞게 조절된 곤충도 있다. 난초는 이런 성향을 극한까지 밀어붙였다. 암벌의 냄새와 겉모습을 흉내 내어 수벌의 짝짓기를 유도하는 것이다. 수벌은 열심히 교미 동작을 하면서 난초의 우체부 노릇을 한다.

만다라에는 전문화한 꽃이 몇 종류 있다. 덩이냉이는 꽃이 대롱 모양이라서 작은 벌이 접근하지 못하며 오로지 주둥이가 긴 벌과 등에만이 좁다란 대롱에 주둥이를 꽂아 꿀을 빨아 먹을 수 있다. 벌 중에는 클레이토니아 꽃만 찾는 종류가 있는데, 이처럼 정절을 지키는 것은 효율성을 기하기 위해서다. 하지만 이 같은 일편단심은 드문 예외이며 만다라에 서식하는 대부분의 식물과 꽃가루받이꾼은 상대를 가리지 않는다. 이처럼 무던한 성격이 예외적으로 득세하는 것은 봄이 짧기 때문이다. 이른 봄 추운 날씨에는 꽃가루받이꾼이 날아다닐 수 없고 나무의 수관이 하늘을 가리면 식물이 생장하고 씨앗을 만들어내는 데 필요한 햇빛이 차단되기 때문에, 봄 한철살이 식물에게는 시간이 많지 않다. 찬밥 더운밥 가릴 때가 아니다. 식물은 곤충이 지고지순한 벌이든 바람둥이 등에이든 개의치 않고 최대한 도움을 얻어내야 한다. 덩이냉이를 제외한 만다라의 모든 꽃은 컵 모양을 하고 모든 곤충에게 문호를 개방한다. 하얀 꽃들이 팔을 활짝 벌리고 숲의 모든 꽃가루받이꾼을 눈처럼 눈부신 품으로 받아들인다.

# 전기톱

만다라에 앉아 있는데 난데없이 윙 하는 기계음이 숲 전체에 울려 퍼진다. 신경을 긁는 이 소음은 동쪽 어디에선가 전기톱으로 나무를 자르는 소리다. 이 지역은 수령樹齡이 오래된 보호 지역이어서 전기톱이 들어오면 안 된다. 무슨 일인지 알아보려고 자리에서 일어난다. 암벽을 기어올라 개울가에 이르니 소리의 범인이 보인다. 골프장 관리원이 절벽 가장자리에서 고목枯木을 베고 있다. 골프장은 절벽 끝자락까지 이어져 있는데, 죽은 나무가 경관을 해친다고 생각했을 것이다. 관리원은 쓰러진 나무를 불도저로 절벽 아래로 밀어버리고는 다른 작업을 하러 떠난다.

절벽을 쓰레기장으로 쓰는 것에 짜증이 났지만, 투기投棄된 나무는 도롱뇽에게 근사한 서식처가 되어줄 것이다. 절벽 아래의 오래된 나무를 벌목하는 것이 아니어서 그나마 다행이다. 만다라의 꽃들이 흐드러지게 피는 것은 특별하고도 유일무이하다시피 한 현상이다. 이 언덕을 덮은 나무들에는 전기톱이 한 번도 닿지 않았기 때문이다. 도롱뇽, 균류, 혼자 사는 벌 또한 얽히고설킨 커다란 도목과 두터운 낙엽에서 왕성하게 활동한다. 벌목은, 그중에서도 일정 지역의 나무를 모두 베어내는 개벌皆伐은 숲의 생물을 몰살시킨다. 개체 수가 원상회복되는 데는 수십 년, 때로는 수백 년이 걸린다.

산에서 나무를 없애면 숲의 흙은 축축한 썩은 낙엽 더미에서 바싹 구운 벽돌로 변한다. 흙이 마르면 땅벌, 등이 축축한 도롱뇽, 봄 한철살이 식물의 덩굴줄기가 말라 죽는다. 이 생물들은 숲에 낙엽과 임관, 고목枯木이 다시 생겨난 뒤에야 돌아오기 시작할 것이다. 하지만 보금자리로 삼을 오래된 고목이 부족하고 꽃과 도롱뇽이 확산되는 속도가 느리기에 시간이 오래 걸릴 것이다.

그래서 뭐가 문제냐고? 숲의 생물 다양성이 봄에 만발하는 것을 보자고 목재와 종이 수요를 억제해야 하는 이유가 뭐냐고? 꽃의 운명은 꽃이 알아서 할 일이라고? 생태계 교란은 자연스러운 일 아니냐고? '자연의 균형'이라는 낡은 상투어는 수십 년 전에 한물갔다. 이제 숲은 바람과 불, 인간에게 끊임없이 공격받고 늘 변하는 '역동적 계'로 간주된다. 사실 앞의 물음을 이렇게 거꾸로 되물을 수도 있다. 예전에는 산불이 숲을 깨끗하게 청소하는 역할을 했는데 지난 100년 가까이 인위적으로 산불을 억제했으니 산불 대신 개벌을 해야 하는 것 아니냐고 말이다.

학술 회의와 정부 보고서, 신문 사설이 논란으로 들끓는 것은 이런 까닭이다. 숲에는 윙윙거리는 전기톱이 필요한가, 아니면 벌목꾼의 방해를 받지 않고 재생될 시간이 필요한가? 우리는 자연을 하나의 모형으로 상정하고 싶어 하지만, 자연을 정당화하는 논리는 무궁무진하다. 여러분은 숲의 생명 순환을 어떤 측면에서 보고 싶어 하는가? 빙하기의 가공할 파괴력? 때묻지 않은 태고의 산림? 숲을 뒤집어엎는 태풍의 위력?

늘 그렇듯 자연은 대답을 내놓지 않는다.

오히려 우리는 이러한 도덕적 물음을 다시 물어야 한다. 우리는 자연의 어떤 부분을 모방하고 싶은가? 빙상氷床의 압도적이고 무지막지한 무게를 꿈꾸는가? 얼음 왕국의 아름다움을 땅에 덮어씌웠다가, 숲이 천천히 재생되도록 10만 년마다 빙하를 물러나게 하고 싶은가? 아니면 불과 바람처럼 살고 싶은가? 임의의 간격으로 임의의 장소에서 일정 시간 동안 기계로 풀과 나무를 베어내고 싶은가? 우리에게는 숲이 얼마나 필요한가? 우리는 얼마나 원하는가?

이것은 시간과 크기의 문제다. 개벌을 20년마다 할 수도 있고 200년마다 할 수도 있다. 벌목을 한곳에 집중할 수도 있고 전체적으로 분산할 수도 있다. 숲을 완전히 발가벗길 수도 있고 나무 몇 그루만 제거할 수도 있다.

우리가 집단으로서 이 물음에 대해 내놓는 대답은 수많은 땅 주인이 소유한 가치에서 비롯한다. 이 가치를 가지치기(정리)하고 가치의 방향을 정하는 것은 우리 사회의 두 서툰 관리자인 경제와 정부

정책이다. 숲은 소유권 경계선을 따라 깨진 유리창처럼 불규칙하게 나뉘어 있다. 그래서 지역마다 숲의 가치가 제각각이다. 이렇듯 혼란스러운 상황이지만, 전체를 조망하면 패턴이 드러난다. 인류는 빙하기도 아니요 폭풍도 아닌 전혀 새로운 무엇이다. 우리는 빙하기의 규모로 숲을 바꿨으되 수천 배 빠른 속도로 바꾸었다.

19세기에 베어낸 나무의 양은 빙하기 10만 년 동안 죽어간 양보다 많았다. 우리는 도끼와 톱으로 숲을 난도질하여 노새와 화차로 실어 날랐다. 헐벗었다가 다시 푸르러진 숲은 크기가 줄어들었으며 난도질의 여파로 생물 다양성이 줄었다. 이것은 빙하기 규모의 폭풍이었으나 노골적인 물리적 교란으로 따지면 태풍과 맞먹었다.

값싼 석유와 값진 기술로 인해 우리와 숲의 관계는 새로운 국면에 접어들었다. 더는 나무를 손으로 베어 동물이나 증기의 힘으로 나르지 않는다. 휘발유 엔진이 모든 일을 하면서 벌목 속도가 빨라지고 통제력이 커졌다. 석유의 힘과 인간 정신의 영리함은 또 다른 도구인 제초제를 탄생시켰다. 과거에는 땅의 미래를 결정하는 인간의 능력이 숲의 재생 능력에 제약을 받았다. 바람과 불로 파괴된 숲이 다시 도끼를 받아들일 준비가 되려면 수백만 년이 흘러야 했다. 하지만 이제는 다시 싹을 틔우라는 유전자 명령을 무력화하기 위해 나무에 '화학적 진압' 방식을 쓴다. 기계가 숲을 청소하고 남은 '부스러기'를 치운다. 그런 다음 헬리콥터가 날아와 잔해 위에 제초제를 분사하여 초록의 부활을 방해한다. 전에 이런 개벌지 한가운데 선 적이 있는데 어느 방향을 보아도 수평선까지 초록은 자취도 없었다. 여느 때

같았으면 초록이 무성했을 테네시 주의 여름, 잊지 못할 경험이었다.

이 모든 작업의 목적은 땅이 새 숲을 받아들일 준비를 하도록 하는 것이다. 새 숲이란 '생장 속도가 빠른 나무로 이루어진 단순림'이다. 오래되고 시대에 뒤떨어진 숲에서 빠져나간 영양 물질을 보충하기 위해 나무의 종류와 토양의 성질에 따라 비료를 살포한다. 이렇게 조림造林된 나무들은 언뜻 보면 숲처럼 생겼다. 하지만 새와 들꽃과 나무의 다양성은 간데없다. 진짜 숲의 그림자에 불과한 이 나무들보다는 차라리 교외 주택의 뒤뜰이 생물학적으로 더 다양하다.

인공림은 어엿한 숲으로 복원될 수 있을까? 우리가 빙하기에서 얻은 교훈은 극단적인 절멸 사태가 역전될 수는 있지만 그 기간은 수십 년이 아니라 수천 년 단위이리라는 것이다. 하지만 복원을 논하기는 아직 이르다. 얼음은 여전히 제자리에 버티고 있다. 미국 남동부의 주요 천연림이 종류를 막론하고 감소 추세에 있다. 증가하는 것은 인공림뿐이다.

이러한 변화의 규모와 새로움, 크기가 숲의 생물 다양성을 위협한다는 것은 의심할 여지가 없다. 우리가 이 침식에 대응해야 하는가, 한다면 어떻게 해야 하는가는 도덕적 문제다. 자연은 아무런 도덕적 지침도 내려주지 않는다. 대량 멸종은 자연의 여러 취향 중 하나다. 우리 문화는 정책 연구소, 학술 보고서, 법적 분쟁에 매달리느라 정작 도덕적 물음에는 대답하지 못한다. 나는 우리의 고요한 창문을 전체적으로 바라볼 때 해답을, 또는 해답의 실마리를 찾을 수 있다고 믿는다. 우리가 있는 자리를, 그리하여 우리에게 주어진 책임을 인식하려면 우리를 떠받치고 지탱하는 구조를 들여다보는 수밖에 없다. 숲을 직접 대면하면, 겸손한 자세로 자신의 삶과 욕망을 (모든 위대한 도덕 전통의 뿌리가 된) 더 넓은 관점에서 바라보게 된다.

꽃과 벌이 내 물음에 대답해줄 수 있을까? 직접 대답하지는 못할 테지만, 나의 존재를 초월하는 여러 얼굴의 숲을 명상하다 보니 두 가지가 떠오른다. 첫째, 생명의 천을 한 올 한 올 풀어버리는 것은 선물을 조롱하는 행위다. 더 큰 문제는 이 선물을, 고집불통 과학조차 값을 따질 수 없을 만큼 귀하다고 여기는 이 선물을 망가뜨리게 된다는 것이다. 우리는 선물을 내팽개치고 우리가 직접 만들어낸 세계를, 조화롭지 않고 지속 가능하지도 않은 세계를 꿈꾼다. 둘째, 숲을 산업 공정의 일부로 편입하려는 시도는 사려 깊지 못한, 지독히 사려 깊지 못한 처사다. 화학적 빙하기를 옹호하는 사람들조차 우리가 광물을 찾아 땅을 파헤치고 이미 사용한 땅을 버리면서 자연 자본을 고갈시키고 있음을 인정할 것이다. 이 경솔한 배은망덕은 값싼 숲을 흥청망청 소비하여 생겨난 경제적 '필요'로 정당화되는데, 이는 우리 내면의 오만과 혼란이 바깥으로 드러난 흔적일 것이다.

나무와 (종이 같은) 목재 생산물은 문제점이 아니다. 나무는 우리에게 보금자리와 종이를 선사하며 정신과 영혼을 풍요롭게 한다. 이는 두말할 나위 없이 이로운 선물이다. 또한 목재 생산물은 철, 컴퓨터, 플라스틱 같은 대체 생산물보다 훨씬 지속 가능하다. 이 같은 비목재 생산물을 만들려면 막대한 에너지와 재생 불가능한 자연 생산물이 필요하다. 현대적 산림 경제의 문제는 땅에서 나무를 채취하는 방식이 불균형을 이룬다는 데 있다. 우리의 법률과 경제적 규칙은 단기적 채취의 이익을 다른 모든 가치보다 우위에 놓는다. 하지만 반드시 그래야만 하는 것은 아니다. 우리는 인간과 숲이 둘 다 장기적 안녕을 누릴 수 있도록 사려 깊게 관리하던 시절로 돌아갈 방법을 찾을 수 있다. 하지만 그러려면 침묵과 겸손의 미덕을 배워야 한다. 이곳 명상의 오아시스는 우리를 무질서에서 불러내어 우리의 도덕적 시야를 맑게 회복시킬 수 있다.

4월 2일

# 꽃

만다라에 헤아릴 수 없을 만큼 많은 꽃이 피었다. 수를 세다가 자꾸 틀린다. 280송이였던가? 320송이였나? 1제곱미터에 이렇게 빽빽하게 들어찰 수 있다니! 근사한 털옷을 입은 꽃의 시종들이 주인에게 잘 보이려고 법석을 떨며 윙윙거린다. 나도 존경의 표시로 무릎을 꿇고 바닥에 엎드려 돋보기를 눈에 갖다 댄다.

활짝 핀 별꽃chickweed에서 꽃밥이 분수처럼 아치를 그린다. 한가운데에 돔 모양으로 솟은 씨방 주위로 가느다란 연노랑 꽃실(수술대)이 황갈색 꽃가루를 떠받치고 있다. 이 꽃실들은 자신의 꽃가루받이인 암술머리에 꽃가루가 떨어지지 않도록 돔 바깥으로 고개를 내밀었다. 암술머리 세 개가 씨방의 양파 모양 돔 꼭대기에 얹힌 채, 꽃가루를 잔뜩 묻힌 벌이 몸을 부비기만을 기다린다.

암술머리 표면에 잔뜩 돋아난 미세한 손가락은 꽃가루를 받으려고 위로 쭉 뻗었다. 꽃잎이 제몫을 다해 벌을 유인하면 끈적끈적한 암술머리가 벌에 엉성하게 달라붙은 꽃가루를 떼어낸다. 꽃가루가 수중에 들어오면 암술머리는 다른 종의 꽃가루가 있는지 검사하여 있으면 버린다. 자가 수정과 근친 교배를 피하기 위해, 자신의 꽃가루와 가까운 친척의 꽃가루도 외면한다. 일부 종은 적당한 꽃가루를 얻지 못할 경우 자가 수정 금지 규칙을 깨뜨리기도 한다. 노루귀처럼 이른 봄에 피는 꽃들에게 자가 수정은 최후의 번식 전략이다. 궂은 날씨 때문에 꽃가루받이 곤충들이 찾아오지 못할 때, 이 꽃들은 아예 사랑받지 못하는 것보다는 자포자기의 심정으로 자신을 사랑하는 쪽을 택한다.

생화학적 중매가 성사되면 암술머리 세포에서 물과 영양분이 흘러나와 꽃가루의 딱딱한 갑옷을 녹인다. 꽃가루 안에 들어 있던 한 쌍의 세포가 부풀어 껍데기를 깨뜨린다. 한 쌍의 세포 중에서 큰 쪽은 터진 껍데기 틈으로 아메바처럼 자라나 암술머리를 덮은 세포 사이에 대롱 모양으로 파고들기 시작한다. 암술머리는 암술대라는 막대기 끝에 하나씩 달려 있는데, 꽃가루 대롱은 암술대의 세포 사이를 비집고 들어가거나 기름방울처럼 암술대 내벽을 타고 흘러내려—암술대 속이 비었을 경우—암술대 밑에 도달한다. 한편 한 쌍의 세포 중 작은 쪽은 분열하여 두 개의 정자 세포가 된다. 정자 세포는 강물을 따라 뗏목을 젓는 뱃사공처럼 꽃가루 대롱 안을 흘러 내려간다. 그런데 동물이나 이끼, 양치식물의 정자 세포와 달리 이 뗏목

106

에는 노가 없어서 물살을 따라 움직일 수밖에 없다.

암술대 길이는 암술머리가 벌에게 부딪힐 수 있는 높이로 정해진다. 꽃가루 대롱이 목적지에 도달하기까지는 험난한 여정을 거쳐야 한다. 그 덕에 식물은 구혼자가 자신과 궁합이 맞는지 안 맞는지—같은 종인지 아닌지—간단하게 확인할 수 있다. 벌은 암술머리 하나에 꽃가루를 여러 개 떨어뜨리기 때문에 암술대 하나에 대롱이 여러 개 형성되기도 한다. 그러면 암술대에서는 사랑을 쟁취하기 위해 켄터키 더비 경마 대회 못지않게 치열한 경쟁이 벌어진다. 정자 세포는 식물의 난자가 들어 있는 밑씨를 향해 대롱 속을 내달린다. 패배한 기수의 유전자는 전멸한다. 원기 왕성한 식물이 날렵한 꽃가루 대롱을 만들어내는 것으로 보건대 암술대 길이는 그동안 승승장구한 구혼자를 판별하는 기준이 된다. 암술대 길이가 벌에게서 꽃가루를 얻어내는 데 필요한 것보다 조금 더 긴 이유는 꽃가루 종마에게 전력 질주를 시키기 위해서다.

꽃가루 대롱은 암술대 맨 아래에 도달하면 풍만한 밑씨를 뚫고 들어가 정자 세포 두 개를 토해낸다. 하나는 난자와 만나 배胚를 만들고, 다른 하나는 작은 식물 세포 두 개의 DNA와 만나 삼배체를 가진 큰 세포가 된다. 세 세포의 DNA를 물려받은 이 세포는 분열하고 성장하여 (발달 중인) 씨의 식량 저장고(배젖)가 된다. 사람들이 밀가루나 옥수수 가루로 이용하는 부위가 바로 여기다. 이렇게 이중으로 수정이 되는 현상은 종자식물에게서만 찾아볼 수 있다. 다른 모든 생물의 유성 생식에는 하나의 정자 세포와 하나의 난자 세포만

이 관여한다.

돋보기 앞의 별꽃은 암수한꽃(양성화)으로, 꽃가루와 난자, 즉 암수가 꽃 한 송이에 다 들어 있다. 꽃가루, 꽃가루를 만들고 저장하는 꽃밥, 꽃밥과 암술머리와 암술대를 지탱하는 꽃실, 난자를 보관하는 씨방까지 번식에 필요한 도구가 꽃마다 완비되어 있다. 이 부위들은 모두 꽃덮개(암술과 수술을 둘러싸서 보호하는 부분_옮긴이) 안쪽에 모여 있으며, 동물의 눈을 현혹할 요량으로 색색의 꽃잎이 가장자리를 둘러쌌다. 복잡한 구조가 작고 오밀조밀하게 배치되어 있으니 보기에 근사하다.

만다라의 봄 한철살이 꽃은 모두 암수한꽃이다. 짧고 변화무쌍한 계절에 적은 꽃을 피우는 이 작은 식물들에게 안성맞춤인 전략이다. 문제는 암수를 한 꽃에 몰아넣으면 자가 수정의 여지가 생긴다는 것이다. 하지만 암수의 역할에 골고루 자원을 배분하면 유전자의 일부나마 다음 세대에 전달될 가능성이 높아진다. 이에 반해 참나무, 호두나무, 느릅나무처럼 바람이 꽃가루를 날라주는 식물은 암수딴꽃(단성화)을 아주 많이 피우는 전략을 쓴다. 이때 낱낱의 꽃은 꽃가루를 퍼뜨리는 역할이나 바람에 실려온 꽃가루를 받아들이는 역할 중 하나를 전문적으로 수행한다.

만다라의 식물들은 암수한꽃의 설계를 공유하지만 구조는 종마다 전혀 다르다. 노루귀의 꽃밥은 기둥처럼 생긴 암술대 다발을 중심으로 빼곡하게 고개를 내밀고 있다. 꿩의다리아재비blue cohosh의 허여멀건 상아색 꽃은 알뿌리 닮은 씨방 위에 암술대가 짧게 돋았고 그

위에 공 모양 꽃밥이 얹혔다. 덩이냉이 꽃잎은 꽃밥을 잎집으로 둘러싸 감추었다. 꽃 모양이 별꽃을 닮은 것은 클레이토니아뿐이다. 축 늘어진 삼지창 꼭대기에 얹힌 암술대 세 개를 중심으로, 끝이 분홍색인 꽃밥 다섯 개가 원을 이룬다.

이렇듯 다양한 형태는 꽃가루받이꾼의 취향에 적응한 것이지만, 잘 드러나지 않은 요인도 작용했다. 이를테면 꿀 도둑은 꽃의 구조에 은밀하지만 커다란 영향을 미친다. 눈앞에서 개미 한 마리가 클레이토니아 꽃 속에 머리를 처박고 있다. 돋보기를 갖다 댄다. 녀석은 꽃가루와 암술머리를 우회한 뒤에 꽃덮개를 기울여 달콤한 꿀을 훔친다. 이 절도 행각은 다양한 꽃가루받이꾼을 맞아들이려고 꽃덮개를 열어둔 대가다. 도둑들은 환대를 악용하여 단물만 빨아먹는다. 클레이토니아는 어떤 곤충이든 찾아올 수 있도록 꽃덮개 입구를 열어놓고 꿀을 마음껏 내어주는 전략을 채택했는데, 이것은 가장 적극적인 동시에 가장 취약한 방식이다. 노루귀와 미국바람꽃도 꽃덮개가 열려 있지만 둘 다 꿀이 없다. 꿀 없는 꽃은 도둑에게 빼앗기는 에너지가 별로 없지만 벌에게 주는 매력도 별로 없다. 덩이냉이는 개미가 꿀을 못 훔치도록 대롱 안에 넣어두는데, 이 때문에 벌들도 대롱 속까지 주둥이가 잘 안 닿는다.

꽃의 다양한 모양은 식물과 꽃의 수명과도 관계가 있다. 클레이토니아처럼 며칠밖에 못 피는 꽃은 꽃가루받이꾼을 찾느라 필사적이다. 그래서 벌의 키스를 얻기 위해 어떤 위험도 무릅쓰는 보헤미안 스타일을 선호한다. 벌을 위해 차린 밥상에 불청객이 앉더라도 어쩔 수 없는 일이라고 여긴다. 이에 반해 수명이 긴 꽃은 눈이 좀 높아도 괜찮다. 조금만 기다리면 버젓한 구혼자가 올 것을 아는 까닭에 꿀을 꽃덮개 속에 감춰두고 기다린다. 꽃피는 식물의 수명은 개화開花의 경제에도 영향을 미친다. 봄 한철살이 식물은 모두 다년생으로, 땅속의 뿌리나 줄기에서 싹을 틔운다. 땅속 덩굴줄기(기는줄기)의 수명이 30년이라면 꽃가루받이꾼을 까탈스럽게 고를 여유가 있다. 수명이 짧은 뿌리는 무임승차에 좀 더 관대할 것이다. 꽃피는 기간과 식물의 수명이라는 두 요인은 동일한 주제를 변주한 것이다. 즉, 짧은 생일수록 더 찬란하게 불태워야 한다.

따라서 꽃은 도둑으로 인한 손실과 꽃가루받이꾼을 유혹해야 할 필요를 저울질한다. 저울질이 어떤 형태로 나타나는가는 만다라를 날아다니는 곤충뿐 아니라 식물의 계통과도 관계가 있다. 자연 선택은 앞선 세대가 물려준 유전자를 원료로 삼기 때문에 계통의 특징이 꽃 형태에 반영된다. 과科가 다르면 연장도 달라지기 때문에, 부릴 수 있는 재주도 달라진다.

노루귀와 미국바람꽃은 미나리아재비과라는 같은 과에 속하는데, 이 과의 꽃들은 모두 꽃덮개는 열렸으나 꿀이 없다. 왕별꽃great chickweed은 석죽과다. 석죽과의 영어 이름 'pink'는 향기가 달콤한 원예화 패랭이꽃Dianthus의 일반명에서 유래했다. 영어의 '핑크pink'가 바로 패랭이꽃의 색깔이다. 양재사가 천의 가장자리를 지그재그로 자를 때 쓰는 핑킹가위는 뾰족뾰족한 꽃잎 가장자리에 빗댄 말이다. 석죽과에 속하는 식물의 공통점은 색깔이 아니라 꽃잎 모양이다. 왕별

꽃도 톱니 모양 꽃잎의 형질을 물려받았다. 열 장의 가느다란 흰색 꽃잎은 언뜻 보면 석죽과의 다른 꽃과 달라 보이지만, 가까이서 들여다보면 꽃잎이 다섯 장뿐인데 사이사이가 하도 깊이 파여서 한 장이 두 장처럼 보인 탓이다. 별꽃은 꾸미기 좋아하는 석죽과의 성향을 극한까지 밀어붙여 꽃잎이 더 달렸다는 착각을 불러일으키기에 이르렀다.

우리를 비롯한 여느 생물과 마찬가지로 꽃은 진화 과정에서 적응에 적응을 거듭하여 다양성과 통일성 사이의 긴장, 개성과 전통 사이의 긴장을 만들어냈다. 만다라의 현란한 개화가 눈길을 사로잡는 것은 이 때문이다.

# 물관

요 며칠 날씨가 어수선했다. 하루는 진눈깨비가 내리는가 하면 이 튿날은 햇볕이 따갑게 내리쬐었다. 만다라에서는 이런 변화에 보조를 맞추어 삶의 속도를 조절한다. 눈 녹아 질척거리는 날이면 숲은 딱따구리 소리 말고는 아무 소리도 들리지 않는다. 오늘은 해가 고개를 내민 덕에, 노래하는 새 여남은 종과 날아다니는 곤충들의 작은 무리, 일찍 겨울잠에서 깨어 낮은 가지에서 개굴개굴 우는 청개구리까지 뭇 생명들이 활기를 되찾아 분주히 움직인다.

지난주에는 숲 바닥에 발목 높이까지 초록의 광합성 양탄자가 덮여 있었는데 지금은 단풍나무 가지에서 잎과 하늘거리는 푸른 꽃이 피었다. 밀물이 밀려오듯 초록빛이 숲 바닥을 점령하고 있다. 솟아오르는 초록 물결이 산 중턱을 재생의 기운으로 물들인다.

만다라에 드리운 설탕단풍나무 가지에서 새잎이 돋아 햇빛을 가리고 그늘을 만들었다. 봄 들꽃 수백 송이 중에서 남은 것은 여남은 송이밖에 안 된다. 단풍나무가 생명의 불꽃을 꺼뜨린 탓이다. 하지만 모든 나무에서 잎이 돋은 것은 아니다. 무성한 단풍나무 잎과 대조적으로 맞은편에 서 있는 피그너트히코리는 생기 없이 침울하다. 히코리의 우람한 잿빛 줄기는 수관까지 쭉 뻗어 올라 그곳에서 검고 앙상한 가지를 펼친다.

단풍나무와 히코리의 대조적인 모습은 내부의 투쟁이 겉으로 표출된 것이다. 나무가 생장하려면 잎의 기공氣孔을 열어 축축한 세포 표면에 공기를 주입해야 한다. 수분에 녹은 이산화탄소는 식물 세포 안에서 당으로 전환된다. 기체가 식량으로 탈바꿈하는 이 과정이 나무가 생명을 유지하는 원천이지만, 여기에는 대가가 따른다. 잎의 기공이 열려 있으면 이곳으로 수증기가 빠져나간다. 만다라에 드리운 단풍나무 잎에서는 수분이 1분에 0.57리터씩 공기 중으로 배출된다. 온도가 높을 때면, 만다라에 뿌리 박은 나무 일고여덟 그루에서 2500리터가량의 물을 수증기 형태로 잎에서 내보낸다. 이 때문에 흙이 금방 마른다. 따라서 물 공급이 중단되면 식물은 기공을 닫고 생장을 멈추어야 한다.

생장과 물 이용의 이러한 상충 관계는 모든 식물이 맞닥뜨리는 딜레마다. 하지만 어려움은 이뿐만이 아니다. 나무는 하늘을 향해 잎을 쳐들면서 물관의 물리학에 예속된 노예 신세가 되었다. 줄기 하나하나 안에서는 땅과 하늘의 관계, 흙의 물과 해의 불 사이의 필연적 관계가 작용한다. 이 관계를 지배하는 법칙은 한 치의 오차도 없다.

나뭇잎 안에서는 햇빛이 세포 표면에서 물을 증산시켜 기공으로 빼낸다. 축축한 세포벽에서 수증기가 빠져나오면 남은 물의 표면장력이 (특히 세포 사이의 좁은 공간에서) 커진다. 표면장력이 커지면 잎 속에서 물이 더 빠져나온다. 이 장력(당기는 힘)은 잎맥을 타고 이동하여 줄기의 물관 세포를 따라 뿌리까지 전달된다. 증산하는 물 분자 하나가 당기는 힘은 명주실 한 올을 당기는 한 점 바람만큼 사소하다. 하지만 증산하는 분자 수백만 개의 힘이 결합하면 굵은 물 밧줄을 땅속에서 끌어올릴 만큼 세진다.

나무의 물 공급 체계는 놀랄 만큼 효율적이다. 줄기를 통해 물을 끌어올리는 데는 태양의 힘을 빌릴 뿐 자체 에너지는 전혀 쓰지 않는다. 뿌리에서 수관까지 물 수천 리터를 끌어올리는 기계 장치를 사람이 설계한다 치면 숲에서는 펌프의 소음이 진동하고 디젤 엔진의 연기가 자욱하거나 전선이 어지러이 깔릴 것이다. 진화의 경제는 엄격하고 검소하기에 그런 낭비를 용납하지 않는다. 나무 속의 물은 고요하게 술술 흐른다.

하지만 이토록 효율적인 무자위(양수기)에도 아킬레스건이 있다. 이따금 솟아오르는 물기둥 사이에 공기 방울이 끼면 색전증이 일어나 물의 흐름이 막힌다. 겨울에는 이렇게 물관이 막힐 가능성이 큰데, 그 이유는 물관 세포 안에서 물이 얼 때 공기 방울이 생기기 때문이다. 냉장고에서 얼음을 얼릴 때 얼음이 뿌옇게 되는 것과 같은 이치다. 이렇듯 추운 날씨에는 물관 여기저기에 공기 방울이 생겨서 배관이 막히기 쉽다. 단풍나무와 히코리는 이 문제에 대한 해결책을 각자 찾아냈다.

앙상하게 가지만 남은 히코리는 스산해 보이는 것이 마치 죽은 것 같지만 이것은 착각이다. 사실 이 나무는 한두 주 안에 돋아날 꽃과 잎을 위해 새 물관을 통째로 만드는 중이다. 지난해에 쓰던 물관은 공기 방울로 막혀서 무용지물이 되었다. 그래서 히코리는 4월 초순에 새 파이프를 제작한다. 나무껍질 바로 밑에서는 살아 있는 세포의 얇은 막이 줄기를 둘러싸고 있다. 이 세포가 분열하여 올해의 새 혈관을 만든다. 세포의 바깥 층, 즉 껍질과 세포 막 사이에 있는 층은 체관부가 된다. 체관부는 살아 있는 세포로, 당을 비롯한 영양소 분자를 나무 위아래로 운반한다. 안쪽 층에 형성된 새로운 세포는 죽어서 세포벽을 남기는데 이것이 물을 줄기 위쪽으로 끌어올리는 물관부, 또는 목질부다.

히코리의 물관은 길고 굵다. 이 관은 저항이 별로 없어서, 잎이 돋았을 때 물이 힘차게 흐른다. 하지만 굵기가 굵은 탓에 색전증으로 관이 막히기 십상이다. 막힌 관은 무용지물이 되며, 이렇게 굵은 도관은 몇 개 없기 때문에 색전증이 몇 군데에서만 일어나도 물 운반량이 부쩍 줄어든다. 따라서 히코리는 서리의 위험이 지나갈 때까지 잎의 생장을 미룬다. 비록 따뜻한 봄 햇살은 놓쳤지만, 봄 기운이 완연할 때 관을 활짝 열면 그동안의 손실을 충분히 만회할 수 있다. 이런 점에서 히코리는 스포츠카 같다. 얼어붙은 도로를 달리지 못하기에 늦은 봄이 되도록 차고에 처박혀 있지만 따뜻한 여름이 되면 라

이빨을 죄다 제쳐버리니 말이다.

히코리의 줄기에는 문제가 하나 더 있다. 길고 굵은 물관은 얇은 빨대처럼 약하다. 이래서는 무거운 가지를 지탱하거나, 잎을 잡아당기는 바람의 힘에 맞설 수 없다. 그래서 봄 물관부가 다 자란 뒤에 두텁고 구멍이 작은 목질부를 형성한다. 이 여름 목질부는 봄 물관부와 달리 나무의 구조를 지탱할 수 있다. 히코리의 나이테를 관찰하면 큰 구멍과 치밀한 목질부가 교대로 나타나는 '환공環孔'을 볼 수 있다.

히코리가 스포츠카라면 단풍나무는 사륜구동 승용차다. 단풍나무의 물관부는 서리를 이겨낼 수 있기 때문에 단풍나무는 히코리보다 몇 주 전에 잎을 틔운다. 하지만 여름이 찾아오면, 물을 날라 햇빛을 식량으로 바꾸는 속도가 느려서 이내 히코리에게 뒤처진다. 단풍나무의 물관 세포는 히코리보다 많고 짧고 가늘며, 빗처럼 생긴 판으로 분리되어 있다. 히코리는 물관이 굵고 뻥 뚫려 있지만 단풍나무는 세포가 작아서 색전증이 일어날 수 있는 범위가 작다. 단풍나무는 작은 대롱이 아주 많기 때문에 색전증이 일어나도 줄기 전체로 보면 극히 일부에 지나지 않는다. 히코리 목질부의 고리 모양 패턴과 달리 단풍나무는 더 균일한 산공성散孔性 패턴을 보인다. 가구 등의 목재 제품에서 이 차이를 확인할 수 있다. 단풍나무는 결이 매끈한 반면에 히코리는 바늘구멍 같은 것이 규칙적으로 나 있다.

단풍나무는 색전증에 맞서는 생리적 수단이 하나 더 있다. 단풍나무의 당밀 수액은 이른 봄에 줄기 위로 비집고 올라가, 공기를 내보내고 겨우내 꽁꽁 얼어붙은 물관을 옛 모습으로 돌려놓는다. 이렇듯 단풍나무는 낡은 물관을 활용하여 물 운반량을 보충할 수 있지만, 히코리는 올해 성장한 물관에만 의존해야 한다. 단풍나무 수액은 가지가 밤에 얼어붙었다가 낮에 녹으면 한층 힘차게 흐른다. 어떤 해에는 수액이 많이 흐르고 어떤 해에는 전혀 흐르지 않는 것은 이 때문이다. 밤 서리와 낮 햇볕을 오락가락하며 기온이 널뛰기하면 수액이 왕성하게 흐르고, 날씨가 일정하게 미지근하면 흐름이 정체된다.

잎이 벌써 무성하게 돋은 단풍나무와 앙상한 히코리가 대조를 이루는 것은 배관 문제 때문이다. 언뜻 보기에 나무는 엄격한 물리 법칙의 지배를 받는 듯하다. 물의 증산, 흐름, 빙결로 인한 제약이 나무의 삶을 옥죈다. 하지만 나무는 이 법칙을 교묘하게 역이용하기도 한다. 증산은 나무가 잎을 열어놓은 대가로 치러야 하는 비용이지만, 수백 리터의 물을 줄기 위로 조용히 손쉽게 끌어올리는 힘이기도 하다. 마찬가지로 얼음은 봄철 물관의 적이지만, 이른 봄 단풍나무의 수액 흐름을 돕는다. 나무는 아무 노력도 들이지 않는다. 단풍나무와 히코리는 각자의 방식대로 현실의 제약을 극복하여 역경을 이겨내고 승리를 거두었다.

# 나방

    나방 한 마리가 내 살갗 위에서 황갈색 다리를 꼼지락거리며 수천 개의 화학적 탐지기로 간을 본다. 여섯 개의 혀! 녀석에게는 걷는 것이 곧 맛보는 것이다. 나방이 손이나 나뭇잎 위를 걷는 것은 입을 벌리고 포도주를 헤엄치는 것 같으리라. 내 포도주가 마음에 들었던지 녀석이 밝은 녹색의 눈 사이로 돌돌 말려 있던 주둥이를 펴 내린다. 머리에서 아래로 쭉 뻗은 주둥이가 마치 내 살갗을 겨냥한 화살 같다. 딱딱한 주둥이는 내 살과 맞닿는 지점에서 부드러워지더니 끝을 뒤로 말아 다리 사이로 간다. 녀석이 무언가를 찾는 듯 주둥이 끝으로 여기저기를 건드릴 때마다 서늘한 습기가 느껴진다. 나방의 주둥이 끝이 내 손가락 지문의 고랑을 훑으며 지나가는 장면을 놓칠세라 돋보기를 꺼내 든다. 고랑에 박은 희멀건 대롱(주둥이)에서 액체가 나왔다 들어갔다 한다. 여전히 축축하다.

30분째 내 손가락에 빨대를 비벼대는 걸 보면 이 손님은 방을 뺄 생각이 없나 보다. 나는 처음에는 손가락을 고정하고 머리만 조심스럽게 움직여보지만 몇 분이 지나자 몸이 뻣뻣해져 더는 견딜 수 없어 손가락을 움직인다. 전혀 반응이 없다. 손가락을 까딱거리고 나방에게 입김을 불어본다. 그래도 녀석은 제 할 일만 한다. 연필 끝으로 쿡 찔렀는데도 꿈쩍하지 않는다. 커다란 파리 한 마리도 내 손 위로 날아와 변기 청소하던 주둥이로 축축한 키스를 선사한다. 이 털북숭이 녀석은 예사 곤충처럼 반응하여, 내가 얼굴을 가까이 들이밀자 날아가버린다. 하지만 나방은 진드기처럼 딱 달라붙어 있다.

녀석이 내 손가락에 기를 쓰고 붙어 있는 이유는 더듬이를 보면 알 수 있다. 녀석의 더듬이는 머리에서 아치 모양으로 돋아나 거의 몸 길이만큼 앞으로 뻗어 있다. 더듬이에 털이 촘촘히 나 있는 것이 마치 성긴 깃털을 머리에 꽂은 듯하다. 깃털은 매끄러운 털로 덮여 있다. 털 한 올 한 올마다 구멍이 숭숭 뚫려 있는데, 구멍 안쪽 끝의 축축한 중심부에 신경종말이 자리 잡고는 알맞은 분자가 표면과 결합하여 반응을 촉발하기를 기다린다. 더듬이가 이렇게 큰 것은 다 수컷이다. 이 더듬이로 공기를 훑으며 암컷이 풍기는 냄새를 찾아내면, 크고 북실북실한 코에 의지하여 바람을 거슬러 짝을 향해 날아간다. 하지만 짝을 찾는다고 해서 끝이 아니다. 예비 신부에게 혼인 선물을 해주어야 한다. 선물에 들어갈 필수 성분이 바로 내 손가락에 있다.

사람에게 구애할 때는 다이아몬드만 한 선물이 없을 테지만, 나방은 전혀 다른, 훨씬 실용적인 선물을 원한다. 바로 염분이다. 수컷 나방은 짝에게 정자精子 경단과 식량 꾸러미를 선물한다. 식량에는 양념으로 나트륨을 듬뿍 뿌린다. 나트륨은 자식 세대에게 꼭 필요한 귀한 선물이다. 암컷 나방이 알에 전달한 염분은 다시 애벌레에게 전달된다. 잎에는 나트륨이 부족하기 때문에, 잎을 먹는 애벌레는 부모에게 염분을 물려받아야 한다. 나방이 내 손가락에 끈질기게 붙어 있는 것은 짝짓기를 준비하기 위해서이며 이는 자식의 생존 가능성을 높일 것이다. 내 땀에 함유된 염분은 애벌레 식단에 부족한 성분을 채워줄 것이다.

화창하고 온화한 아침이다. 여름의 열기는 아직 도착하지 않았다. 땀은 거의 나지 않는다. 이 때문에 나방은 선물 장만에 애를 먹는다. 선물에 들어갈 화학적 혼합물이 부실하기 때문이다. 땀을 뻘뻘 흘렸으면 훨씬 좋았을 텐데. 인간의 땀은 혈액에서 큰 분자를 모조리 제거하여 만든다. 죽을 체에 거른 것과 비슷하다. 혈관에서 빠져나온 혈액은 세포 사이의 공간을 지나 땀관 바닥에 있는 꼬인 대롱에 스며든다. 이 액체가 땀관 위로 올라올 때 몸에서는 귀한 무기질인 나트륨을 뽑아내어 세포에 돌려준다. 땀이 빨리 흐를수록 나트륨을 뽑아낼 시간이 적으므로, 땀이 비오듯 할 때는 땀의 무기질 조성이나 혈액의 무기질 조성이나 거의 다르지 않다. 덩어리만 없다뿐이지 말 그대로 피땀이다. 땀이 천천히 배어 나오면 나트륨은 적어지고 칼륨은 상대적으로 많아진다. 우리 몸은 칼륨을 재흡수하려고 기를 쓰지는 않기 때문이다. 식물의 잎에는 칼륨이 많아서, 수컷 나방은 칼륨을 아쉬워하지 않으며 나트륨과 함께 빨아들였다가 배설해버린다. 따라서 나방이 내 살갗에서 가져간 것의 일부는 배설물로 나와 흙으로 돌아간다.

내가 나방에게 준 것은 싱거운 땀, 그것도 한 방울이나 될까 말까 한 보잘것없는 것이었지만, 나는 나방이 달라붙을 만한 가치가 있는 포유류다. 땀을 흘려서 몸을 식히는 동물은 인간을 비롯하여 극소수에 불과하기 때문에, 만다라에서는 짠 살갗을 찾아보기 힘들다. 짠 맨살은 더 드물다. 곰과 말도 땀을 흘리지만 이들의 귀한 액체는 털 속에 숨겨져 있다. 게다가 말은 만다라를 찾는 일이 없다. 곰은 매우 희귀하지만, 이곳 동굴에 남은 흔적으로 보건대 총기가 사용되기 전에는 개체 수가 많았을 것이다. 나머지 포유류는 대부분 발바닥이나 입술 가장자리에서 땀을 흘리는 것이 고작이다. 설치류는 땀을 전혀 흘리지 않는다. 몸집이 작아서 탈수 위험이 크기 때문일 것이다.

따라서 구멍에서 흘러나오는 혈액은 만다라에서 보기 드문 별미다. 숲에 나트륨이 얼마나 부족한가 하면 내 살갗의 빈약한 땀이 진수성찬으로 환영받을 정도다. 빗물 웅덩이도 이따금 빨대를 꽂아볼 만하지만, 나트륨이 풍부한 경우가 드물다. 똥과 오줌은 빗물보다 염분이 많지만 빨리 말라버린다. 오늘은 내가 가장 귀하신 몸이다. 만다라 관찰이 끝났다. 나방을 집에까지 데려가고 싶지는 않으니 내 살갗을 꽉 움켜쥔 녀석의 발을 떼어낸 뒤에 줄행랑쳐야겠다.

# 해오름의
# 새들

　동쪽 지평선 위로 복숭앗빛 얼룩이 어둠에 스며들자, 깜깜하던 천구<sup>天球</sup>가 희미하게 빛을 발한다. 두 개의 음조가 번갈아가며 허공을 울린다. 첫째 음은 맑은 고음, 둘째 음은 힘찬 저음이다. 소리의 주인공인 댕기박새의 2성 선율을 배경 삼아 캐롤라이나박새가 휘파람을 불기 시작한다. 네 개의 음이 고개를 끄덕이듯 오르락내리락한다. 복숭앗빛이 지평선으로부터 위로 퍼져 나가고 동부산적딱새<sup>phoebe</sup>가 술과 담배에 찌든 블루스 가수처럼 걸걸한 목소리로 '피—비—' 하고 자기 이름을 외친다.

　창백한 하늘이 밝아지자 벌레잡이휘파람새<sup>worm-eating warbler</sup>의 들뜬 캐스터네츠 소리가 요란하다. 여기에 화답이라도 하듯 사방에서 온갖 박자와 음색의 노래가 울려퍼진다. 흑백휘파람새는 나뭇가지에 거꾸로 홰를 친 채 권태로운 듯 '휘―타 휘―타' 하고 운다. 꼬마나무에서 두건휘파람새hooded warbler 소리가 들린다. 음을 두 번 굴리며 속도를 붙이더니 '위―아 위―아 휘티오!' 하며 노래를 하늘로 툭 던진다. 서쪽에서는 더 큰 노랫소리가 들려온다. 풍성한 세 가지 음조가 파도처럼 숲을 덮고는 물결치는 소용돌이로 잦아들기를 반복한다. 양철 호루라기 소리 같은 루이지애나물지빠귀Louisiana waterthrush 노래는 곁을 흐르는 개울물 소리에서 영감을 얻은 듯하지만, 가락과 음량 덕분에 물소리에 꿀리지 않는다.

복숭아색이 패랭이꽃색으로 바뀌더니 지평선 위로 더 넓게 퍼진다. 천구가 환하게 밝아져 만다라 별꽃의 반쯤 닫힌 봉오리가 눈에 들어오고, 만다라의 경계를 정한 바위와 돌멩이의 윤곽이 드러나기 시작한다. 세상이 분간되기 시작할 즈음 캐롤라이나굴뚝새가 숲에서 가장 시끄러운 소리로 물지빠귀와 노래 대결을 벌인다. 굴뚝새는 1년 내내 노래하지만, 오늘은 봄철 소리의 향연과 어우러지니 전혀 다르게 들린다. 지금은 이곳을 떠난 겨울굴뚝새winter wren를 제외하면 녀석만큼 정열적이고 시끄럽게 노래하는 새는 하나도 없다.

비탈 저 아래에서 켄터키휘파람새Kentucky warbler가 굴뚝새에게 답가를 부른다. 굴뚝새는 켄터키휘파람새의 주제와 음색을 흉내 내기는 하지만, 다이빙대에서 통통 뛰기만 할 뿐 물에 뛰어들 엄두를 내지 못하는 다이빙 선수처럼 소리를 삼킨다. 그때 저 위에서 또 다른 노랫소리가 터져 나온다. 흑백휘파람새의 혀짤배기 소리를 닮기는 했지만 일정한 패턴을 따르지 않고 빠르기를 높였다가 다시 조잘거린다. 녀석의 정체는 모르겠다. 쌍안경에도 잡히지 않으니 더 답답하다. 휘파람새의 동틀 녘 '비행 노래'일까? 숲 위로 높이 그린 아치에서 들려오는 이 비행 노래는 여느 새소리와 전혀 다른 거장의 솔로다. 이 곡을 녹음한 사람은 거의 없으며, 내 제한된 경험으로 판단컨대 아주 변화무쌍하다. 비행 노래가 새의 삶에서 어떤 역할을 하는지는 알려지지 않았지만, 나머지 시간에 몇 개의 음절만을 반복하는 새들이 이 기회에 창의력을 마음껏 발산하고 있음은 틀림없다.

딱따구리가 연주에 거친 음색을 더한다. 먼저 붉은배딱따구리가 떨리는 울음을 만다라에 던지자, 도가머리딱따구리pileated woodpecker가 미친 듯한 웃음으로 답한다. 큰어치blue jay가 끽끽 소리와 빽빽 소리를 번갈아가며 딱따구리 듀엣에 끼어든다. 하늘빛이 짙어지자 검은방울새goldfinch 대여섯 마리가 물수제비 뜨듯 임관을 스칠 듯 말듯 통통 튀며 동쪽으로 날아간다. 한 번 튈 때마다 '티티티 티티티' 하며 지저귄다.

하늘 전체가 잠시 분홍빛으로 빛나는가 싶더니 동쪽에서 노란빛이 치밀어 오르며 만다라를 밝힌다. 색깔은 하늘을 우윳빛으로 물들이며 다시 지평선으로 가라앉는다. 붉은눈비레오새red-eyed vireo가 광명을 환영하듯 일정한 간격으로 휘파람 소리를 낸다. 한 녀석이 말꼬리를 올리며 "여기가 어디지?"라고 묻자 다른 녀석이 낮은 어조로 "거기는 말이지……" 하고 대답한다. 한낮의 열기에 새들이 연단에서 내려온 뒤에도 비레오새는 숲에 대한 질문과 대답을 이어간다. 학구적 기질에 걸맞게 나무 위에서 좀처럼 내려오는 법이 없다. 밝고 반복되는 노래만이 녀석들의 존재를 알려준다. 찌르레기사촌<sup>brown-headed</sup> <sup>cowbird</sup>이 비레오새의 노래에 끼어든다. 찌르레기사촌은 다른 새의 둥지에 알을 낳는 탁란托卵 습성이 있다. 이렇게 양육의 의무를 벗어버리고는 연애의 즐거움을 만끽한다. 수컷의 노래를 완벽하게 연마하려면 2~3년이 걸리는데, 녹은 금이 아래로 떨어지면서 굳은 다음 돌에 쨍그랑 하고 부딪히는 소리가 난다. 청산유수처럼 이어지는 노랫소리에 금속성 음이 곁들여졌다.

이제 하늘이 푸르게 빛나고, 해돋이의 색깔이 동쪽에서 파스텔 색조를 띤 구름 띠에까지 번졌다. 홍관조<sup>northern cardinal</sup>가 만다라 아래쪽 비탈에서 부싯돌 부딪는 소리로 요란하게 짹짹거린다. 이 바삭바삭한 소리와 어우러진 것은 골짜기 아래에서 돌려오는 칠면조 울음소리다. 아득한 칠면조 소리는 숲을 지나면서 희미해졌으며, 식물을 통과하며 반사되고 압축된 탓에 (헨리 데이비드 소로 말마따나) '숲 요정의 목소리'처럼 들렸다. 지금은 칠면조 사냥철이라서, 소리 주인은 사랑을 찾는 진짜 칠면조라기보다는 별미를 찾는 사냥꾼일 가능성이 크다.

잦아들던 새벽빛이 잠시 되살아나더니 하늘이 라일락과 수선화 꽃다발처럼 화사하게 빛나며, 구름은 개켜놓은 조각보 이불처럼 층층이 색을 발한다. 더 많은 새들이 아침 합창에 합류한다. 만다라 위쪽 가지에서 동고비<sup>nuthatch</sup>의 콧소리, 까마귀의 까악까악 소리, 검은목초록휘파람새의 웅얼거리는 소리가 한데 어우러진다. 뭇 색깔이 엄마 태양의 매서운 눈초리에 자취를 감추자 숲지빠귀<sup>wood thrush</sup>가 기막힌 노래로 새벽 합창을 마무리한다. 노래는 마치 다른 세계에서 들려오는 듯하다. 영롱한 가락이 잠시나마 나를 정화한다. 노래가 끝나고 커튼이 닫힌다. 내게 남은 것은 기억의 깜부기불뿐.

* * *

지빠귀의 노래는 가슴 깊숙이 파묻힌 울음관에서 나온다. 허파에서 공기가 뿜어져 나오면 울음관의 막들이 진동하고 압축된다. 기관지 합류 부위를 둘러싼 이 막은 높낮이 없는 날숨을 달콤한 음악으로 탈바꿈시켜 기관을 통해 입 밖으로 내보낸다. 이렇듯 대롱 속에서 공기를 돌리는 플루트와 막을 떠는 오보에를 생물학적으로 조합하여 소리를 내는 것은 조류뿐이다. 새들은 울음관을 둘러싼 근육의 긴장을 조절하여 노래의 질감과 음조를 바꾼다. 지빠귀의 노래는 적어도 열 개의 울음관 근육이 빚어내는 소리로, 각 근육의 길이는 쌀 한 톨보다 짧다.

울음관은 인간의 후두와 달리 공기 흐름을 거의 방해하지 않는다. 자그마한 새에게서 덩치 큰 사람보다 더 큰 소리가 나는 것은 이 덕분이다. 하지만 울음관은 효율적이기는 하지만 소리가 멀리 퍼지지 않는다는 단점이 있다. 칠면조의 폭발적인 울음소리조차도 숲이 금세 삼켜버리니 말이다. 공기를 밀어내는 에너지는 나무와 잎, 푹신푹신한 공기 분자에 쉽게 흡수되고 흩어진다. 저음은 고음보다 흡수가 덜 되는데, 파장이 길어서 장애물에 튕겨 나가지 않고 옆으로 스쳐

지나가기 때문이다. 따라서 새의 노래, 그중에서도 고음은 가까이에
서만 들을 수 있는 축복이다.

태양의 선물은 그렇지 않다. 이 여명을 만들어낸 광자는 태양 표
면에서 출발하여 1억 5000만 킬로미터를 여행했다. 하지만 빛조차
도 느려지고 걸러질 수 있다. 이 감속 현상은 압축된 원자들의 핵융
합에서 광자가 탄생하는 무대인 태양 내부에서 가장 뚜렷하게 드러
난다. 태양의 핵은 밀도가 아주 높기 때문에, 광자가 표면까지 이동
하는 데 1000만 년이 걸린다. 표면까지 가는 동안 광자는 끊임없이
양자의 방해를 받는다. 양자는 광자의 에너지를 흡수하여 잠시 잡아
두었다가 또 다른 광자의 형태로 내보낸다. 1000만 년 동안 올가미
에 잡혀 있던 태양의 광자가 마침내 풀려나면 지구에 도달하는 데는
8분밖에 안 걸린다.

광자가 지구 대기에 들어오면 이번에는 분자들이 길을 막는다. 하
지만 태양의 압축된 덩어리에 비하면 밀도가 수백만 분의 1에 불과
하다. 광자는 색깔이 여러 가지인데, 어떤 색깔은 대기를 잘 통과하
지 못한다. 빨간색 광자는 파장이 대다수 공기 분자의 크기보다 훨
씬 길기 때문에, 숲의 칠면조 울음소리처럼 공기를 수월하게 통과하
며 좀처럼 흡수되지 않는다. 파란색 광자는 파장이 공기 분자 크기
와 비교적 비슷하기 때문에 공기에 흡수된다. 광자를 흡수한 공기 분
자는 빨아들인 에너지에 들떠서 몸부림치다가 새 광자를 뱉어낸다.
방출된 광자는 새로운 방향으로 튕겨져 나가기 때문에, 파장이 짧은
파란색 광자는 사방팔방으로 산란한다. 빨간색 빛은 흡수되거나 산

란하지 않기 때문에 곧장 앞으로 나아간다. 하늘이 푸른 것은 이 때문이다. 우리에게 보이는 것은 방향을 바꾼 파란색 광자의 에너지, 수십억 개의 들뜬 공기 분자가 발하는 빛이다.

태양이 머리 위에 떠 있으면 모든 색깔의 광자가 우리 눈에 도달한다. 물론 파란색 광자 일부는 오는 동안 방향을 바꾼다. 하지만 태양이 지평선 뒤로 넘어가면 광자가 공기를 통과하는 경로가 휘어지기 때문에 더 많은 파란색 빛이 중도 탈락한다. 따라서 이곳 테네시 만다라를 물들인 붉은 여명의 고향은 동쪽 캐롤라이나 산맥 위의 푸른 아침 하늘이다.

만다라를 적신 빛 에너지와 소리 에너지는 나의 의식에서 수렴되며 이 아름다움은 인식의 불꽃을 일으킨다. 에너지가 수렴하는 다른 한 곳은 에너지의 여정이 시작된 장소, 즉 상상할 수 없을 정도로 뜨겁고 압축된 태양의 핵이다. 태양은 동틀 녘 빛과 아침 새소리의 기원이다. 지평선의 여명은 대기를 통과하며 걸러진 빛이며, 허공을 채운 음악은 노래하는 새에게 원기를 주는 동식물을 통해 걸러진 태양의 에너지다. 4월 해돋이의 마법은 에너지 흐름의 그물이다. 이 그물의 한쪽 끝은 태양의 물질에서 비롯한 에너지에 맞닿아 있으며 다른 쪽 끝은 우리 의식 속 에너지에서 비롯한 아름다움에 맞닿아 있다.

# 걷는 씨앗

    봄철 꽃잔치가 끝났다. 이제 별꽃과 제라늄 몇 송이만 남아서 4월의 영광을 추억한다. 머리 위에서는 할 일을 다한 꽃들이 비처럼 쏟아져 내린다. 단풍나무와 히코리가 얼마나 번식에 애를 썼는지 보여주는 증거다. 만다라에 널브러진 단풍나무와 히코리 꽃은 수백 송이에 이른다. 봄 한철살이 식물의 화려한 꽃과 달리, 이 나무 꽃들은 수수하고 소박하며 뚜렷한 꽃잎도, 화려한 장식도 없다. 지극히 청교도적인 옷차림에서 보듯, 만다라 나무들의 섹스는 꿀과 색깔이 넘치는 한철살이 식물의 떠들썩한 잔치와 전혀 다르다. 이 나무들은 아무에게도 잘보일 필요가 없다. 바람이 꽃가루를 나르기 때문에, 곤충의 눈과 혀를 유혹하지 않아도 된다. 그래서 나무의 꽃은 꼭 필요한 실용적 요소만 남기고 군더더기를 다 없앴다.

풍매風媒는 일찍 꽃을 피우는 나무에게 특히 유용한 전략이다. 봄 한철살이 식물은 비교적 따뜻하고 안락한 미기후에서 서식하지만, 나뭇가지 높이에서는 꽃가루받이꾼을 차지하려는 다툼이 치열하다. 수관의 미기후는 아래쪽보다 휑하며 이른 봄 곤충에게 우호적이지 않다. 하지만 바람은 얼마든지 있다. 이런 까닭에 단풍나무와 히코리는 곤충과의 옛 계약을 깨뜨리고 생물학적 수단 대신 물리학적 수단을 이용하여 꽃가루를 운반하기로 했다. 바람은 곤충과 달리 어김없이 불어오지만, 정확하지 않다는 단점이 있다. 벌은 꽃가루를 다음 꽃의 암술머리에 정확하게 배달하지만 바람은 아무것도 배달하지 않는다. 손에 잡히는 것은 닥치는 대로 흩뿌릴 뿐이다. 꽃과 사람의 코가 고생하는 것은 이 때문이다. 그래서 풍매 식물은 꽃가루를 아주 많이 뿌려야 한다. 무인도에 남겨진 사람들이 소식 전할 방법이 없어 수많은 병을 바다에 띄우듯.

단풍나무와 히코리는 암수한꽃인 들꽃과 달리 암꽃과 수꽃이 따로 있다. 수꽃은 가지에 대롱대롱 매달려 있어서 공기가 조금만 움직여도 덩달아 흔들린다. 단풍나무는 수꽃 다발을 질긴 꽃실(수술대)에 매달았다. 꽃실은 길이가 1~2센티미터로, 끝에 꽃밥 다발이 매달려 있다. 꽃밥은 꽃가루를 만들어내는 기관으로, 이 책 쉼표 크기의 작고 노란 공처럼 생겼다. 히코리 꽃밥은 버들개지 모양으로 늘어진 미상尾狀 꽃차례에 매달려 있으며 길이는 손가락만 하다. 둘 다 작은 우산 밑에 옹기종이 모여 있는데, 아마도 꽃가루가 비에 씻겨 내려갈까 봐서인 듯하다. 암꽃은 꽃가루를 대량으로 바람에 날릴 필요가 없기에 비교적 땅딸막하다. 바람에 날리는 꽃가루를 암술대로 낚아채면 수정受精이 시작된다. 암술대의 공기역학에 대해서는 알려진 것이 거의 없지만, 암술대는 식물에서 바람을 가장 세게 맞는 부위에 있으며 공기가 자기 주위를 빙글빙글 돌도록 설계된 듯하다. 공기 흐름을 느리게 하는 소용돌이를 형성하여 꽃가루를 채집하는 것이다.

봄철 이맘때가 되면 꽃가루를 떨어뜨리는 임무를 완수한 수꽃은 나무에게 버림받고 아래로 떨어져 노란색과 초록색의 꽃실과 꽃자루로 만다라를 덮는다. 하지만 암꽃의 임무는 이제 시작이다. 배아가 꽃 안에서 수정되어 열매로 자라기까지는 몇 달이 걸린다. 다 자란 히코리 열매와 단풍나무 씨앗이 땅에 떨어지려면 가을이 되어야 한다.

들꽃은 느긋하게 여름 햇살을 쬐며 열매를 익히는 호사를 누리지 못한다. 봄 한철살이 식물은 대부분 꽃을 피운 지 몇 주 만에 열매를 맺는다. 여름의 두터운 수관이 햇빛을 가리기 전에 그해의 번식 과정을 마무리해야 하기 때문이다. 만다라 가장자리를 걸으며 3월에 꽃을 활짝 피운 노루귀를 찾는다. 미국생강나무 뒤에서 노루귀를 찾았다. 간肝 모양 잎을 넓게 벌리고 꽃대는 통통한 초록색 어뢰 다발을 떠받쳤는데, 어뢰 하나의 크기는 작은 완두콩만 하다. 열매 여러 개가 땅에 널브러졌다. 바닥에 흰색의 뭉툭한 꼭지가 달렸고, 가운데가 볼록하며, 끝은 뾰족하다. 뾰족한 끝 부분은 암술대(암술머리를 떠받치는 짧은 막대기)에서 유일하게 남은 부분이다. 초록색의 볼록한 가운데 부분은 씨방 벽으로, 안에는 수정된 씨앗이 들어 있다.

개미 한 마리가 열매에 다가가 더듬이로 만지작거리더니 열매 꼭대기로 기어오른다. 서둘러 낙엽으로 다시 내려와서는 열매를 끌어안았다가 내버려두고 떠난다. 몇 분 뒤에 또 다른 개미가 같은 과정을 반복한다. 열매가 매번 몇 밀리미터씩 움직이지만, 개미들은 매번 포기하고 떠난다. 30분이 지나자 더 많은 개미가 열매를 외면한 채 지나간다. 이때 커다란 개미가 나타나더니 더듬이로 열매를 건드려보다가 입 양쪽에 삐죽 솟은 갈고리 모양 큰턱으로 꽉 쥔다. 녀석은 희고 뭉툭한 열매 끝 부분에 구기口器를 단단히 박고는 자기 몸만 한 열매를 머리 위로 번쩍 들어올린다. 그 채로 만다라 한가운데를 향해 나아간다. 단풍나무 줄기에 걸려 비틀거리다 다시 일어나기도 하고 잎 틈새에 빠졌다가 기어 나오기도 한다. 낙엽 틈새를 빙 돌고, 얽히고설킨 꽃대 사이로 뒷걸음치며 삐뚤빼뚤 걸어간다. 개미의 분투를 숨죽인 채 바라보다, 녀석이 작은 동전만 한 구멍에 도착하여 쏙 들어간 뒤에야 안도의 한숨을 내쉰다. 개미구멍을 들여다보니 푸른 빛을 발하는 열매를 개미 몇 마리가 달라붙어 밀고 돌린다. 열매가 30센티미터 아래의 땅속으로 꺼지면서 빛이 점차 사그라든다.

노루귀 열매의 방랑기는 숲 개미의 이야기를 봄 한철살이 식물의 이야기와 잇는 대서사시의 일부다. 노루귀 열매 끝에 달린 흰색 꼭지는 엘라이오솜elaiosome으로, 노루귀가 개미를 위해 특별히 준비한 기름진 별미다. 이렇게 영양 많은 음식을 손쉽게 얻을 수 있는 경우는 드물기 때문에, 개미는 엘라이오솜이 붙은 열매를 발견하면 잽싸게 보금자리로 가져가 껍질을 뜯어내고 알맹이를 애벌레에게 먹인다. 다음 세대 개미의 몸은 (적어도 일부는) 노루귀 과육으로 이루어졌을 것이다. 개미들은 엘라이오솜을 떼어낸 뒤에, 먹을 수 없는 씨앗을 퇴비 더미에 버린다. 개미들이 괴팍스럽게 깔끔을 떤 덕에 노루귀 씨앗은 포슬포슬하고 기름진 퇴비에 자리 잡는다. 이곳은 싹을 틔우기에 이상적인 장소다.

개미는 씨앗을 알맞은 장소에 뿌려줄 뿐 아니라 어미 식물에게서 데려와 땅임자가 없는 곳으로 옮겨다준다. 대다수 개미가 봄 한철살이 식물의 씨앗을 옮겨주는 거리는 1~2미터에 불과하다. 어미 식물에게서 돌 던지면 닿을 거리다. 이 정도면 어미와의 경쟁을 피하기에는 충분하지만, 앞에서 살펴본 한철살이 식물의 습성과는 어울리지 않는다. 상당수 한철살이 식물은 앨라배마에서 캐나다에 이르기까지 북아메리카 동부의 온대림 전역에 서식한다. 하지만 16000년 전만 해도 이 온대림은 멕시코 만의 몇몇 지역에 국한되어 있었다. 마지막 빙하기에 동쪽의 나머지 지역은 얼음에 덮여 있었으며, 더 남쪽으로 내려가면 지금은 캐나다 북단에서나 볼 수 있는 보레알 숲이 자리 잡고 있었다('보레알' 기후간극은 충적세의 특정 시기로, 따뜻하고 건조했다_옮긴이). 따라서 봄 한철살이 식물은 16000년 만에 플로리다에서 캐나다로 옮겨왔다. 하지만 빙하기 직후의 개미가 지금의 개미와 똑같이 행동했다면 한철살이 식물은 빙하가 물러간 뒤로 10~20킬로미터밖에 이동하지 못했을 것이다(실제로는 2000킬로미터를 이동했다). 그렇다면 가능성은 세 가지다. 오늘의 개미는 지난날 대륙을 질주하던 왕개미의 허깨비이거나—희박하다—빙하기의 화석

기록과 지질학 증거가 허상이거나—더더욱 희박하다—종자 분산에 대한 우리의 이해가 일천하며 봄 한철살이 식물에게는 우리가 알지 못하는 장거리 운송 수단이 있다.

*　*　*

얼마 전까지만 해도 이 '신비한 배달부'의 후보 가설은 모두 허술해 보였다. 괴상한 폭풍이 노루귀 씨앗을 캐나다로 실어 날랐을 것 같지는 않다. 철새 발톱에 묻은 진흙이나 철새 배 속에서 운반되었을까? 그랬을 수도 있지만, 봄 한철살이 식물이 씨앗을 떨어뜨릴 즈음이면 철새는 이미 남부 지방의 숲을 지나친 뒤다. 무병연령초는 씨앗을 늦게 떨어뜨리기 때문에, 돌아오는 철새가 씨앗을 오히려 반대 방향으로 날랐을 것이다. 설치류를 비롯한 초식동물이 배 속에 씨앗을 넣어 운반했을까? 이건 고민할 필요도 없다. 입안에서 으깨지고 소화 과정에서 녹아버렸을 테니 말이다.

봄 한철살이 식물의 빠른 분산과 언뜻 보기에 형편없는 분산 능력 사이의 모순을 생태학자들은 '리드의 역설'이라고 불렀다. 리드는 19세기 식물학자로, 그 또한 빙하기 후 영국에 참나무가 전파된 문제로 고심했다. 철학자와 신학자는 역설을 좋아하며, 중요한 진리로 인도하는 귀한 표지판으로 여긴다. 이에 반해 과학자들은 좀 더 비관적인 입장이다. '역설'은 우리가 뻔한 무언가를 놓치고 있다고 말하는 정중한 화법임을 경험으로 알기 때문이다. 역설을 해소하면 우리의 '자명한' 가정이 터무니없는 거짓임이 드러날 것이다. 이것은 철학의 역설로부터 그다지 멀지 않다. 둘의 차이는 거짓 가정의 깊이에 있다. 과학의 거짓 가정은 비교적 얕고 쉽게 뿌리 뽑을 수 있는 반면에 철학의 거짓 가정은 깊어서 파내기 힘들다.

리드의 역설에 숨은 거짓 가정은 묻혀 있기는커녕 대륙 전역의 만다라 낙엽에 널려 있을지도 모른다. 우리는 설치류 배설물처럼 사슴 똥에도 봄 한철살이 식물의 (발아 가능한) 씨앗이 들어 있지 않을 것이라고 가정했지만, 사슴 똥이야말로 역설의 해답인지도 모른다. 이 해법은 과학의 고전적 역설-해소 기준에 부합한다. 간단한 실험 하나만으로 여러분은 '이걸 왜 몰랐을까?' 하며 무릎을 칠 것이다. 1단계: 숲에서 사슴 똥을 모은다. 2단계: 똥에서 씨앗을 찾는다. 3단계: 씨앗을 땅에 심고 자라는 것을 관찰하여 '개미가 퍼뜨리는 씨앗'이라는 말이 잘못된 이름이라는 결론을 내린다. 아마도 '개미가 굴리고 사슴이 던진 씨앗'이라고 해야 더 정확할 것이다. 사슴은 씨앗을 수킬로미터 밖으로 운반할 수 있기 때문이다. 개미는 몇 센티미터가 고작이다. 종자 운반자 후보에서 제외한 다른 초식 포유류는 어떨까? 아무도 해답을 찾기 위해 웅크려 똥을 줍지 않았다. 분석을 기다리는 똥은 얼마든지 있는데.

분석 결과가 어떻게 나오든, 봄 한철살이 식물의 씨앗을 '개미가 퍼뜨리는 씨앗'으로 분류한 것은 섣불렀다는 결론은 이미 정해졌다. '미르메코코리myrmecochory'(개미가 퍼뜨린다는 뜻_옮긴이)라는 근사한 이름도 역부족이었다. 종자 분산의 진실은 더 복잡하며 규모에 따라 달라지는 듯하다. 작은 규모에서 보면 개미는 일차 배달부다. 씨앗을 모아들여 알맞은 장소에 심는 솜씨는 타의 추종을 불허한다. 사슴은 서툰 농사꾼이다. 그래서 씨앗 낱낱의 관점에서 보면 개미에게 발견되는 것보다 나은 운명은 없다. 하지만 큰 규모에서는 개미보다 포유류가 훨씬 중요하다. 사슴이 이따금씩이나마 씨앗을 멀리까지 날라다주면 씨앗은 무주공산을 차지하여 새로 일가를 이룰 수 있다. 종 전체의 관점에서 보면 깐깐한 느림보 개미보다는 날랜 사슴이 더 중요하다. 사슴이 없었다면 봄 한철살이 식물은 멕시코 만의 좁은 숲을 벗어나지 못했을 것이다. 이들이 대륙 전체로 히치하이크할 수 있었던 것은 사슴 덕분이다.

사슴의 중요성을 새롭게 발견하니 엘라이오솜의 역할에도 의문이 든다. 우리는 기름진 부위가 씨앗이 개미를 유혹하여 편안한 배양토를 차지하려는 자연 선택의 산물이라고 가정했다. 이 설명은 부분적으로는 여전히 참이다. 개미는 씨앗을 심는 일에는 누구보다 뛰어나니 말이다. 자연 선택은 유전자를 다음 세대에 전달하는 데 유리한 특징이라면 무엇이든 환영한다. 하지만 자연 선택은 유전자를 사방으로 퍼뜨리는 특징 또한 선호한다. 진화는 단순히 '번성하'는 것이 아니라 '땅에 가득하여 번성하'라고 명령한다(창세기 9장 7절에서 인용_옮긴이). 몇몇 자녀를 바다 멀리 내보내지 않는 어머니는 결국 자식 농사에 실패할 것이다. 넓은 서식지를 재식민화한 종의 경우는 더더욱 그렇다. 북아메리카의 노루귀는 대부분 멀리 퍼지는 데 성공한 개체의 후손이다. 발바닥이 근질거리는 이 유전자들에게는 씨앗을 부모에게서 멀리 떨어뜨리려는 형질이 있을 것이다. 따라서 엘라이오솜은 부분적으로는 사슴의 부드러운 입술을 간질여 먹이가 되도록 설계되었을 것이다.

유럽 사람들이 신대륙에 당도하면서 봄 한철살이 식물의 역설적 삶이 한층 복잡해졌다. 우리가 숲을 조각조각 자른 탓에 개미가 씨앗을 나르기가 더 어려워졌다. 그와 동시에 사슴 개체 수가 급감했다가 급증했다. 개미와 사슴의 개체 수 균형이 기울었다. 봄 한철살이 식물은 어떻게 대응할까? 아니, 대응할 수나 있을까? 사슴 개체 수가 늘면 씨앗을 날라주던 은인이 잎과 싹을 싹쓸이하는 원수로 바뀔 수도 있다. 사슴의 무차별 섭식이 오래가면 봄 한철살이 식물이 전멸하여, 이들이 자연 선택의 변화에 어떻게 대응할까, 라는 추측이 무색해질 것이다.

이제 저울에 세 번째 추가 놓인다. 외국에서 들어온 마디개미fire ant 가 남부 산림 지대를 침략하여 북상하고 있다. 녀석들은 뒤숭숭한 지역에서 번성하며, 이미 조각조각 나뉘어 신음하는 숲에서 유독 자주 눈에 띈다. 마디개미는 엘라이오솜이 붙은 열매를 모아들이지만 씨앗을 퍼뜨리는 데는 영 젬병이다. 씨앗을 어미 식물 바로 옆에다 심기 때문에, 싹은 다 자란 어미와 경쟁하며 불우한 어린 시절을 보내야 한다. 경쟁은 곧잘 자식의 죽음으로 끝난다. 마디개미는 엘라이오솜만이 아니라 열매를 깡그리 먹어치우는 포식자이기도 하다. 외국 개미의 침략은 엘라이오솜과 토종 배달부의 관계를 망가뜨릴지도 모른다. 그러면 오랫동안 씨앗의 자산이던 기름진 선물이 부채로 둔

갑할 것이다. 봄 한철살이 식물은 자연 선택과 멸종의 갈림길에 놓일 것이다. 새로운 조건에 적응하거나, 대비하지 못한 새로운 현실에 직면하여 개체 수가 감소하거나 둘 중 하나일 것이다.

봄 한철살이 식물이 빙하기의 혼란을 헤치고 살아남은 걸 보면 생태적 바람의 변화에도 거뜬히 적응할 수 있을 듯하다. 하지만 빙하기가 수천 년에 걸쳐 오고 간 폭풍이었다면, 지금의 예측 불가능한 변화는 단 수십 년 만에 몰아친 스콜이다. 생태학자의 역설 대신 환경보전론자의 기도가 들려온다. 이 만다라는 기도에 대한 한 가지 응답인지도 모른다. 숲이 침입을 받지 않고 비교적 고스란히 남은 덕에 옛 생태적 규칙이 완전히 사라지지는 않았기 때문이다. 개미, 꽃, 나무에는 유전적 역사와 다양성이 담겨 있다. 미래는 이 바탕 위에서 쓰일 것이다. 바람에 해진 페이지를 우리가 더 많이 간직할수록, 진화의 사관史官이 실록을 기록할 자료가 많아질 것이다.

# 지진

땅의 배腹가 사정없이 울린다. 바위 창자가 서로 비벼대다 긴장을 풀고 누그러진다. 진원震源은 100킬로미터 밖, 지표 30킬로미터 아래 지점이다. 스트레스를 받은 바위의 억눌린 에너지가 방출되면 그 분노의 일부가 땅에 물결을 일으키며 퍼져 나간다.

처음에는 압축파가 으르렁거리며 도달한다. 그 소리는 디젤 기관차 무리처럼 땅 위를 울려 퍼지며, 새벽에 잠을 깼을 때처럼 혼란을 일으킨다. 소리는 땅에서 삐져나와 잠시 우리를 휩쓸고는 허공으로 사라진다. 이 압축파는 초속 1킬로미터를 넘는 속도로 땅을 가른다. 잠시 진동이 멈추었다가 표면파가 집을 뒤흔든다. 표면파는 가로세로로 움직이며 땅을 짓누르고 찢어발긴다. 작은 배가 거센 파도를 피해 요리조리 방향을 틀듯 집들은 지질학적 폭풍 속에서 비틀리고 기운다. 대형 파도가 몰아치면 집들은 지독한 스트레스를 견디지 못하고 무너진다.

오늘은 운이 좋았다. 파도는 완만하고 집들은 여전히 우뚝 서 있다. 밖에서는 굉음이 울려퍼지지만 집 안에서는 딸랑딸랑 종 울리는 소리밖에 들리지 않는다. 벽에 건 그림 액자는 진자처럼 흔들린다. 땅이 집을 한쪽 방향으로 기울여도, 무거운 액자는 관성 때문에 제자리에 고정되어 있다. 벽이 제자리로 돌아오면 쾅!, 액자가 덜컹 튀어 올랐다가 쾅! 하고 떨어진다. 열쇠 꾸러미가 짤랑거리고 유리잔이 건배하듯 서로 부딪힌다. 접시가 미끄러지며 땡그랑 울린다. 땅과 닿아 있는 것이 모두 요동치는 와중에 나머지 것은 가만히 있거나 느릿느릿 움직인다. 하지만 눈이 우리를 속여, 벽은 가만히 있는데 가구와 온갖 집기가 춤추는 것처럼 보인다. 지진은 15초가량 계속되다가 부르르 떨며 사그라든다.

지진의 세기를 측정하는 데는 줄에 매단 물건의 관성을 이용한다. 진자의 추에 펜을 매달아 아래 놓인 모눈종이에 펜촉으로 지구의 운동을 기록한다. 지진이 일어나면, 펜은 가만히 있지만 종이와 진자 지지대가 흔들리므로 펜이 움직임의 세기를 기록하는 원리다. 어떤 지진계는 진자 높이가 3층 건물만 한데, 이 정도면 땅 밑에서 일어나는 아무리 작은 진동도 잡아낼 수 있다.

대롱대롱 매달린 펜이 긁은 자국을 일정한 기준에 따라 보정하면 리히터 규모를 얻을 수 있다. 오늘 아침 지진은 진도 4.9를 기록했다. 이는 소형 핵폭탄 한 개 또는 채석장 발파용 폭약 천 개의 위력과 맞먹는다. 리히터 규모는 로그 곡선이기 때문에, 지진 에너지의 실제 양은 척도 숫자에 따라 기하급수적으로 증가한다. 규모 3의 지진은 사소한 수준이고 규모 6은 어느 정도 피해를 입히며 규모 9는 일대를 폐허로 만든다. 리히터 규모 12의 지진은 지구를 두 쪽 낼 만큼 강력하다고 한다.

지진의 지질학적 결과를 목격하고 싶어서, 동 트자마자 서둘러 만다라로 간다. 산은 역동적 존재이므로, 바위가 쓰러지거나 절벽이 갈라졌을 것이라 예상한다. 하지만 풍경은 떠나 온 그대로다. 만다라는 아무 일도 없었던 것처럼 보인다. 무언가 달라졌더라도 내 감각으로는 알아차리지 못하겠다. 사암은 깊은 명상에 잠긴 늙은 수도승처럼 앉아 있다.

나는 단절을 맞닥뜨린다. 실재의 본질에 존재하는 단절. 만다라의 위와 공중에서 펼쳐지는 생물학적 드라마는 초나 달, 세기世紀로 시간을 재고 그램이나 톤으로 물리적 척도를 측정한다. 반면에 지질학적 현상의 시간 단위는 수백만 년이고 무게 단위는 수십억 톤이다. 만다라에서 벌어지는 지질 활동을 목격하는 것은 지진이 일어난 뒤에도 불가능한 듯하다. 지질학의 속도와 규모는 생물학적 경험과 공존할 수 없다.

우리는 자신의 몰이해를 여느 때처럼 말로 얼버무린다. 만다라의 바위는 약 3억 년 묵은 것으로, 훨씬 오래된 동쪽 산맥에서 흘러내린 거대한 모래 강이 뭉쳐져 형성되었다. 지구의 껍질인 지각은 수십억 년의 리듬에 맞추어 자신을 끊임없이 한 알 한 알 분해하고 재조

립했다. 이것은 우리의 경험이나 상상의 한계를 뛰어넘는 초자연적 개념이다.

지구의 느린 운동은 다른 세계에 존재하는 듯하다. 지질 활동과 생명 활동을 가르는 것은 시간과 물리적 척도의 넓디넓은 간극이다. 정신으로는 헤아리기 힘든 아득한 간극. 하지만 이 간극의 가장 헤아릴 수 없는 진실은 그 사이에 실이 있다는 것이다. 생명의 찰나와 바위의 영겁을 연결하는 가느다란 실. 이 실로 천을 짜는 것은 생명의 꾸준한 다산성이다. 유전의 짧은 실이 어미와 자식을 연결하며 수십억 년을 거슬러 이어진다. 해마다 실을 감는다. 때로는 새 실이 갈라져 나가고, 때로는 영영 끊어지기도 한다. 지금까지 실의 분화는 멸종과 보조를 맞추었다. 불멸의 바위 신神에 달라붙은 필멸의 생물학적 벼룩은 상대적 불멸성을 얻었다. 하지만 밧줄의 실 하나하나에서 탄생과 죽음이 경주를 벌인다. 생명의 생산력은 수천 년 동안 해마다 경주에서 이길 만큼 왕성했지만, 최후의 승리는 결코 보장되지 않는다.

만다라는 이 실의 한 지점에 자리 잡고 있을 뿐이다. 간극의 나머지를 연결하는 것은 여기 서식하는 종들의 조상과 후손이다. 살아 있는 생물 중에서 지질학적 시간의 광대함을 진정으로 경험할 수 있는 것은 하나도 없다. 따라서 우리의 물리적 환경이 고정되었다고 가정하여 이 광대함을 망각하거나 무시하기 쉽다. 만다라를 내려다보는 절벽은 현재 컴벌랜드 고원의 서쪽 가장자리를 이루고 있다. 이곳의 땅은 사암으로 이루어졌으며 비탈 저 아래는 석회암이다. 산허리

142

에서 흘러내린 물은 엘크 강에 합류하여 멕시코 만으로 흘러 나간다. 이 같은 사실을 토대로 세워진 만다라 세계의 벽은 언뜻 단단해 보인다. 하지만 장벽은 장막이었음이 밝혀진다. 장막을 들추면 간극 곳곳에서 세상이 움직이고 있음을 볼 수 있다. 만다라는 옛 삼각주에 얹혀 있으며 이 삼각주는 옛 바다 밑바닥에 얹혀 있다. 모든 바닥은 융기하고 침식되었다. 바다, 강, 산은 어마어마한 규모의 춤을 추며 자리를 바꾸었다. 간밤에 이 춤의 아주 작은 손가락 동작 하나가 만다라를 흔들었다. 물리적 지구의 압도적인 타자성을 상기시키며.

# 바람

작은 동전만 한 메소돈<sup>Mesodon</sup> 달팽이가 회색 몸을 꾸불텅거리며 낙엽 위를 지나 가지에 올라간다. 반쯤 올라가더니 옆으로 기우뚱하다 땅에 떨어진다. 습기 때문에 만다라의 표면이 죄다 미끌미끌해진 탓이다. 이틀 동안 폭우가 쏟아져 틈새와 구멍에 모조리 물이 찼다. 꼬마나무는 물방울 무게에 기울어지고, 남은 봄 한철살이 들꽃은 줄기차게 퍼부은 비에 짓이겨졌다. 만다라 서쪽 바로 옆의 메이애플<sup>mayapple</sup> 군락은 대형 롤러로 밀고 간 듯 납작해졌다. 비는 다 그쳤지만, 어두운 하늘이 던지는 희미한 빛이 습기를 더한다. 만다라 여기저기에서 축축한 공기가 배어나 하늘과 숲을 섞는다. 낙엽층은 위쪽 표면이 없는 것처럼 보인다. 썩어가는 잎이 위로 솟다가 어느새 어둡고 축축한 공기로 바뀐 듯하다.

폭우는 폭풍을 동반했다. 토네이도 소용돌이가 일었다. 사나운 공기 기둥이 만다라를 건드리지는 않았지만, 숲 바닥에는 수관이 난리를 겪은 흔적이 흩뿌려져 있다. 낙엽층 위에는 갓 떨어진 잎이 듬성듬성하다. 쪼개진 곁가지와 떨어진 가지가 바닥에서 얽혀 있다. 바람의 힘은 아직 사그라들지 않았다. 맥박 치듯 숲을 휩쓸며 나무를 격렬하게 흔든다. 수관은 요란하게 쉿 소리를 내며 저항한다. 수많은 잎이 부딪히는 소리다. 나무의 섬유 조직이 피로를 이기지 못하고 뜯겨져 나갈 때마다 숲에서는 신음 소리와 쩍 갈라지는 소리가 들린다.

아래쪽 공기는 그나마 고요하다. 세찬 바람이 나를 스쳐 지나가지만, 모기가 내 팔과 머리 주위를 돌며 공격을 도모할 수 있을 만큼 잔잔하다. 모기와 내가 있는 곳은 물리적 에너지가 가파르게 감소하는 경사의 중간 지점이다. 수관 표면은 공기가 부딪치는 바닷가다. 나무 꼭대기에서 파도가 연신 몰아친다. 하지만 내가 앉은 떨기나무 높이에서는 위의 나무들이 바람을 막아주기 때문에, 임관을 때리는 파도의 약한 소용돌이만 느껴진다. 만다라 바로 위는 더 고요하다. 낙엽 위에서 먹이를 먹는 달팽이는 미풍조차 느끼지 못한다. 오늘 수관에는 곤충이나 달팽이가 코빼기도 보이지 않는다. 아래쪽 돌풍을 맞닥뜨리는 녀석도 용감한 극소수에 불과하다. 하지만 낙엽층의 삶은 여느 때와 다르지 않다.

나무는 바람의 힘을 흡수하기에 알맞지 않다. 잎은 햇빛을 최대한 많이 받아들이도록 설계되었는데, 문제는 바람 또한 최대한 많이 받아들인다는 것이다. 돛처럼 생긴 잎 표면은 바람을 맞으면 반대쪽으로 밀린다. 잎과 가지는 잘 늘어나지 않기 때문에, 미는 힘이 나무 전체에 전달된다. 바람에 거세어지면 잎이 펄럭이기 시작한다. 잎이 펄럭이면 당기는 힘이 더 커져서 나무에 전달되는 힘이 부쩍 늘어난다. 수만 개의 잎이 바람에 나부끼는 힘은 수관이 높을수록 더욱 강하게 작용한다. 줄기는 지렛대 구실을 하여 나무를 거대한 쇠지레로 둔갑시킨다. 바람이 한쪽 끝을 당기면 줄기는 그 힘을 몇 배로 받아 '딱' 하고 부러지거나 뿌리째 뽑힌다.

자연 선택은 나무가 지렛대를 버리거나 땅을 부둥켜안도록 허락하지 않는다. 숲의 식물들에게는 빛을 차지하는 것이 더 중요하기 때문이다. 줄기를 하늘 높이 뻗지 못하는 나무는 햇빛을 충분히 받지 못하고 후손을 거의—어쩌면 하나도—남기지 못할 것이다. 따라서 나무는 지지 구조가 허락하는 한 높이 자란다. 목표는 임관에서 그늘지지 않은 곳을 확보하는 것이다. 바람 문제를 해결하는 두 번째 방법은 줄기를 굵게, 가지를 질기게, 잎을 납작하고 딱딱하게 만드는 것이다. 이것은 사람들이 쓰는 방법이기도 하다. 태양 전지판과 위성 안테나는 단단히 고정되어 있어서 여간해서는 바람에 펄럭이지 않는다. 하지만 이 방법은 비용이 많이 든다. 줄기와 잎을 딱딱하게 하려면 목질부에 두둑히 투자해야 한다. 한편 잎이 납작하고 딱딱하면 빛과 공기를 제대로 받아들이지 못해서 광합성 효율이 낮아진다. 이런 잎은 만드는 데 시간이 더 오래 걸리기 때문에, 나무의 봄철 생장이 지연된다. 따라서 덩치를 키우는 것은 좋은 해결책이 아니다.

바람의 힘에 대한 나무의 대답은 지의류의 도<sup>道</sup>와 일맥상통한다.

맞서 싸우지 말고 저항하지 말라. 휘고 구부러지면서 적이 기진맥진하기를 기다리라. 그런데 이 비유는 앞뒤가 바뀌었다. 자연이 노장사상에서 영감을 얻은 것이 아니라 노장사상이 자연에서 영감을 얻은 것이기 때문이다. 따라서 '나무는 도를 따른다'가 아니라 '도는 나무의 길이다'라고 말하는 것이 더 정확하다.

바람이 적당히 불면 잎은 몸을 뒤로 젖히고 펄럭거린다. 바람의 힘이 커지면 방침을 바꾸어 바람의 힘을 일부 흡수한 뒤에 이를 이용하여 방어 자세를 취한다. 가장자리를 안쪽으로 말아 몸을 웅크리는 것이다. 이렇게 괴상한 물고기 모양을 하고 공기역학적 표면으로 바람을 흘려 보낸다. 히코리의 겹잎이 가운데 잎자루쪽으로 모조리 말린 모양은 마는 둥 마는 둥 한 시가를 닮았다. 바람이 쌩 하고 스쳐지나가지만 살기는 이미 가셨다. 바람이 잦아들면 잎은 기지개를 켜고 다시 돛을 펼친다. 노자가 말한다. "만물 초목이 태어날 때는 부드럽고 약한데 죽고 나면 마른다. 그러므로 딱딱한 것은 죽음의 무리고 유약하고 미세한 것은 삶의 무리라고 한다. 병사가 강하면 이기지 못하고 나무가 강하면 부러지게 된다."

줄기도 바람에 저항하기보다는 바람의 힘에 순응한다. 늘어나고 휘어지도록 설계되었기에 목질부를 이루는 미세한 셀룰로오스 섬유로 에너지를 흡수한다. 섬유는 코일 모양으로 꼬여 있어서 하나하나가 용수철처럼 작용한다. 코일은 층층이 쌓여 줄기 위아래로 물을 운반하는 대롱이 된다. 각 대롱은 여러 개의 코일로 이루어졌으며 코일마다 꼬인 방향이 조금씩 다르다. 그래서 줄기는 용수철로 가득

차 있으되 각 용수철은 최대의 힘을 받았을 때 저마다 늘어나는 정도가 다르다. 나무가 처음 늘어날 때는 팽팽하게 감긴 용수철이 거세게 저항하다가, 미는 힘이 커져 팽팽한 용수철이 제 역할을 못하면 느슨한 용수철이 나선다.

숲을 둘러본다. 보이는 것은 움직이는 줄기뿐이다. 가위처럼 서로 엇갈리며 위태롭게 휘청거릴 때마다 수관이 앞뒤로 요동친다. 나무는 바람의 힘에 우아하게 순응하고 회피하는 법을 배웠지만 몇 그루는 쓰러지고야 말 것이다. 만다라 다섯 발짝 거리 안에 큰 나무 두 그루가 쓰러져 있다. 아직 파릇파릇한 걸 보면 쓰러진 지 한두 해밖에 안 되었나 보다. 한 그루는 동쪽에 있는 히코리로, 뿌리째 뽑혔다. 북쪽의 단풍나무는 땅 위 1.2미터 지점에서 부러졌다. 둘 다 주변 나무들보다는 작았다. 덩치 큰 경쟁자들이 만든 그늘에 가려 기력이 쇠했던 것일까? 그랬다면 좀처럼 생장하지 못했을 테고, 쇠약해진 줄기와 뿌리에 곰팡이가 침투하여 셀룰로오스 코일을 먹어치웠을 것이다. 어쩌면 불운이 닥친 것인지도 모른다. 두 나무 중 하나는 아주 거센 돌풍을 맞은 것도 같다. 히코리는 뿌리가 바위에 가로막힌 채 자라고 있었다. 사연이야 어떠하든 두 도목은 이 오래된 숲의 생태계를 순례하며 새로운 여정을 시작했다. 곰팡이, 도롱뇽, 수많은 무척추동물이 썩어가는 줄기 속과 밑에서 자라고 번식할 것이다. 나무가 생명의 짜임에 이바지하는 것은 죽고 난 뒤가 태반이다. 그래서 숲 생태계의 생명력을 측정할 때는 고사목枯死木의 밀도를 기준으로 삼는다. 쓰러진 줄기와 가지 때문에 곧장 앞으로 나아갈 수 없다면 홀

룽한 숲이다. 숲 바닥이 깨끗한 것은 건강하지 않다는 신호다.

오늘 이곳의 숲 바닥은 쓰러진 나무와 가지뿐 아니라 초록색 단풍나무 헬리콥터—즉, 씨앗에 문제가 있거나 가지가 약해서 덜 익은 채로 떨어진 열매—로 가득하다. 열매에 든 씨앗은 바람에 날려 온 꽃가루의 정자로 수정되었다. 열매에는 날개가 달려 있어서, 회전하며 위로 올라가고 늦게 떨어지기 때문에 먼 거리를 이동할 수 있다. 이렇듯 바람은 단풍나무의 성적 결합과 어린 시절의 방랑벽을 주관하는 여신이다.

만다라에 흩뿌려진 단풍나무 헬리콥터의 다양한 생김새는 단풍나무가 바람 여신의 변덕을 수동적으로 감수하지만은 않는다는 사실을 보여준다. 나무는 자연 선택을 통해 자신을 알맞은 모양으로 빚는다. 열매 모양이 다양한 이유는 진화적 적응을 위해서일 것이다. 아마도 이곳의 바람 성질에 가장 알맞은 헬리콥터 모양이 살아남아 번성할 것이다. 그런 진화적 변화가 아니더라도, 헬리콥터 모양이 다양하면 나무마다 공기역학적 복권을 수백 장 구입하는 셈이다. 바람이 몇 시간을 불어대든, 돌풍이 몰아치든, 한바탕 불고 잦아들든, 상황에 맞는 단풍나무 헬리콥터가 준비되어 있다. 따라서 바람을 받아들이는 도遺는 나무의 삶 전체에 적용되는 철학이다. 나무는 잎을 말고 줄기를 휘고 열매를 다양하게 빚어 바람의 강압적 성질에 순응하고 이를 역이용한다.

# 약탈하는
# 채식주의자

봄철의 온전한 잎들이 누더기가 되었다. 매끄럽던 표면에 불규칙한 생채기가 나고 벌레 먹은 자국이 가늘게 남았다. 몇 주 내내 몰아친 폭풍 탓도 있다. 어린 사사프라스<sup>sassafras</sup> 나무가 가지를 낮게 드리웠다. 잎은 우박에 갈기갈기 찢긴 채다. 단풍나무 잎도 난도질당했다. 이 물리적 폭력이 인상적이긴 하지만 만다라의 잎들을 괴롭힌 장본인은 따로 있다. 주범은 벌레의 입이다. 벌레는 매일같이 쏠고 빨고 갈고 갈아 식물의 노고를 찢어발긴다.

곤충 종의 절반이 식물을 먹는데, 지구상의 종 중에서 절반 내지 4분의 3이 곤충이다. 따라서 식물은 여섯 발 달린 도적의 등쌀에 여간 시달리는 게 아니다. 토끼풀처럼 작은 식물을 먹는 초식곤충은 100~200종에 불과하지만, 나무와 대형 식물 종은 1000종이 넘는 곤충과 싸워야 한다. 이 수치는 북부 지역에서 산출한 것이므로, 만다라의 식물을 먹는 곤충의 종수는 훨씬 많을 것이다. 열대에는 종이 더욱 풍부하다. 세상은 약탈하는 채식주의자로 넘쳐난다. 어떤 식물도 이들의 손아귀를 벗어나지 못한다.

만다라에서 초식 행위의 가장 뚜렷한 흔적은 잎에 뚫린 구멍이다. 블러드루트 잎은 원래 뾰족뾰족하지만, 곤충들이 파 먹고 뜯어 먹어서 가장자리가 삐뚤빼뚤해졌다. 무병연령초도 여기저기 불규칙하게 틈이 벌어졌다. 미국생강나무 잎은 달걀 모양으로 점점이 뚫렸고 가장자리는 정확히 반원 모양으로 잘려 나갔다. 범인은—관점에 따라서 예술가라고 할 수도 있겠지만—현장을 떴다. 아마도 나방과 나비의 유충 단계인 털애벌레였을 것이다. 털애벌레는 잎을 살로 바꾸는 일만 하도록 설계된 초식의 달인이다. 그런데 녀석들이 코빼기도 보이지 않는다. 단풍나무 잎을 갉아 먹는 녀석 하나뿐. 얇은 초록색 살갗 밑으로 들썩거리는 창자가 비친다. 잎 가장자리, 줄기, 눈을 살펴보지만 아무것도 없다. 낙엽 속에 숨었거나 먹이 사슬의 위(새끼 새의 배 속)로 올라갔으리라.

잠엽충潛葉蟲(잎 속에 서식하며 잎을 먹고 사는 곤충_옮긴이)도 흔적을 남겼다. 대부분 어린 단풍나무 잎이다. 잠엽충은 샌드위치나 쿠키를 반으로 갈라서 속만 빼 먹고 껍데기를 버리는 사람 같다. 그런데 쿠키를 가르는 게 아니라 안으로 파고들어 잎의 겉면 사이에서 작고 납작한 몸을 꼬물거린다. 쿠키 한가운데로 굴을 파고 들어가 안에 있는 세포를 파 먹고 앞으로 나아가며 뒤에 식사 흔적을 남긴다. 북아메리카의 잎에는 천 종이 넘는 잠엽충이 서식하며 종마다 흔적이 다르다. 어떤 종은 둥글게 갈색 점을 그리는가 하면, 또 어떤 종은 무작위로 꿈틀거리며 잎에 낙서를 한다. 더 까탈스러운 종은 앞뒤로 오가면서 잎 전체를 체계적으로 갉아 먹어, 갓 깎은 잔디밭 같은 패턴을 남긴다. 잠엽충은 파리, 나방, 딱정벌레처럼 분류학적으로 다양한 날벌레의 애벌레다. 임무를 마친 애벌레는 날개가 돋고 어른벌레가 되어 잎에 알을 낳는다. 그리하여 다음 세대의 잠엽충이 다시 잎을 보금자리로 삼는다.

내 앞의 단풍잎가막살나무 줄기에 붙은 초식곤충은 전혀 다른 종류다. 갓 자라 연한 가지 끝 부분에 똑같은 진녹색을 하고 앉아 있다. 녀석이 줄기 끝에서 고개를 돌려 아래를 쳐다보는데, 날개와 몸이 동양식 슬리퍼나 네덜란드 장식용 나막신처럼 살짝 들려 있다. 전체적인 모양은 눈芽을 빼닮았다. 하지만 이 눈은 겉보기와는 달리 무시무시하다. 초록색 슬리퍼의 정체는 매미충<sup>leafhopper</sup>으로, 진드기처럼 숙주에 달라붙는 곤충이다.

매미충은 턱을 가늘고 유연한 바늘처럼 늘여 식물의 섬유 사이를 헤집으며 혈관격인 물관과 체관을 찾는다. 갓 자란 가막살나무 줄기는 표피가 얇기 때문에 물관과 체관이 표면 가까이에 있어서 매미충이 쉽게 접근할 수 있다. 물관은 물이 대부분을 차지하는 반면에 체관에는 당과 영양소 분자가 풍부하게 들어 있다. 그래서 매미충은 체관을 더 좋아하여 날카로운 구기를 찔러 넣는다. 체관은 잎에서 뿌리까지 단물을 보내느라 압력이 높기 때문에 매미충이 대롱을 찌르기만 하면 저절로 수액이 뿜어져 나온다. 매미충과 친척 진딧물은 체관을 시추하는 솜씨가 뛰어나기 때문에 과학자들은 식물을 연구할 때 이 곤충들을 써먹는다. 우리가 만든 바늘은 곤충의 구기처럼 정교하지 못하기 때문에, 연구자들은 매미충이 체관에 바늘을 박고 있을 때 매미충과 바늘을 분리한다. 체관 세포에 꽂힌 바늘을 탐침으로 이용하기 위해서다.

수액을 먹는 곤충에게는 실험실에서 비극적 최후를 맞는 것보다 더 큰 어려움이 기다리고 있다. 체관은 훌륭한 당 공급원이지만 단백질의 구성 성분인 아미노산이 거의 들어 있지 않다. 물관은 종류를 막론하고 영양소가 거의 들어 있지 않다. 식물의 잎은 질소 함량이 동물의 살에 비해 10분의 1에 불과한데, 체관의 수액은 잎의 10~100분의 1밖에 되지 않는다. 따라서 수액을 먹고 사는 것은 탄산음료만 마시면서 균형 잡힌 식사를 하겠다는 것과 같다. 매미충은 이 문제를 해결하기 위해 수액을 자기 몸무게(건조 중량)의 200배씩 들이켠다. 사람으로 따지면 탄산음료를 하루에 100캔 가까이 마시는 셈이다. 이렇게 엄청난 양을 마심으로써 낮은 질소 함량을 보충한다.

매미충의 과음 전략은 또 다른 문제를 낳는다. 남는 수분과 당을 배출하면 질소도 함께 빠져나갈 테니 말이다. 진화가 이 문제를 해결한 방법은 매미충이 체관의 수액을 빠는 통로를 두 개 만드는 것이었다. 매미충의 창자에는 쓸모없는 물과 당을 걸러내고 귀중한 영양소 분자만 받아들이는 체가 있다. 걸러낸 물과 당은 항문으로 배출하는데, 그래서 매미충이나 진딧물, 깍지벌레가 쐰 식물의 표면에는 끈적끈적한 '감로蜜露'가 묻어 있다. 어떤 곤충학자들은 이스라엘 사람들이 이집트에서 탈출할 때 먹은 '만나'가 바로 이 감로라고 주장한다. 물론 그럴 가능성도 있지만, 영양소가 부실한 매미충 분비물로 40년 동안 연명했다는 것은 믿기 힘들다. 구운 메추라기라도 곁들였다면 모를까.

창자에 정교한 거르개를 달았어도, 매미충의 부실한 식단을 보충하려면 세균의 도움을 받아야 한다. 식물의 수액은 묽을 뿐 아니라 아미노산 균형이 맞지 않다. 곤충의 생장에 꼭 필요한 아미노산 중에서도 어떤 것은 들었고 어떤 것은 빠졌다. 빠진 아미노산을 체내에서 합성할 수는 없다. 그래서 매미충의 장내 세포 중에는 아미노산을 만드는 세균을 붙잡아두도록 특별히 설계된 것이 있다. 이것은 누이 좋고 매부 좋은 조합이다(상리 공생). 세균은 살 곳이 생기고 먹이가 끊임없이 공급되어 좋고 곤충은 빠진 영양소를 보충할 수 있어서 좋다. 사슴의 반추위에서 자유 유영하는 미생물과 달리, 이 세균은 숙주의 세포 안에 들어가 있다. 지의류의 조류처럼 숙주를 떠나서는 살 수 없으며 숙주도 세균 없이는 살 수 없다. 이렇듯 내 앞의 가지에 앉은 매미충은 생명의 융합이요, 만다라의 또 다른 러시아 인형이다.

해충 방제를 연구하는 곤충학자들은 매미충이 세균에 의존하는 현상에 주목했다. 매미충과 진딧물은 농작물에 큰 피해를 입히며 곧잘 식물에 질병을 옮긴다. 만일 곤충과 세균의 관계를 끊을 수 있다면 밭에서 이 골칫거리들을 몰아낼 수 있을지도 모른다. 이 아이디어는 아직 실행되지 않았지만, 만에 하나 이 기발한 발상에 현혹되어 우리의 행동이 초래할 결과를 간과하지 않았으면 한다. 유익한 세균과 그 숙주의 관계를 끊는 화학 물질은 매미충을 박멸하는 데서 멈추지 않을 수도 있다. 인간의 장 건강이 장내 세균에 달렸듯 흙의 생명력은 이러한 세균의 활동에 달렸다. 더 깊은 차원에서 보자면 동물, 식물, 균류, 원생생물의 세포 안에는 모두 고세균이 들어 있다. 매미충은 빙산의 끄트머리에 불과하다. 이 끄트머리를 망치로 내리치면 빙산 전체에 금이 갈 수도 있다.

* * *

만다라에는 식물의 각 부위를 먹는 곤충이 따로 있다. 곤충들은 온갖 구기를 이용하여 꽃, 꽃가루, 잎, 뿌리, 수액 등을 남김 없이 먹어치운다. 그런데도 만다라는 푸르다. 잎은 조금 해지기는 했어도 여전히 숲을 지배한다. 위를 올려다보면 층층이 쌓인 잎이 하늘을 가렸다. 주위를 둘러보면 언덕에 펼쳐진 떨기나무가 시야를 막는다. 아래를 내려다보면 내 발은 꼬마나무와 풀의 양탄자를 밟고 있다. 초식곤충에게 숲은 뷔페처럼 보일 것이다. 그런데도 만다라가 헐벗지 않은 이유는 무엇일까? 이 간단한 질문을 놓고 그간 격론이 벌어졌으며 생태학자들은 저마다 의견을 내놓았다. 초식곤충과 식물의 관계는 숲의 나머지 생태계를 위해 멍석을 깔아주는 역할을 한다. 우리가 올바른 답을 얻지 못한다면, 또는 답을 만들어내지 못한다면 숲 생태에 대한 우리의 이해는 난파한 신세요, 우리는 무지의 바다를 허우적대는 신세다.

새와 거미를 비롯한 포식자들에게서 실마리를 얻을 수 있다. 걸신들린 곤충 떼를 막아주는 것은 이 포식자들의 허기일지도 모른다. 이들이 식물을 지켜주지 않으면 숲을 쑥대밭으로 만들 만큼 초식곤충 개체가 증가할 테니 말이다. 이 발상을 뒷받침하는 증거는 초식곤충이 자기네끼리는 좀처럼 경쟁하지 않는다는 사실이다. 초식곤충은 동료의 압박이 아니라 포식자의 압박을 받는다. 이것이 중요한 이유는 경쟁이야말로 진화의 원동력이기 때문이다. 오로지 포식자의 존재만이 초식곤충 개체를 억제한다면, 자연 선택은 초식곤충이 먹이를 놓고 경쟁하기보다는 포식자를 피하도록 하는 데 더 많은 노력을 기울였을 것이다.

과학자들은 포식자가 곤충 개체를 억제하는지 알아보려고 식물 주위에 우리를 쳤다. 정말로 포식자가 곤충 세계를 지배한다면 우리 안에서 곤충 개체 수가 급증하여 우리 안의 식물을 고갱이와 둥치까지 먹어치웠을 것이다. 실험 결과는 들쑥날쑥하다. 포식자를 오지 못하게 했더니 어떤 때는 곤충 개체가 실제로 증가했지만 증가량은 대부분 미미했으며 계절과 장소에 따라 아무 변화가 없는 경우도 있었다. 심지어 우리 안의 곤충 개체가 부쩍 늘었는데도 식물이 (우리 밖 친척들보다 많이 뜯기기는 했지만) 여전히 푸른 경우도 있었다. 따라서 포식자만이 초식곤충의 개체 수를 억제하는 것은 아니다.

인간 또한 식물을 먹기 때문에, 우리의 섭식 행동에서 푸른 숲의 수수께끼를 해결할 또 다른 실마리를 찾을 수 있다. 내 주위에는 단 풍나무, 히코리, 참나무가 자라지만, 나뭇잎 샐러드를 먹은 적은 한 번도 없다. 발치에 풀이 무성하지만 한 번도 뜯어서 먹어본 적이 없 다. 약초 도감에는, 만다라의 풀을 소량 섭취하면 질병의 증상을 경 감할 수는 있지만 많이 먹으면 (풀의 종류에 따라) 심장 마비, 녹내 장, 배탈, 터널 시야, 점막 염증에 걸릴 수 있다고 나와 있다. 농작물 은 독소를 함유하지 않도록 교배되었으므로, 우리는 식물을 먹는다 는 것에 대해서 왜곡된 생각을 가지기 쉽다. 물론 우리는 잎을 먹도 록 진화하지 않았으며 초식곤충의 생화학적 해독解毒 능력을 갖추지 못했다. 하지만 우리가 주변의 식물을 대부분 먹지 못한다는 사실은 세상이 보기만큼 푸르지 않음을 시사한다. 이 점을 뒷받침하는 증거 는 초식곤충에게 자기가 먹는 식물의 독소를 중화하는 특수한 생화 학적 수단이 있다는 사실이다. 만다라는 손님이 오기만을 기다리는 뷔페가 아니라 음식에 독을 넣은 악마의 식탁이다. 초식곤충은 독이 가장 적은 음식을 골라야 한다.

유기화학자들은 맛이 없으면 실제로 독이 있다고 말한다. 세상은 식욕 억제제, 소화 불량제, 독 따위로 가득한 고약한 장소다. 새매 는 이 사실을 알기에 싱싱한 풀밭에 둥지를 틀어 벼룩과 이를 피한 다. 《뉴욕 타임스》를 생각해보자. 용기 안에 곤충과 오래된 《뉴욕 타 임스》를 넣어두면 곤충은 성체로 자라지 못한다. 이에 반해 런던의 《더 타임스》 위에서 키운 곤충은 성체에 도달한다. (읽을거리의 수준 때문은 아니다.) 《뉴욕 타임스》를 인쇄한 종이에는 발삼전나무[balsam fir]로 만든 펄프가 들어 있다. 발삼전나무는 초식곤충의 호르몬을 흉내 내는 화학 물질을 분비하여 적의 생장과 번식을 방해함으로써 스스로를 지킨다. 반면에 《더 타임스》는 호르몬 방어 수단이 없는 나무로 만들기 때문에, 실험실 곤충의 깔짚으로 써도 안전하다.

이제 물어야 할 것은 식물이 어떻게 해서 초식곤충의 공격에서 살아남는가가 아니라 초식곤충이 어떻게 해서 독초에 대처하는가다. 세상이 왜 푸른가는 더는 수수께끼가 아니다. 수수께끼는 어쩌다 초록에 구멍이 생겼는가, 곤충들은 어떻게 해서 식물을 먹고도 죽지 않게 되었는가다. 초식곤충이 독초를 먹을 수 있는 근본 원인은 해독 능력이지만, 소화가 가장 잘되는 부위를 먹는 것도 방어를 무력화하는 방법이다. 만다라의 초록 털애벌레가 '어린' 단풍나무 잎을 먹는 것은 우연이 아니다. 단풍나무는 여느 수종과 마찬가지로 떫은 타닌을 분비하여 잎을 보호한다. 타닌이 퇴치 효과를 발휘하려면 농도가 진해야 하는데, 어린 잎에는 아직 독성을 낼 만큼의 타닌이 축적되지 않았다. 이 털애벌레가 8월에 부화한다면 타닌이 흠뻑 밴 잎을 먹어야 할 것이다. 많은 초식곤충은 봄철에 모습을 드러냄으로써 식물의 방어책을 무력화한다.

만다라에서 식물과 초식곤충의 생화학적 결투는 막상막하의 경지에 이르렀다. 어느 쪽도 상대를 격퇴하지 못했다. 만다라의 잎에 난 구멍과 상처는 올해 벌어진 공격과 수비의 흔적이다. 만다라의 기본적 특징은 이 숭고한 결투에서 비롯한다.

# 물결

굶주린 여인들이 허공에서 춤을 춘다. 내 팔과 얼굴을 덮치더니 내려앉아 탐색한다. 내게서 풍기는 포유류 냄새를 맡고 바람을 거슬러 날아왔다. 밥상이 수북한 털에 덮이지 않고 맨살이 드러나 있어서 더욱 구미가 당겼을 것이다. 이게 웬 떡이냐 싶었으리라.

모기 한 마리가 손등에 앉는다. 녀석이 내 살갗을 탐색하도록 내버려둔다. 색깔은 쥐색과 갈색을 섞은 듯하고 털이 듬성듬성 나 있다. 몸통에는 가리비 무늬가 그려져 있다. 곡선을 이룬 가느다란 다리가 몸통을 수평으로 떠받친다. 머리 아래쪽에서 바늘이 비어져 나온다. 이 창으로 살갗을 천천히 더듬으며 알맞은 공격 지점을 찾는다. 그러다 동작을 멈추고 미동도 하지 않는다. 머리를 앞다리 사이로 떨어뜨리고 바늘을 찔러 넣는 순간 불에 데인 듯 따갑다. 바늘이 몇 밀리미터를 더 미끄러져 들어가는 동안 통증이 계속된다. 바늘을 싸고 있던 아랫입술을 다리 사이로 젖히자 머리와 내 살갗 사이의 짧고 가느다란 대롱이 고스란히 보인다. 바늘은 한 개의 막대기처럼 보이지만 실은 여러 도구가 합쳐져 있다. 날카로운 큰턱과 작은턱으로 살갗을 찢어 구멍을 내고는 침(타액) 대롱과 빨대 모양 윗입술을 꽂는다. 침 대롱에서는 피가 엉겨붙지 않도록 화학 물질을 분비한다. 모기에게 물렸을 때 알레르기 반응이 일어나는 것은 이 화학 물질 때문이다.

바늘은 유연성이 있어서 살갗에 꽂힌 뒤에 구부러지며, 포슬포슬한 흙을 찾는 벌레처럼 내 살갗에서 혈관을 탐색한다. 모세혈관은 너무 작기 때문에, 혈관계의 국도國道라 할 수 있는 세정맥이나 세동맥 같은 큰 혈관을 찾는다. 고속도로격인 정맥과 동맥은 벽이 두꺼워서 모기의 관심사가 아니다. 바늘이 목표물을 찾으면 날카로운 끝부분으로 혈관 벽을 뚫는다. 바늘이 혈액에 닿으면 신경종말이 자극되어 머리에 있는 펌프로 피를 빨아들이기 시작한다. 알맞은 혈관을 찾지 못하면 바늘을 뽑아 다시 시도하거나 살갗의 모세혈관을 찢을 때 흘러나온 작은 피 웅덩이에 빨대를 대고 피를 빤다. 후자의 방법은 훨씬 느리기 때문에, 대다수 모기는 적당한 크기의 혈관을 찾지 못하면 바늘을 뽑아 재시도하는 쪽을 택한다. 살갗 아래 어딘가에는 탐스러운 혈관이 있을 테니까.

내 손 위의 모기는 쓸 만한 혈관을 찾은 것이 틀림없다. 몇 초 지나지 않아 연갈색 아랫배가 빛나는 루비처럼 부풀어오른다. 몸통의 마디를 나타내는 등의 갈색 가리비 무늬가 벌어진다. 마치 조그만 몸이 분리되는 것 같다. 녀석이 피를 빨면서 방향을 튼다. 혈관의 굴곡 부위에 바늘을 밀어넣는가 보다. 배가 반구형으로 빵빵하게 부풀더니 난데없이 머리를 쳐들고 눈 깜박할 사이에 날아간다. 손바닥에 따끔한 느낌이 남았고 피가 2밀리그램 줄었다.

피 2밀리그램은 내게는 아무것도 아니지만, 몸무게가 두 배로 늘어난 모기는 날기가 여간 고역이 아닐 것이다. 녀석이 식사를 마치고 제일 먼저 하는 일은 나무 줄기에 앉아 자기가 빨아들인 피의 일부를 오줌으로 배출하는 것이다. 인간의 혈액은 모기의 몸보다 훨씬 염도가 높기에 염분도 오줌으로 배출해야 한다. 안 그러면 생리적 평형이 깨진다. 녀석은 한 시간 안에 내 혈액에 들어 있던 물과 염분의 절반을 쏟아낼 것이다. 남은 혈액 세포는 소화될 것이고, 나의 단백질은 모기 알 노른자로 탈바꿈할 것이다. 녀석은 영양분의 일부를 자신을 위해 쓰겠지만 대부분은 알을 만드는 데 쏟아붓는다. 그러니 해마다 우리를 괴롭히는 수많은 모기의 공격은 어미가 되기 위한 준비 과정이다. 우리의 피는 다산多産 행 차표다. 수컷 모기와 알을 품지 않은 암컷은 벌이나 나비처럼 꽃에서 꿀을 빨거나 썩어가는 과일에서 단물을 빨아 먹는다. 피는 산모만을 위한 단백질 보충제다.

모기의 색깔과 잔털로 보건대 녀석은 집모기속Culex(쿨렉스)이다. 그렇다면 연못이나 도랑, 고인 웅덩이 수면에 알을 잔뜩 낳을 것이다. 쿨렉스 모기는 사람이 사는 곳 주변의 더러운 물에서 곧잘 번식한다. 그래서 영어 일반명도 '집모기house mosquito'다. 암컷은 알맞은 혈액

공여자를 찾아 산란 장소에서 1.6킬로미터 이상을 날아간다. 내 피는 뒤로 800미터 떨어진 웅덩이나 1.6킬로미터 떨어진 마을의 막힌 도랑이나 하수도에서 알이 될 것이다. 그곳에서 알은 수생 애벌레로 부화하여 수면 바로 밑에 뜬 채 살아갈 것이다. 꽁무니에 달린 공기 대롱(숨관)은 수막에 고정되어 있는데 닻과 숨구멍의 역할을 한다. 머리는 아래로 처박고 뿌연 물에서 세균과 식물 잔해를 걸러 먹는다. 따라서 모기는 한살이를 하는 동안 세 가지 영양 만점의 식사—습지의 풍부한 유기물, 꿀에 농축된 당, 척추동물 혈액의 찐득찐득한 성찬—를 번갈아가며 맛본다. 매 식단은 다음 과정을 촉발하며, 멈출 수 없는 추진력을 만들어낸다.

내가 때마침 만다라를 찾지 않았다면 집모기는 다른 혈액 공여자를 먹잇감으로 찾았을 것이다. 녀석들이 사람 사는 곳을 좋아하기는 하지만 주식은 새의 피다. 새들에게는 안된 일이다. 집모기는 잘 알려진 조류 말라리아avian malaria와 최근의 웨스트나일 바이러스West Nile virus 같은 병원체를 옮기기 때문이다. 만다라 위를 날아다니는 새들의 3분의 1가량이 혈액에 조류 말라리아 병원충이 산다. 하지만 감염된 새들은 딱히 쇠약해지지 않고서 명대로 사는 듯하다. 이에 반해 웨스트나일 바이러스에 감염된 새들은 치사율이 높다. 바이러스가 아프리카산이라서 미국 새들이 자연 면역을 갖추지 못한 탓일 것이다.

집모기는 까마귀나 미국박새를 찾지 못하면 사람을 문다. 이렇듯 편식하지 않는 습성 때문에 조류 기생충이 인간 혈액에 전파된다. 그중에는 조류 말라리아처럼 낯선 환경에서 죽는 것도 있지만 웨스트나일 바이러스처럼 인간에게 감염되는 것도 있다. 바이러스가 조류에게서 인간 혈액으로 전파되려면 우선 모기가 감염된 조류의 혈액과 함께 바이러스를 빨아들여 모기의 침샘에서 바이러스가 증식해야 한다. 그 뒤에 모기가 사람을 물면 모기의 침이 반갑지 않은 손님을 나름으로써 웨스트나일 바이러스가 까마귀에게서 인간에게 전파된다.

그러니 모기가 피 빠는 광경을 황홀하게 바라볼 일만은 아닌 듯하다. 나의 호기심 때문에 또 다른 생명체(바이러스)가 내 몸을 정복하거나 심지어 죽일 수도 있었을 테니 말이다. 하지만 나는 낭떠러지에서 춤추는 사람이 아니다. 북아메리카 전역에서 지난해에 웨스트나일 바이러스에 감염된 사람은 4000명밖에 안 되며 테네시에서 감염된 사람은 56명에 불과하다. 그중 15퍼센트가량이 사망했으니 두려워할 만도 하지만, 우리가 매일같이 접하는 다른 위험들에 비하면 별것 아니다. 이 바이러스가 세간의 이목을 끄는 것은 거대한 위협을 실제로 가하기 때문이 아니라 처음 들어보는 것이고 누가 감염될지 모르며 어떤 환경에서 치명적으로 돌변할지 예측할 수 없기 때문이다. 살충제 제조사, 정부 연구비로 연명하는 과학자, 선정적 기사에 목매는 신문 편집자에 웨스트나일 바이러스는 반가운 손님이다. 두려움과 돈벌이가 이 바이러스를 스타덤에 올려놓았다.

얼마 전까지만 해도 사람들에게 훨씬 치명적인 위협이 만다라에 드리워 있었다. 모기 침샘에 숨은 또 다른 종의 이 말라리아 병원충은 조류뿐 아니라 인간을 기다리고 있었다. 20세기 첫 몇 년간 미국 남부에 사는 사람 중에서 해마다 1퍼센트가량이 말라리아 때문에 목숨을 잃었다. 미시시피 강 습지에서는 사망률이 3퍼센트에 달했으며 이곳 테네시 산지도 그보다는 낮았지만 꽤 심각한 수준이었다. 미국 동부 전역에서 말라리아의 무시무시한 무게가 사람들을 짓눌렀지만, 말라리아 박멸 계획 덕분에 북동부에서는 19세기에 말라리아가 근절되었으며 수십 년 뒤에는 남부에서도 방역이 이루어졌다. 남부에서 말라리아가 근절된 것은 20세기 초로, 말라리아 병원충의 각한살이 단계를 겨냥하여 박멸 계획을 추진한 덕분이었다. 감염 환자를 치료하고 모기의 재감염을 막기 위해 키니네가 대량으로 살포되었다. 모기의 침과 인간 혈액이 만나지 않도록 창문과 현관문에 방충망 설치가 장려되거나 의무화되었다. 모기의 산란 장소를 없애기 위해 습지와 연못을 말려버렸으며 애벌레를 질식시키려고 기름을 뿌리거나 살충제를 살포했다. 남부 전역에는 말라리아의 숙주인 모기와 인간이 여전히 살고 있지만, 둘 사이의 거리가 멀어져서 말라리아 병원충은 멸종하다시피 했다.

21세기 만다라에서 말라리아를 걱정하는 것이 생뚱맞을지도 모르지만 결코 그렇지 않다. 만다라에 전기톱이 닿지 않은 것은 시워니 대학 소유의 토지에 있기 때문이다. 나를 이곳에 보낸 것도 시워니 대학이다. 시워니 대학은 왜 이 산골짜기로 들어왔을까? 한 가지 이유는 말라리아다. 동부의 오래된 대학들과 마찬가지로 시워니 대학은 말라리아와 황열병의 근원인 습지를 피해 고원에 자리 잡았다.

테네시 산지는 기온이 낮고 모기가 비교적 적어서 남부 상류층 자제들을 보내기에 이상적이다. 여름에도 학기가 계속되기 때문에, 학생들은 도시의 더위와 질병을 피해 이곳에서 피서를 즐긴다. 겨울에는 학교 문을 닫는데, 이때는 애틀랜타와 뉴올리언스, 버밍엄의 모기가 활동하지 않는다. 시워니 대학이 산꼭대기에 건축된 것은 이런 천혜의 조건 때문이다. 그 덕에, 말라리아 병원충이 북아메리카에서 자취를 감춘 지 한참 지난 뒤에도 대학은 명맥을 유지하고 있다.

내 혈액을 구성하는 원자를 만다라로 추진推進한 것은 이러한 역사의 생물학적 힘이니―즉, 모기 덕이니―모기가 나의 원자 일부를 가져가 알 속에 재배열하는 것은 마땅하다. 우리가 이렇듯 자연과 물리적으로 연결되어 있다는 사실은 좀처럼 눈에 띄지 않는다. 모기가 무는 것, 호흡, 식사 같은 행위는 공동체를 만들어내고 우리를 생태 공동체의 일원으로 존재하게 하지만, 대부분 의식되지 않은 채 지나간다. 밥상 앞에서 감사하는 사람은 드물며, 숨을 쉬거나 모기에게 물릴 때마다 감사하는 사람은 없다. 이것은 일종의 자기 방어다. 우리가 먹거나 호흡하거나 모기에게 빼앗기는 수많은 분자의 연결이 어찌나 많고 어찌나 다면적으로 복잡한지 이해하려고 시도할 수조차 없기 때문이다.

\* \* \*

만다라에 앉은 내게 앵앵거리며 상호 연관성을 상기시키는 가르침이 괴로워서 스웨터의 후드를 잡아당기고 손을 소매 안쪽에 넣은 채 모기의 공격을 피해보려 한다. 고치 틈새로 눈만 내놓고 또 다른 원자적 흐름의 증거를 엿본다. 옆에 있는 바위 위에 달팽이가 짓이겨져 있다. 벌꿀색 껍데기의 반투명한 조각들이 바위 표면에 널브러졌다. 칼슘에 굶주린 새가 배를 채운 흔적이다.

만다라에서 으깨진 달팽이는 흙에서 공기로 칼슘이 이동하는 봄철 거대한 흐름의 한 줄기 물살이다. 알을 밴 암새는 달팽이를 찾아 숲을 샅샅이 뒤진다. 녀석은 달팽이 등에 얹힌 탄산칼슘 껍데기에 환장한다. 그도 그럴 것이, 칼슘을 대량으로 섭취하지 않으면 석회질 알껍데기를 만들 수 없기 때문이다.

새는 달팽이를 삼키면 일단 모래주머니에서 근육 결절과 딱딱한 모래를 이용하여 껍데기를 분쇄한다. 그러면 칼슘이 서서히 걸쭉한 소화관 속으로 녹아 들어가 창자 벽을 통해 혈관에 스며든다. 새가 그날 알을 낳으면 이 칼슘은 곧장 생식 기관으로 향할 것이고, 그러지 않으면 날개와 다리의 기다란 뼈 중심부에 있는 특수한 칼슘 저장고에 보관될 것이다. 이 '속뼈'는 교미한 암컷에게서만 생긴다. 속뼈는 산란을 준비하는 몇 주 동안 만들어졌다가 알을 낳을 때 완전히 분해된다. 암새는 "생명의 골수를 모두 빨아 먹"고 싶다는 소로의 바람을 가슴 깊이 새겼나 보다. 봄마다 자신의 뼈를 쪽쪽 빨아들여 새 생명을 만들어내니 말이다.

이렇게 빠져나간 칼슘은 혈액을 거쳐 껍질샘으로 간다. 이곳에서 탄산칼슘이 혈액을 떠나 껍데기 층에 첨가된다. 껍질샘은 알을 어

166

미의 알집(난소)에서 바깥 세상으로 나르는 통로의 마지막 정류장이다. 이 여정의 초기 단계에서 알은 알부민에 싸였다가 나중에 질긴 두 층의 막으로 덮인다. 맨 바깥의 막에는 작은 여드름 같은 것이 다닥다닥 나 있는데, 여기에는 복합 단백질과 당 분자가 가득 들어 있다. 이 여드름이 탄산칼슘 결정을 껍질샘에 끌어당기며, 결정이 자라는 핵 역할을 한다. 탄산칼슘 결정은 사방으로 뻗어 나가는 도시처럼 서로 겹치고 합치며 알 표면에 모자이크를 그린다. 결정이 만나지 못한 곳은 모자이크로 덮이지 않아 구멍이 생기는데 이곳이 숨구멍이 된다. 맨 바깥의 막은 알껍데기의 첫 번째 층으로, 숨구멍은 이곳부터 껍데기 표면까지 뚫려 있다. 첫 번째 탄산칼슘 층 위에는 두 번째 탄산칼슘이 자라는데, 이 칼슘 결정 기둥을 강하게 압축하여 껍데기를 만든다. 이 기둥을 단백질 가닥으로 엮어 껍데기를 강화한다. 가장 두꺼운 부분이 완성되면 껍질샘은 표면을 납작한 결정으로 포장한 뒤에, 마지막으로 단백질 보호층을 칠한다. 이렇게 해서 달팽이 껍데기는 분해·재조립되어 새鳥고치가 되었다.

알 속에서는 아기 새가 자라면서 조금씩 자기 집의 벽을 긁어내어 껍데기에서 칼슘을 뽑아내서는 뼈로 만든다. 이 뼈는 남아메리카로 날아가 열대우림의 흙에 묻힐지도 모른다. 가을 폭풍에 철새가 죽으면 칼슘은 바다로 돌아갈 것이다. 어쩌면 이듬해 봄에 이 숲으로 다시 돌아올지도 모르겠다. 그 새가 알을 낳으면 칼슘은 다시 한번 알 껍데기에 쓰일 것이고 나머지는 달팽이가 먹어치울 것이다. 그렇게 만다라로 돌아오는 것이다. 칼슘의 여정은 뭇 생명을 넘나들며 생명의 다차원적 천을 직조한다. 내 피는 모기를 잡아먹었거나 모기에게 물린 새끼 새의 몸속에서 달팽이 껍데기와 만날지도 모른다. 아니, 수천 년 뒤 바다 밑바닥에 떨어져 게의 집게발이나 연체동물의 소화관에서 만날지도.

인간의 기술이라는 바람이 불어오자 예상치 못한 방향으로 천이 펄럭인다. 우리가 석탄을 문명의 연료로 삼아 태우기 시작하면서, 오래전 습지에서 죽은 식물 화석에 들어 있던 황 원자가 대기 중에 쏟아지고 있다. 황은 황산이 되어 만다라에 산성비로 내리고 흙을 산성화한다. 화석에서 비롯한 산성비는 달팽이의 화학적 균형을 깨뜨려 개체 수를 감소시킨다. 어미 새는 칼슘을 구하기 힘들어 알을 덜 낳거나 아예 낳지 못한다. 새가 줄면 모기나 육식 조류도 줄 것이다. 조류 개체 수가 변화하면, 웨스트나일처럼 야생 조류에 창궐하는 바이러스의 행태가 달라질지도 모른다. 천에 생긴 주름은 숲으로 퍼져나가 가장자리에서 멈출 수도 있겠지만, 모기, 바이러스, 인간, 그 바깥으로 끝없이 펄럭이며 돌아다닐지도 모른다.

# 탐구

무릎에서 몇 센티미터 옆 가막살나무 가지 끝에 후기문진드기<sup>tick</sup> 한 마리가 앉아 있다. 이놈의 해충을 손가락을 튀겨버리고 싶은 충동을 간신히 억누른다. 진드기를 단순한 해충으로 치부하지 않고 있는 그대로 바라보려고 애쓰며 상체를 숙인다. 녀석이 인기척을 느끼고 여덟 개의 다리 중에서 앞쪽 네 개를 번쩍 들어 허공을 움켜쥔다. 나는 숨죽인 채 가만히 기다린다. 결국 녀석도 긴장을 풀고는 하늘을 향해 간구하는 예언자처럼 한 쌍의 앞다리만을 들어올린 원래 자세로 돌아간다. 눈을 바싹 갖다 댔더니, 색깔과 질감이 가죽을 닮은 달걀 모양 몸통 가장자리에 작은 가리비 장식이 보인다. 치켜든 두 다리 끝의 반투명한 발이 햇빛을 받아 빛난다. 등 한가운데의 흰 점을 보아 하니, 다 자란 텍사스진드기<sup>lone star tick</sup> 암컷이다. 밤색 몸통을 배경으로 가운데 점이 금빛 광채를 발한다.

머리에는 못생기고 볼품없는 무기가 달렸는데, 몸통의 묘한 아름다움과 대조를 이룬다. 머리는 비정상적일 정도로 작다. 돋보기로 들여다보니 뭉툭한 막대기 두 개가 삐죽 튀어나와 있는데, 그 사이에 날카롭고 괴상한 구기口器가 고스란히 드러나 보인다. 맥가이버 칼처럼 여러 가지 날카로운 기관이 접혀 있다. 추한 몰골을 자세히 들여다보고 싶어서 가막살나무 가지를 붙잡아 눈앞으로 당긴다. 녀석이 내 손을 감지하자 앞다리를 거세게 흔들며 할퀴려 든다. 갑작스러운 공격에 놀라 가지에서 손을 홱 잡아 뺀다. 녀석은 먹잇감을 놓쳐서 아쉬울 것이다.

진드기가 발을 흔드는 행동을 동물학 용어로는 탐색 행동questing behavior이라 한다. 이렇게 부르니까, 아서 왕의 숭고한 모험이 떠오르면서 피 빠는 습성에 대한 혐오감이 누그러지는 듯하다('quest'는 '중세 기사의 모험'을 뜻하기도 한다_옮긴이). 모험의 이미지가 특히 어울리는 것은 원탁의 기사단과 낙엽 진 숲의 주형류蛛形類(거미, 전갈, 진드기 등이 속한 강綱_옮긴이) 둘 다 피의 성배를 찾기 때문이다. 텍사스진드기의 성배는 조류나 포유류 같은 온혈 동물이다.

신화에 따르면 원탁의 기사단은 아리마태아 요셉이 예수의 상처에서 흘러나온 피를 받은 성배를 찾아 떠난다. 진드기는 피의 신학적 혈통에 대해서는 까다롭게 굴지 않으며, 모험의 끝은 털갈이나 짝짓기로 끝나는 게 보통이다. 진드기의 모험과 기사단의 모험은 여정을 떠나는 방식도 다르다. 대체로 진드기는 성배를 찾아서 대륙을 누비기보다는 앉아서 매복한 채 성배가 제 발로 찾아오기를 기다린다. 만다라의 진드기도 앞선 모험가들의 뒤를 따라 딸기나무나 풀잎 가장자리에 올라가 끄트머리에 자리를 잡고는 앞다리를 든 채 먹잇감이 다가오기를 기다린다.

앞다리에는 할러 기관이 있어서 진드기의 모험을 돕는다. 할러 기관은 움푹 팬 구멍에 가시가 돋아난 형태로, 감각 기관과 신경이 빽빽하게 들어차 있으며 이산화탄소나 땀 냄새, 미약한 열기, 발자국 진동 따위를 감지한다. 따라서 들어올린 앞다리는 레이더로도, 갈고리로도 쓰인다. 진드기는 새나 포유류가 곁을 지날 때 냄새와 촉감, 체온을 놓치는 법이 없다. 아까 가막살나무 가지를 당기면서 진드기에게 내 숨결이 닿았을 때 녀석의 할러 기관은 격하게 경련하며, 용수철 튀듯 내 손가락을 찌르라고 명령했을 것이다.

모험을 떠난 진드기의 가장 큰 적은 탈수다. 진드기는 탁 트인 곳에서 며칠, 심지어 몇 주 동안 숙주를 기다린다. 바람이 수분을 말리고 햇볕이 녀석의 작은 거죽을 굽는다. 물을 찾아 헤매다 보면 모험에 차질이 생기며 아예 물을 찾을 수 없는 서식처도 많다. 그래서 진드기는 공기 중에서 물을 흡수하도록 진화했다. 입 근처의 홈에 특수한 침(타액)을 분비하면, 전자 제품의 습기를 제거할 때 쓰는 실리카 겔처럼 침이 공기 중의 수분을 빨아들인다. 그러면 진드기는 이침을 삼켜 수분을 보충하고 모험을 재개한다.

숙주 후보의 살갗이나 깃털이나 털을 앞다리로 움켜쥐면 비로소 모험이 끝난다. 운 좋은 녀석은 숙주에게 기어올라 구기로 살갗을 검사하면서 부드럽고 혈색 좋은 공격 지점을 탐색한다. 빈집털이처럼 우리 몸의 경보기를 무력화시키고 구석구석 헤집는다. 연필을 가지고 팔이나 다리를 긁으면 느낌이 오지만 진드기를 올려놓고 기어가게 하면 아무 느낌도 없다. 비결은 아무도 모른다. 내 생각엔 신경종말에 술책을 부리는 게 아닌가 싶다. 발의 움직임으로 신경에 최면을 거는 것이다. 진드기가 다리 위에서 기어다니는 것이 틀림없는 순간은 전혀 가렵지 않을 때다. 여름에 숲을 걸으면 살갗에 벌레 기어다니는 느낌이 끊이지 않는데, 감각의 흐름이 멈추는 때가 바로 진드기가 올라탄 순간이다.

진드기는 모기와 달리 느긋하게 식사를 즐긴다. 구기를 살갗에 대고 누르며 천천히 살을 찢는다. 투박한 절개 작업으로 살갗에 충분한 크기로 구멍을 내면 가시 달린 대롱(구하체)을 아래로 내려 피를 빨아올린다. 배를 다 채우려면 며칠이 걸리기 때문에 숙주가 자기를 긁어내지 못하도록 몸을 살갗에 단단히 접착한다. 이 접착제는 진드기의 근육보다 강하기 때문에, 진드기를 떼어내겠다고 성냥불로 지져봐야 헛수고다. 꽁무니가 불에 타들어가도 옴짝달싹 못한다. 텍사스진드기는 다른 종보다 더 깊이 파고들기 때문에, 떼어내기가 특히 힘들다.

진드기는 피를 빨면 몸이 엄청나게 부풀어올라서 심지어 새 피부가 자라기까지 한다. 피를 하도 많이 마셔대는 바람에, 모험 때와는 반대로 수분을 제거하는 것이 문제다. 진드기는 포만감이 들면, 식사를 그만두기보다는 소화관의 혈액에서 수분을 뽑아내어 숙주에게 되뿜는다. 이것은 기사도 정신에 어긋나는 처사다. 설상가상으로 진드기는 병균을 전파한다. 피둥피둥 살찐 진드기의 피 반 스푼은 숙주의 피 여러 스푼에 해당한다. 이것을 걸쭉하게 걸러서 배 속에 저장하는 것이다.

다 자란 암컷 진드기는 피를 빨아 먹으면 몸무게가 100배나 증가한다. 그런 다음에 숙주 몸 어딘가에 있을 남편감들을 부른다. 암컷이 여전히 살갗에 달라붙은 채 페로몬이라는 호르몬을 공기 중에 발산하면 욕정에 사로잡힌 수컷들이 앞다투어 달려든다. 수컷이 다가오면 암컷은 페로몬을 더 발산한다. 그러면 수컷은 꼼짝 못하는 배우자의 육중한 덩치 아래로 기어 들어간다. 그곳에서 구기를 이용하여 암컷의 갑옷에 난 틈으로 작은 정자 꾸러미를 밀어 넣고는 암컷이 식사를 마치도록 자리를 뜬다. 배를 완전히 채운 암컷은 입 주위에서 접착 물질을 녹인 뒤에 땅으로 기어가거나 떨어진다. 이제 서서히 피를 소화하면서 수천 개의 알을 영양 많은 노른자로 채운다. 어미 진드기는 모기와 마찬가지로 피를 번식의 연료로 삼는다. 알이 완성되면 숲 바닥에 뭉텅이지어 낳는다. 모험이 끝나고 성배의 피는 진드기 알의 육체로 성화되었다. 어미 진드기는 공허하나 충만한 죽음을 맞는다.

일주일 뒤에 징그러운 새끼 진드기들이 알에서 깨어난다. 생김새와 행동이 어미의 축소판인 이 애벌레들은 부화 장소에 있는 식물에 올라가 모험을 시작한다. 뭉텅이지어 부화했기에 숙주를 공격할 때에도 집단적으로 움직이며, 이 때문에 우리의 괴로움이 배가된다. 숙주를 찾는 데 성공하는 애벌레는 열 마리 중 한 마리에 불과하다. 대부분은 적당한 동물을 마주치기 전에 굶주리거나 목말라 죽는다. 텍사스진드기는 조류, 파충류, 포유류를 공격하지만 설치류는 싫어하는 듯하다. 딴 진드기 종의 애벌레는 반대로 쥐와 생쥐를 첫 먹이감으로 찾아다닌다. 숙주를 찾은 애벌레는 어미와 같은 방식으로 피를 빤 다음 바닥에 떨어져 약충若蟲, nymph(불완전 변태를 하는 동물의 애벌레_옮긴이)이라는, 약간 큰 형태로 탈바꿈한다. 약충은 모험과 식사를 거쳐 성충이 된다. 따라서 만다라의 어른 진드기는 이미 두 번의 모험을 성공리에 끝낸 뒤다. 나이는 두세 살이 되었을 테고 애벌레와 약충으로 겨울을 났을 것이다.

모기 실험을 되풀이하여 진드기의 장수長壽에 내 피로 상을 내리고 싶지만, 두 가지 이유에서 그러지 않기로 한다. 첫째, 진드기에게 물리면 내 면역 체계가 격렬하게 반응하여 가려움증이 일어나고 몇 방 더 물리면 아예 잠을 이루지 못한다. 둘째, 진드기는 모기와 달리 고약한 질병을 옮길 가능성이 크다. 진드기가 옮기는 병 중에서 가장 유명한 것은 라임병이지만, 이곳에서는 꽤 드물며 그마저도 텍사스진드기가 옮기는 경우는 거의 없다. 하지만 텍사스진드기는 리케차증Ehrlichiosis과 (정체가 밝혀지지 않은) '남부 진드기성 발진'을 비롯한 여러 질병의 주 매개체다. 후자의 질병을 일으키는 세균은 인체 밖에서 배양된 적이 없어서, 증상이 라임병과 비슷하다는 것 말고는 알려진 것이 거의 없다. 텍사스진드기는 로키산맥열병Rocky Mountain spotted fever과 (말라리아 비슷한) 바베스열원충증babesiosis도 옮기는 듯하다. 이런 병원균의 본거지에 내 몸을 내어줄 수는 없다.

진드기의 모험이 숭고하고 녀석의 갑옷과 무기가 존경스럽기는 하지만, 손가락으로 튀기거나 손톱으로 눌러버리고 싶은 충동을 억누르기 힘들다. 이 혐오감의 원인은 학습된 경계심보다 더 깊은지도 모르겠다. 진드기에 대한 두려움은 많고 많은 세대의 경험을 통해 내 신경계에 각인되었다. 모험가 진드기와의 전투는 아서 왕의 전설보다 적어도 6만 배는 오래되었다. 우리는 호모 사피엔스로 살아온 기간 내내, 수다 떨며 서로의 털을 골라주던 초기 유인원 시절, 간지럼 타는 식충동물 시절, 진드기가 진화한 9000만 년 전 우리 조상 파충류가 살던 시절에 이르기까지 진드기를 긁어내고 눌러 죽였다. 수많은 세월의 모험에 신물이 난 성배가 가막살나무 덤불을 돌아 자리를 뜬다.

# 양치식물

여름의 들머리다. 지난 두 주 동안 온도와 습도가 날마다 높아졌으며, 열기 때문에 만다라로 향하는 발걸음이 느려졌다. 걸으면 원기와 온기가 느껴지던 시절은 지나간 지 오래다. 숲에는 동물이 눈에 띄게 많아졌다. 특히, 고요한 겨울과는 하늘과 땅 차이다. 사방에서 새소리가 울려퍼진다. 공중에는 작은 깔따구, 모기, 말벌, 벌 따위가 끊임없이 오간다. 낙엽층 위로는 개미들이 기어간다. 만다라의 원 안에 수십 마리가 항상 보인다. 털보깡충거미furry jumping spider도 숲 바닥을 쏘다니고 노래기가 낙엽층 틈새로 기어다닌다. 머리 위에는 임관이 빽빽하게 드리웠다. 잎은 봄의 밝고 연한 녹색에서 여름의 깊고 진한 빛깔로 성숙했다. 두껍게 돋아난 잎에서는 광합성이 최대 출력으로 진행되어, 숲 생태계의 토대를 이루는 에너지를 수확한다.

봄 한철살이 들꽃은 대부분 시들었다. 남은 식물은 모두 그늘을 좋아하는 종류로, 컴컴한 바닥에서 천천히 자란다. 그중에 가장 개체 수가 많고 가장 눈에 띄는 것은 양치식물이다. 숲 바닥을 둘러보면 산허리 어디에서나 양치식물이 1미터 이하의 간격으로 자라고 있다.

만다라 남쪽 가장자리에서는 내 팔뚝만 한 크리스마스고사리 엽상체가 멋진 모자 깃털처럼 아치를 그리고 있다. 작년에 자란 엽상체도 아직 밑동에 달려 있지만 축 늘어진 채 죽어가는 중이다. 늙은 엽상체는 겨울부터 봄까지 초록을 간직하며, 올해의 새 엽상체가 돋을 때까지 광합성 마중물을 부었다. '크리스마스고사리'라는 이름이 붙은 이유는 유럽에서 온 정착민들이 추위에 잘 견디는 이 식물을 겨울 축제의 장식으로 썼기 때문이다. 새로 자라는 부위는 4월에 만다라에 모습을 드러내어, 촘촘하게 감긴 순<sup>fiddlehead</sup>이 낙엽층을 뚫고 올라온다. 코일이 펴지면서 가운데 줄기가 길어지고, 조각잎이 자라면서 우아하고 뾰족한 깃털 모양이 된다.

가장 높이 뻗은 엽상체의 끝에 달린 조각잎은 오그라들어 있다. 이 여윈 조각잎은 광합성을 위해 표면을 쫙 벌려 해를 바라보는 것이 아니라 아랫면에 두 줄로 원반이 달려 있다. 원반은 넓이가 후추 알만 하다. 곱슬머리가 탕건을 쓴 것처럼 원반 테두리에서 갈색 잔털이 삐져나왔다. 돋보기로 들여다보니 곱슬머리의 정체는 양탄자처럼 깔린 시커먼 뱀들이다. 뱀의 몸통은 모래색 마디로 나뉘었으며 마디 가장자리는 넓고 적갈색이다. 뱀의 입에는 금색 공이 덩어리째 물려 있다. 오늘은 전혀 움직이지 않지만, 일전에 뱀들이 몸을 일으켜 뒤로 확 젖히면서 공을 공기 중에 내뿜는 장면을 본 적이 있다.

공은 양치식물의 홀씨(포자)로, 질긴 껍질에 싸여 있으며 하나하나가 새 양치식물로 자란다. 뱀은 홀씨를 하늘로 쏘아 올리는 식물 투석기다. 뱀의 마디는 세포로, 두께가 제각각이어서 추진력을 더한다. 화창한 날이면 세포에 들어 있던 물이 증산하여 남은 물의 표면장력이 커진다. 세포는 아주 작기 때문에, 이 정도의 표면장력만으로도 구부러질 수 있다. 그러면 뱀이 아치를 그리며 휘어진다. 뱀은 몸통을 뒤로 젖히며 홀씨를 장전한다. 물이 더 증산하여 표면장력이 증가하면 몸통이 더 휘어진다. 탁! 표면장력이 깨지면서 세포벽의 억눌린 에너지가 순간적으로 폭발하며 홀씨를 날려 보낸다. 잘 익은 엽상체에 햇볕이 내리쬐면 뱀의 세포에서 물이 빠르게 증산하여 마치 뜨거운 기름에서 팝콘이 튀듯 홀씨가 펑펑 날아다닌다. 맨눈으로 보면 연기가 퍼지는 것 같다. 하지만 돋보기를 들이대면 더 극적인 광경이 펼쳐진다. 투석기가 홱 하고 튕겨오르며 홀씨를 쏘는 장면은 마치 전투 장면을 재연한 듯하다.

투석기는 햇볕이 수분을 말리는 원리를 이용하기 때문에, 건조한 날에만 홀씨를 발사할 수 있다. 안 그러면 홀씨를 멀리 날려 보내지 못한다. 오늘은 공기가 습기로 가득하고 하늘이 어두운 잿빛인데다 멀리서 천둥 소리가 울린다. 이런 날 홀씨를 발사하면 빗물에 젖어 얼마 못 가고 떨어질 수 있으므로, 투석기는 가만히 누워 기다린다.

낱낱의 포자는 동물의 정자 세포나 난자 세포처럼 부모의 유전자를 정확히 절반씩 섞어 가진다. 하지만 난자나 정자와 달리 땅에 닿기만 하면 다른 홀씨와 결합하지 않고서 발아한다. 식물의 한살이가 우리와 그토록 다른 것은 이런 까닭이다. 동물의 생식은 두 단계로 신속하게 이루어진다. 염색체를 반으로 나누어 생식 세포를 만든 다음 정자와 난자를 합쳐 새 동물을 만든다. 두 단계면 끝이다. 이 간단한 과정을 매번 반복한다. 하지만 양치식물의 생식은 특이하게 진행된다. 홀씨가 발아할 때는 엽상체가 하나도 생기지 않는다. 그 대신 수련 잎처럼 생긴 작은 배우체配偶體(무성 생식과 유성 생식을 번갈아 하는 식물에서 유성 생식을 하는 세대의, 염색체 수가 절반인 식물체_옮긴이)가 자라서, 작은 동전 크기가 될 때까지 납작한 몸을 사방으로 늘인다.

배우체는 엽록소가 있어서 스스로 식량을 조달하며 독립된 개체로 살아간다. 그렇게 몇 달이나 몇 년이 지나면 거죽에 혹이 생긴다. 어떤 혹은 물집처럼 생겼고(정자를 만들고 보관하는 장정기藏精器_옮긴이) 어떤 혹은 작은 굴뚝처럼 생겼다(난자를 만들고 보관하는 장란기藏卵器_옮긴이). 물집은 점점 커지다 비가 오는 날에 터져 정자 세포를 내보낸다. 정자 세포는 물 표면을 맴돌며 굴뚝 밑동에 있는 난자 세포가 발산하는 화학 물질의 냄새를 맡는다. 굴뚝 중심부에는 화학 물질이 가득 차 있는데, 다른 종의 정자 세포를 결박하여 죽이는 역할을 한다. 하지만 알맞은 정자는 방해받지 않고 난자에게 헤엄쳐 간다. 이윽고 두 세포가 어우러진다. 이렇게 해서 생겨난 배아는 새 크리스마스고사리로 발달하여 결국은 엽상체 아치 끝에서 홀씨를 날려 보낼 만큼 크게 자란다. 따라서 양치식물의 한살이는 홀씨, 배우체, 정자 또는 난자, 큰 양치식물의 네 단계로 이루어진다.

크리스마스고사리 맞은편에 있는 방울뱀고사리의 한살이는 더욱 흥미롭다. 낙엽층 아래로 낮게 펼친 잎은 술 달린 부채 모양으로, 너비는 내 손 한 뼘만 하다. 부채 한가운데에는 가시가 잎보다 두 배나 높이 솟아 있다. 가시 끝 부분의 작은 곁가지에는 너비가 1밀리미터밖에 안 되는 홀씨주머니(포자낭胞子囊)가 수십 개 무리 지어 달렸다. 홀씨주머니가 흔들리면 옆에 세로로 난 틈으로 홀씨가 빠져나온다. 홀씨는 발아하면 배우체로 자라지 않고 미니 감자처럼 땅속 덩이줄기로 자란다. 이 덩이줄기는 엽록소가 없어서 균류를 통해 식량을 조달하며, 몇 년 동안 자란 뒤에 정자와 난자를 만드는데 여기에서 또 다른 방울뱀고사리가 생긴다.

방울뱀고사리는 다 자란 뒤에도 균류와 영양 물질을 교환한다. 이 상리 공생 관계를 극단으로 밀어붙여 아예 낙엽 위로 코빼기(엽상체)를 내밀지 않는 녀석도 있다. 이런 개체는 동반자 균류 덕에 먹고살며 순전히 땅속에서만 자라고 홀씨를 만든다.

만다라의 두 양치식물은 두 생활형을 되풀이한다. 하나는 홀씨가 있는 큰 식물이고 또 하나는 수련 잎이나 덩이줄기처럼 생겨 정자와 난자를 만들어내는 작은 배우체다. 이렇게 정체가 달라지는 탓에, 양치식물의 성생활은 1850년대까지 미스터리였다. 뚜렷한 번식 구조, 즉 꽃가루나 씨앗처럼 바람에 날리는 홀씨는 어떤 생식 세포와도 닮지 않았다. 식물학자들은 양치식물과 (마찬가지로 헷갈리는 친척인)

이끼를 민꽃식물(은화隱花식물)로 분류했다. 민꽃식물을 일컫는 영어 단어 'cryptogam'은 '몰래 한 결혼'이라는 뜻이다. 골치 아픈 미스터리를 용어의 반창고로 봉합한 셈이다. 작은 배우체의 젖은 표면에서 헤엄치는 정자 세포와 난자 세포가 발견된 뒤로 혼란은 한층 커졌다.

양치식물의 번식 방법은 안전하고 축축한 장소에서는 알맞지만 건조하고 혹독한 조건에서는 맥을 못 춘다. 양치식물은 정자가 헤엄칠 수분이 없으면 번식하지 못한다. 게다가 배우체 단계에서는 배아를 제대로 보호하거나 영양을 공급하지 못한다. 종자식물은 양치식물의 한살이를 변형하여 이러한 제약에서 벗어났다. 종자식물은 홀씨를 바람에 날리지 않고 꽃의 조직 속에 간직한다. 이 홀씨는 방어막을 갖춘 미니 수련 잎으로 자란 뒤에 정자와 난자를 만들어낸다. 따라서 양치식물의 독립된 배우체 대신 꽃 안에 파묻힌 세포 몇 개만 있으면 된다. 이 덕분에 종자식물은 번식을 위해 물을 찾아야 하는 불편함에서 해방되었다. 사막, 바위산, 마른 언덕은 더는 식물의 생식에 장애물이 되지 못했다. 건조하거나 햇볕이 내리쬐는 시기도 문제 없었다. 배우체를 축소하여 품 안에 간직하면, 자식을 기르고, 영양분을 공급하고, 씨껍질로 보호하고, 열매에 넣어 높이 매달아서 바람에 떨어지거나 (씨앗을 날라줄) 새에게 선택받도록 해줄 수 있다.

이렇듯 종자식물은 번식 방법을 혁신적으로 바꾼 덕에 현존하는 식물 중에서 가장 다양한 집단이 될 수 있었다. 현재 전 세계에 서식하는 종자식물은 25만 종이 넘지만 양치식물은 1만 종을 겨우 넘는다. 약 1억 년 전에 종자식물이 진화하자 많은 고대 양치식물과 민꽃식물이 신참에게 밀려 사라졌다. 하지만 현생 양치식물이 원시 양치식물의 찌꺼기라고 생각하는 것은 오산이다. 최근에 양치식물의 DNA를 연구했더니 현생 양치식물이 진화하고 분화한 것은 종자식물이 번성한 '뒤'였다. 종자식물은 지구를 차지하면서 고대 양치식물을 몰아냈지만, 새로운 종류의 양치식물이 자라기에 이상적 환경을 (본의 아니게) 만들어냈다. 이곳 축축한 만다라에서는 그늘을 좋아하는 크리스마스고사리와 방울뱀고사리가 무성하게 자란다.

6월 20일

# 얽힘

　일주일 내내 이슬비를 뿌리던 구름이 돌풍에 밀려나고 하늘이 맑게 개었다. 며칠 만의 첫 햇빛이 임관의 작은 틈새로 스며들자 양달과 응달이 만다라에 바둑판무늬를 그렸다. 매끈매끈한 노루귀 잎이 햇빛을 받아 반짝거린다. 노루귀만큼 찬란하지는 않지만, 다른 식물도 갖가지 녹색으로 빛난다. 어둑어둑한 하늘이 며칠 계속된 탓에, 지금의 만다라는 색깔이 한결 화사해 보인다. 소리에도 생동감이 넘친다. 부드럽게 윙윙대는 소리가 사방에서 들려오고, 곤충 수천 마리의 날갯짓 소리가 뒤섞여 마치 아득한 벌떼 소리 같다.

　해가 뜬 지 벌써 몇 시간이 지난 늦은 아침이지만, 달팽이 두 마리가 축축한 낙엽 위에 몸을 드러낸 채로 있다. 아마 해가 뜬 뒤로 줄곧 짝짓기 자세로 달라붙어 있었을 것이다. 뿔 색깔의 껍데기가 구멍과 구멍을 마주보며 서 있고 달팽이의 몸통은 회색과 흰색의 매듭처럼 엉켜 있다. 두 달팽이는 까다로운 협상과 교환을 벌이느라 꼼짝하지 못한다. 달팽이는 정자를 내보낼 때 여느 동물처럼 수컷에게서 암컷에게로 일방적으로 전달하지 않고 쌍방향으로 주고받는다. 암수한몸(자웅동체)이어서 양쪽이 다 정자를 줄 수도 있고 받을 수도 있다.

암수가 한 몸에 들어 있는 동물은 누가 정자를 주고 누가 받아야 공평한지 결정하기가 여간 어려운 일이 아니다. 대부분의 생물이 그렇듯 달팽이도 정자는 쉽게 만들지만 난자를 만들려면 품이 많이 든다. 이렇듯 번식 비용이 다르게 들기 때문에, 암수딴몸 동물은 암컷은 상대를 까다롭게 고르는 반면에 수컷은 상대를 가리지 않는다. 수컷이 육아에 전혀 동참하지 않는 종은 더더욱 그렇다. 하지만 암수한몸 동물은 까다로운 안목과 난봉꾼 기질이 한 몸에 있어서 짝짓기가 여간 힘들지 않다. 정자를 받아들일 때 신중을 기하면서도 상대방에게 씨를 뿌려야 하기 때문이다.

달팽이는 상대방이 병에 걸린 것 같으면 암컷 역할을 거부한다. 정자를 주기만 하고 받지는 않으려 드는 것이다. 하지만 감염되지 않은 짝을 찾으면 기꺼이 정자를 받아들인다. 이렇듯 까다롭게 짝을 선택하면 자신의 많지 않은 난자를 위해 유전적으로 우월한 정자를 골라줄 수 있다. 암수한몸 동물은 사회적 환경에도 민감하다. 짝짓기 상대를 찾기 힘든 곳에 서식할 때에는 수컷과 암컷 역할을 둘 다 하지만, 개체 수가 많은 곳에서는 여성성을 억누르고 수컷처럼 행동한다. 정자는 헤프게 뿌리되 자신의 난자는 최고의 남편감을 위해 아껴두는 것이다. 상대방이 이미 딴 개체에게 정자를 받아 수정했다면 문제가 복잡해진다. 상대방이 뒤늦은 구애를 거절하면, 퇴짜 맞은 구혼자는 상대방이 원치 않는데도 정자를 쏟아부어 강제 짝짓기를 시도하기도 한다. (인간의) 삼각관계는 골치 아프지만 (달팽이의) 육각관계는 전쟁이다.

전쟁은 단순한 비유가 아니다. 일부 종의 짝짓기는 무력 충돌을 방불케 한다. 서로 화살을 쏘고, 정자를 파괴하는 물질을 분비하여 상대방의 남성성을 무력화하고, 근육이 정자와 난자를 전선戰線으로 밀어넣는다. 달팽이가 달라붙어 있는 시간도 어쩌면 성적 분쟁의 결과인지도 모른다. 달팽이는 촉수로 서로를 더듬고 원을 그리며 서서히 자리를 잡는데 언제든 물러나거나 자세를 바꿀 채비가 되어 있다. 달팽이가 매 단계에서 무엇을 판단하는지는 알 수 없지만, 둘의 오랜 구애와 교미는 신중한 외교 행위처럼 절차와 격식을 갖춰 진행된다. 결합 조건을 놓고 혼전婚前 회담을 벌인다고나 할까. 이렇게 느긋한 섹스에는 대가가 따른다. 만다라의 달팽이는 반 시간 넘도록 껍데기 밖으로 몸을 내밀고 있기 때문에 새나 포식자의 손쉬운 먹잇감이 된다.

\*\*\*

암수한몸은 동물에서는 찾아보기 힘든 짝짓기 방식이다. 대다수의 동물은 암컷과 수컷이 따로 있다. 하지만 뭍달팽이는 모두 암수한

몸이며, 바다에 서식하는 일부 연체동물과 몇몇 무척추동물도 암수한몸이다. 만다라 달팽이의 성생활은 새나 벌보다는 봄꽃과 공통점이 많다. 만다라의 봄 한철살이 식물과 나무는 모두 암수한몸이며, 그중 상당수는 암수가 한 꽃에 함께 들어 있다. 동물의 성생활이 이렇듯 다양한 것은 수수께끼다. 굴뚝새는 암수가 따로 있는데, 왜 굴뚝새의 보금자리인 나무는 암수가 한 몸에 있을까? 굴뚝새가 새끼에게 먹이는 딱정벌레는 암컷 아니면 수컷이지만, 같은 신세인 달팽이는 모두 암수한몸이다.

진화 이론가들은 이 수수께끼를 자연 경제학의 문제로 여겼다. 생물학자들에 따르면, 자연 선택은 기업 경영자가 회사의 자원을 어떻게 배분할지 결정하듯 생물이 생식 에너지를 어떻게 투자할지 결정하는 과정이다. 인간 경영자는 예측 능력과 합리적 사고를 동원하지만 자연 선택은 새로운 아이디어를 끊임없이 던져 비효율적인 것을 버리고 생산적인 것을 택한다. 자연에서는 새로운 섹스 아이디어가 모자라는 법이 없다. 매 세대마다 일부 달팽이는 암수딴몸으로 태어나며 일부 조류, 곤충, 포유류는 암수한몸으로 태어난다. 따라서 자연의 성 역할 자유 시장을 활성화할 원료는 얼마든지 있다.

모든 개체는 번식에 쏟을 에너지와 시간, 육체가 제한되어 있다. 생물은 전문 회사처럼 한 성性에만 자원을 투자하기도 하고, 사업을 다각화하여 암수 양성에 투자를 분산하기도 한다. 어느 전략이 최선인가는 종의 생태적 특징에 따라 달라진다. 짝을 찾지 못할 가능성이 큰 환경에서는 암수한몸이 유리하다. 소화관에서 홀로 살아가는

촌충은 자가 수정 하지 못하면 대가 끊긴다. 이만큼 뚜렷하게 드러나지는 않지만, 성적 결합을 도와줄 든든한 꽃가루받이꾼이 없는 꽃도 자가 수정을 해야 할 것이다. 노루귀는 만다라에 흐드러지게 피지만, 봄 날씨가 너무 추워서 꽃가루받이 곤충이 날아다니지 못하면 암수한몸이 되는 수밖에 없다. 폐허가 된 곳에 서식하는 잡초도 마찬가지다. 이런 개체는 새로운 서식처에 자기 혼자 덩그러니 남겨지는 수가 있기 때문에 자기애<sup>自己愛</sup>가 필수적이다. 따라서 암수한몸은 짝짓기 없이 자식을 낳아야 할 가능성이 있는 종이 선호하는 생식 방법이다.

하지만 대다수 달팽이를 비롯한 암수한몸 동물의 상당수는 외따로 살아가지 않으며, 홀로 고립되더라도 자가 수정 하지 못한다. 따라서 암수한몸의 원인은 고독만이 아니다. 진화는 성적인 잡식 취향이 효과적일 때에도 암수한몸을 선호한다. 달팽이는 자기만의 번식 영역을 지키거나 사랑 노래를 부르거나 화려한 장식을 뽐내지 않는다. 알을 보살피지도 않아서, 낙엽 위 얕은 구멍에 싸지르고는 매정하게 떠난다. 이렇듯 암컷의 의무가 딱히 없기에 암수가 한 몸에 있어도 불리할 것이 없다. 하지만 조류나 포유류처럼 성 역할이 나뉜 종은 이런 전략을 택할 수 없다. 이 경우에 자연 선택은 남성성이나 여성성 중 하나에 집중하는 쪽을 선호한다. 경제학 용어로 표현하자면, 달팽이의 조건에서는 암수를 결합한 복합 투자 전략의 수익률이 높은 반면 조류의 조건에서는 한 성<sup>性</sup>에 몰아서 투자하는 전략의 수익률이 높다.

만다라의 생물들은 저마다 생태적·생리적 조건이 다르기 때문에 오랜 자연 선택을 통해 다양한 생식 방법을 발전시켰다. 달팽이의 암수한몸 포옹은 우리 눈에는 기이하게 보이지만, 자연에서의 생식이 우리가 생각하는 것보다 더 유연하고 다양하다는 사실을 상기시킨다.

# 균류

이틀 낮 이틀 밤 동안 만다라에 비가 쏟아졌다. 멕시코 만에서 끊임없이 불어온 폭풍이 흡혈 곤충을 몰아낸 덕에, 몇 주 동안 지겹도록 나를 괴롭히던 모기 떼로부터 해방되었다. 폭풍의 바짓가랑이를 잡고 여름 불볕더위가 찾아왔다. 어딜 가나 푹푹 찐다. 몸을 조금만 움직여도 땀이 비 오듯 쏟아진다. 찐득찐득한 열대의 기운이 숲을 감쌌다.

점점이 박힌 감귤색, 빨간색, 노란색. 균류의 눈[界]이 축축한 숲 바닥에서 빛을 발한다. 균류의 땅속 부위가 비와 열기에 용기를 얻어 자실체(버섯)를 틔웠다. 오늘 아침의 알록달록한 균류 중에서 가장 아름다운 것은 썩어가는 나뭇가지에 앉은 반균류cup fungus다. 귤색에다 포도주 잔처럼 생겼고 가장자리에는 은색 털이 났다. 녀석의 이름은 털작은입술잔버섯shaggy scarlet cup이다. 너비는 2.5센티미터가 채 안 되지만 색깔이 눈길을 끈다. 무릎을 꿇고 자세히 들여다본다. 눈을 지면에 가까이 대자 사방에서 작은 자실체가 보인다. 썩어가는 잎과 가지의 바다에 뜬 색색의 배.

이 밝은 배들은 모두 균류계의 최대 문門인 자낭균문sac fungi에 속한다. '자낭'은 홀씨를 담은 주머니라는 뜻이다. 만다라의 털작은입술잔버섯은 너비가 100분의 2밀리미터밖에 안 되는 홀씨로 삶을 시작했다. 홀씨는 바람에 날려 이곳의 죽은 나무에 내려앉았다. 발아한 뒤에는 가느다란 실(균사)을 가지의 목질부에 뻗어 넣는다. 균사는 아주 가늘어서 식물의 세포벽 사이로 미끄러져 들어가 세포 사이의 미세한 기공을 들락날락한다. 가지에 파고든 균사는 소화액을 분비하여 질긴 목질부를 녹인다. 균사는 분해된 나무 수프에서 당과 영양소를 흡수한 다음 실을 새로 만들어 나무의 죽은 조직에 더 깊이 파고든다. 땅속 나무 상자에 감금된 것은 털작은입술잔버섯이 바라던 바다.

오늘의 보트 경주에 출전한 선수 중에 일부는 나뭇가지 해체 전문이고 또 일부는 낙엽 깔개를 좋아한다. 하지만 입맛은 달라도 생장 방식은 똑같다. 죽은 식물성 물질에 촉수를 밀어넣고, 영양소를 흡수하여 그물망 같은 몸을 키우고, 결국 주변의 목질부를 완전히 분해한다. 균류가 식사를 하는 동안 녀석의 보금자리(나뭇가지)는 점점 망각의 늪에 빠져든다. 그리하여 죽은 가지는 가라앉는 섬이 되며 균류는 새로운 섬을 찾으려고 끊임없이 후손을 내보내야 한다. 균류가 우리의 감각 세계에 들어오는 것은 이 명령 때문이다. 균류가 우리 눈에 띄는 시기는 땅속 균사가 자실체를 틔운 뒤다. 노란색, 감귤색, 빨간색 선단船團은 만다라 표면 아래에 넓은 생명의 그물이 펼쳐져 있음을 우리에게 상기시킨다.

　털작은입술잔버섯은 잔 안쪽에 번식체를 만든다. 수많은 대포 모양 주머니가 하늘을 향해 고개를 쳐들었는데 속에 작은 홀씨가 여덟 개씩 들어 있다. 대포가 무르익으면 입구가 뻥 하고 터지면서 홀씨가 공중으로 발사된다. 주머니 위로 십여 센티미터나 치솟은 홀씨는 만다라 표면에 내려앉은 고요한 공기층의 경계를 벗어난다. 홀씨는 아주 작아서 맨눈으로는 볼 수 없지만, 수백만 개의 홀씨가 한꺼번에 터져 나오는 장면은 마치 고운 연기가 피어오르는 듯하다. 주머니는 표면의 어디든 살짝 건드리기만 해도 폭발한다. 생물학 교과서에서는 털작은입술잔버섯의 홀씨가 바람을 타고 퍼진다고 가르치지만, 내가 보기에는 동물이 홀씨를 나르는 중요한 수단이 아닐까 싶다. 오늘 아침 만다라 땅 위에는 노래기와 지네가 적어도 여덟 마리(그중 한 녀석은 다 자란 털작은입술잔버섯을 갉아 먹고 있다), 거미 몇 마리, 커다란 딱정벌레 한 마리, 달팽이 한 마리, 개미 수십 마리, 선형동물 한 마리가 보인다. 다람쥐, 줄무늬다람쥐, 새가 만다라 가장자리를 강중강중 뛰어다닌다. 자낭균류의 자실체가 만다라 표면에 하도 촘촘하게 돋아 있어서 밟지 않을 도리가 없다.

　만다라 한가운데에 있는 작은 갈색 버섯은 홀씨를 자낭균류처럼 땅에서 쏘아 올리지 않고 터진 주름에서 쏟아 내린다. 이 홀씨를 나르는 데도 바람이 일차적 역할을 한다고 알려져 있지만, 여기에도 역시 동물의 흔적이 남아 있다. 버섯의 갓에는 들쭉날쭉 뜯어 먹힌 자국이 나 있다. 범인인 줄무늬다람쥐의 주둥이와 수염은 홀씨를 몇 미터 밖으로 날라줄 것이다.

자낭균류와 버섯의 번식 습성은 생물계에서 유례가 없다. 이들은 어떤 동물도 착안하지 못한 방식으로 '생식' 개념을 확장했다. 균류는 암수가 구분되지 않는데다―적어도 우리가 알아차릴 수는 없다―정자와 난자도 만들지 않는다. 그 대신 실과 실을 합쳐 번식한다. 말 그대로 몸을 섞어 새 세대를 생산하는 것이다.

만다라 한가운데에 있는 버섯을 보면 이들의 신기한 한살이를 고스란히 관찰할 수 있다. 홀씨가 발아하면 아기 균사가 낙엽을 뚫고 자라 짝을 찾는다. 균사는 암수의 성이 다른 게 아니라 '교배형mating type'(곰팡이류와 같이 암수의 성이 분화하지 않은 하등 생물에서 유전적으로 암수가 구분이 되어 서로 간에 유성 생식이 이루어지게 되는 형태_옮긴이)이 다르다. 우리 눈에는 어느 교배형이나 다 같아 보이지만, 균류는 화학 신호를 이용하여 차이를 감지하고 자신과 다른 교배형과만 짝짓기를 한다. 어떤 종은 교배형이 둘뿐이지만 또 어떤 종은 수천 개나 되기도 한다.

두 균사가 만나면 섬세한 파드되(발레에서, 두 사람이 추는 춤_옮긴이)가 시작된다. 둘은 화학적 귓속말을 주고받으며 동작을 조율한다. 한 균사가 자기네 교배형 고유의 화학 물질을 내보내면서 춤이 시작된다. 상대방이 같은 교배형이면 춤은 그 자리에서 끝나고 둘은 서로 외면한다. 하지만 상대방이 다른 교배형이면 화학 물질이 균사 표면에 달라붙고 상대방도 자신의 화학 신호를 내보내어 화답한다. 그러면 두 균사는 끈적끈적한 가지를 틔워 서로 붙잡아 끌어당긴다. 균사세포는 구조와 활동을 조율하며 서로에게 녹아들어 새로운 개체가 된다.

부모가 혼합되어 새로운 균류가 탄생했지만, 아직 끝이 아니다. 부모의 유전 물질은 여전히 몸체에 분리되어 남아 있으며, 세포 안에 두 개의 서로 다른 DNA 집합으로 존재한다. 버섯은 땅속에서 영양을 섭취하는 기간 내내, 심지어 자실체가 돋아 홀씨를 내보낼 때까지 이러한 '따로 또 같이' 관계를 유지한다. 몇 주에서 몇 년의 각방 생활을 마친 뒤 갓 아래의 주름에서 비로소 완전한 유전적 결합이 이루어진다. 하지만 결합은 찰나에 불과하다. 유전 물질은 결합되자마자 두 번 분열하여 홀씨를 만들어 세상에 내보낸다. 낱낱의 홀씨는 바람에 날리거나 동물 편에 전달되어 새로운 한살이를 시작할 것이다.

털작은입술잔버섯을 비롯한 자낭균류도 비슷한 패턴을 따르지만, 홀씨를 만들 준비를 마치고서야 균사를 합친다는 점이 다르다. 인생의 대부분은 결합되지 않은 균사로서 땅속에서 보낸다. 성체가 된 뒤에야 다른 교배형을 찾아 나서고, 그런 뒤에 주머니와 홀씨를 만든다.

균류의 성 정체성이 이토록 복잡하니 상대적으로 다른 생물계의 성이라는 것이 얼마나 특이한지가 대조적으로 드러난다. 동식물의 생식에는 예외 없이 두 가지 형태의 생식 세포—크고 갖출 건 다 갖춘 세포(난자)와 작고 날쌘 세포(정자)—가 관여한다. 하지만 균류를 보면 이 같은 이원론이 유일한 방식이 아님을 알 수 있다. 균류의 교배형은 수천 가지에 이르기도 한다.

균류가 전문화된 정자 세포와 난자 세포를 진화시키지 않은 것은 몸이 상대적으로 단순하기 때문인지도 모른다. 동물과 식물의 크고 복잡한 몸은 발달시키는 데 오랜 시간이 걸리기 때문에, 초기 발달 과정을 끝마치는 데 충분한 식량을 확보하고 시작하지 않으면 안 된다. 하지만 균류는 정교한 신체 구조를 만들 필요가 없다. 단순한 균사는 작은 홀씨에서 완벽한 형태로 부화한다. 난자를 만들어봐야 시간과 에너지만 허비할 뿐이다. 조류藻類에서 이를 확인할 수 있다. 조류는 형태가 각양각색인데, 어떤 것은 균류처럼 매우 단순하고 또 어떤 것은 동물이나 식물처럼 복잡하다. 예상대로, 단순한 조류는 생식 세포가 분화되지 않고 크기가 같은 반면에 복잡한 조류는 생식 세포가 정자와 난자로 분화되었다.

균류는 나머지 다세포 세계의 성 역할을 거부하면서도 여전히 성을 구분하여 교배형이 다른 개체와만 짝짓기를 한다. 이것은 쓸데없는 일처럼 보인다. 짝을 찾는 균사의 관점에서 보자면, 교배형이라는 것은 번식의 주된 장애물이다. 같은 종의 개체 중에서 절반이나 되는 배우잣감을 포기해야 하니 말이다.

교배형의 수수께끼는 아직 속 시원히 풀리지 않았지만, 세포 내의 정치적 역학 관계에서 실마리를 찾을 수 있을지도 모른다. 균류 세포는 동식물 세포처럼 러시아 인형의 구조로 이루어졌다. 균류에 들어 있는 미토콘드리아는 식량을 연소시켜 세포에 에너지를 공급한다. 정상적인 상황이라면, 미토콘드리아와 숙주 세포는 협력 관계를 유지한다. 하지만 무대 뒤에서는 갈등이 도사리고 있다.

미토콘드리아는 고세균의 후손이기 때문에 자신의 DNA를 간직하고 독립 세균처럼 세포 안에서 증식한다. 정상적 상황에서는 세포 안의 미토콘드리아 개체 수가 적당하도록 증식 속도가 조절된다. 하지만 문제가 생기면 미토콘드리아가 지나치게 많아져 세포에 피해를 입힌다. 이런 해로운 증식이 일어날 수 있는 조건 중 하나는 서로 다른 두 균류의 미토콘드리아가 하나의 세포 안에서 만나는 경우다. 이런 상황에서는 두 계통의 미토콘드리아가 번식 경쟁을 벌이게 된다. 미토콘드리아가 눈앞의 이익을 얻으려고 싸우다 세포 전체가 사멸하기도 한다.

균류의 교배형은 이런 갈등을 예방하기 위해 고안된 것으로 보인다. 한쪽 교배형만이 미토콘드리아를 다음 세대에 전달하도록 규정하는 규칙이 있기 때문이다. 따라서 교배형은 균류 세포가 미토콘드리아 간의 골육상쟁을 막는 수단이다.

하지만 교배형의 기원과 진화에 대한 이론은 아직 명쾌하게 결론이 나지 않았으며 열띤 논란에 휩싸여 있다. 균류의 번식 방법이 하도 다양해서, 이를 일관되게 설명하려는 시도는 대부분 어려움을 겪었다. 이를테면 어떤 균류는 난자를 빼닮은 구조를 만드는데, 이는 균류가 정자와 난자를 만들지 않는다는 일반 법칙에 어긋난다. 또 어떤 종은 부모의 균사에 들어 있던 두 미토콘드리아가 이따금 결합하는데, 이는 교배형에 대한 규칙을 위배한다. 균류 생물학을 공부하는 학생은 금세 이러한 다양성에 골머리를 썩일 것이다. 하지만 동식물의 성 역할에 대한 고정 관념을 깨뜨리는 계기가 될 수도 있다.

*** *

　바닥에 엎드리니 만다라의 낙엽층 표면에 수백 개의 작은 잔과 버섯이 보인다. 썩어가는 나뭇가지마다 색색의 잔이 하나 이상 무리를 이루고 있다. 낙엽은 대부분 조그만 갈색 버섯을 왕관처럼 썼다. 내가 수개월 동안 관찰하던 숲 바닥에서 이토록 많은 종과 개체가 불쑥 나타난 것을 보니 숲의 생명 중 얼마나 많은 것이 (가까이 들여다보아도) 우리 눈에 보이지 않는가를 새삼 깨닫는다. 하지만 보이지 않는다고 해서 중요하지 않은 것은 아니다. 균류는 숲 생태계에서 영양소와 에너지를 순환시키는, 부식腐植의 엔진이다. 이 숲의 무성한 여름 생산력을 떠받치는 것은 땅속 균류 그물망의 생명력이다.

7월 13일

# 반딧불이

만다라 가는 길에 자욱한 안개를 통과하자니 몸이 긴장된다. 어스름 속을 걷는다. 발을 조심스레 내디디며 어둑어둑한 길 위에 뱀이 있지나 않은지 눈을 크게 뜬다. 무엇보다 신경 쓰이는 녀석은 미국살무사copperhead다. 학명 '아그키스트로돈 콘토르트릭스Agkistrodon contortrix'는 갈고리 모양 이빨에다 꼬불꼬불 꼬였다는 뜻이다. 이 뱀은 무더운 여름 저녁에 특히 왕성하게 활동한다. 오늘 밤, 녀석이 좋아하는 여름 별미가 등장한다. 땅속 애벌레 굴에서 기어 올라온 매미 수백 마리다. 뱀들은 호시탐탐 기회를 엿보는 것이 틀림없다. 손전등 불빛이 반사되어 눈이 매운 게 싫어서 천천히 발을 디디는데, 불빛이 닿지 않는 곳 어디에나 미국살무사가 낙엽처럼 위장하고 있는 것만 같다.

포식자에 대한 공포는 수백만 년에 걸친 자연 선택을 통해 내 정신에 각인되었을 것이다. 야간 시력이 좋지 않은 열대 영장류는 어둠을 무시하다가는 제 명대로 살지 못한다. 여느 생물과 마찬가지로 나 또한 생존자의 후손이므로, 머릿속의 이 두려움은 조상들이 내게 속삭이는 축적된 지혜의 목소리다. 길고 구부러진 이빨, 고통스럽게 혈액을 응고시키는 독, 미세한 온도 변화도 놓치지 않는 눈 근처 온도 감지 기관, 10분의 1초 만에 먹잇감을 덮치는 순발력 등은 나의 의식에 공포감을 일으키는 특징이다. 만다라에 도착하니 익숙한 광경에 긴장이 풀린다. 다시 한번 조상의 속삭임이 들린다. 아는 것은 안전하다.

자리에 앉는데 반딧불이의 불빛이 나를 반긴다. 초록색 불빛이 십수 센티미터를 치솟더니 1~2초가량 공중에 가만히 머문다. 저녁이지만 낮의 햇빛이 아직 남아 있어 녀석의 불빛뿐 아니라 몸통까지 보인다. 녀석은 초록색 불빛이 희미해진 뒤에 3초 동안 미동도 하지 않다가 갑자기 급강하하더니 만다라를 가로지른다. 그런 뒤에 발광 상승, 암전 정지, 급강하 발진을 또 되풀이한다.

내가 진정한 반딧불이 전문가라면 불빛마다 고유한 리듬과 길이를 가지고 종을 구분할 수 있을 테지만, 아쉽게도 그런 솜씨는 내 몫이 아니다. 아까 낮에는 만다라의 식물 위를 기어다니는 포투리스속 Photuris 반딧불이를 휴대용 도감과 비교했다. 하지만 눈앞에 있는 녀석이 포투리스속인지 맞히기에는 땅거미가 너무 깔렸다. 그래도 불빛이 솟아오르는 것을 보면 수컷 반딧불이다. 이 불빛은 미래의 짝과 나누게 될 대화의 첫 구절이다. 낙엽층을 가로질러 인사를 건네고 대

198

답을 기다리지만, 돌아오지 않는 경우가 태반이다. 수컷 반딧불이는 불빛을 발한 뒤에 가만히 머물며 암컷이 응답할 기회를 주고는 다시 날면서 탐색을 계속한다. 이따금 암컷이 숨은 장소에서 불빛에 응답하면 수컷이 다시 빛을 내며 그쪽으로 날아간다. 둘은 불빛 신호를 몇 차례 더 주고받은 뒤에 짝짓기를 한다.

만다라를 날던 반딧불이가 포투리스속이 맞다면 암컷은 교미한 뒤에 불빛 묘기를 선보일 것이다. 암컷 포투리스속은 구혼자를 유혹하고 정을 나누는 평범한 짝짓기를 끝낸 뒤에 다른 종의 반딧불이 수컷에게 관심을 기울인다. 여느 반딧불이는 종마다 발광 순서가 다르기 때문에, 다른 종의 암수가 만나는 일은 거의 없다. 우리가 고릴라의 성적 신호에 흥미를 느끼지 않듯 반딧불이는 다른 종의 불빛을 무시한다. 하지만 포투리스속 암컷은 다른 종의 응답 신호를 흉내 내어 기대에 부푼—하지만 운 나쁜—수컷들을 유인한 뒤에 잡아먹는다. 자기가 신랑인 줄 알고 예식장 통로 끝까지 걸어갔더니 피로연 음식 신세가 되었다고나 할까. 멀리서는 그토록 아름다워 보이던 신부는 알고 보니 굶주린 고릴라였다. 반딧불이 요부妖婦는 먹이로 배를 채울 뿐 아니라 방어용 화학 물질의 원료로도 삼는다. 희생자에게서 유독성 분자를 빼돌려 자기 몸속에 심는 것이다. 거미에게 잡히면 이 화학 물질을 분비하여 퇴치한다. 따스한 여름 저녁, 숲 바닥은 무시무시한 위험으로 가득하다.

하지만 위험이 전부는 아니다. 반딧불이는 반짝이는 불꽃과 은은한 빛으로 우리를 매혹시켜 즐거움을 선사한다. 아름답고 향기로운 꽃처럼, 다채로운 새소리처럼, 불빛을 반짝거리는 반딧불이는 자연의 진정한 경험을 가로막는 안개를 걷어 새로운 시각을 열어준다. 웃음을 터뜨리며 반딧불이를 쫓는 아이들은 곤충이 아니라 경이로움을 잡으려는 것이다.

경이로움이 성숙하면 경험을 한 꺼풀 벗겨 그 아래의 더 깊은 신비를 탐구하게 된다. 이것이야말로 과학의 궁극적 목적이다. 반딧불이 이야기는 숨겨진 경이로움으로 가득하다. 반딧불을 보고 있으면, 보잘것없는 재료를 가지고 걸작을 만들어내는 진화의 솜씨에 감탄하게 된다. 꽁무니에 달린 발광기는 여느 곤충의 몸을 구성하는 평범한 성분으로 이루어졌으나, 반딧불이는 이 성분을 근사하게 조합하여 빛나는 숲의 요정이 되었다.

반딧불의 원료는 발광소<sup>luciferin</sup>라는 성분이다. 발광소는 여느 분자와 마찬가지로 산소와 결합하여 에너지 공으로 전환된다. 이 공이 들뜬상태에서 바닥상태로 돌아갈 때 에너지 다발이 방출되는데 이 광자를 우리가 빛으로 인식하는 것이다. 발광소의 구조는 세포 안의 여느 분자와 비슷하지만 (아마도 여러 차례의 돌연변이를 통해) 과자극과 해소에 유독 민감해졌다. 두 가지 화학 물질이 이 분자를 돕는데, 이들의 임무는 발광소를 과자극 상태로 유도하는 것이다.

이렇듯 반딧불이는 내부의 화학 작용을 증폭하여 미광을 발광으로 바꾸었다. 하지만 화학 작용만으로는 희미한 확산광밖에 만들지 못한다. 반딧불이의 발광기는 이 능력을 집중하여 강한 빛을 켜고 끄도록 진화했다. 구애 중인 반딧불이는 이를 통해 혼전 회담의 길이를 세심하게 조정한다. 이를 위해 발광기는 산소가 발광소로 이동하는 흐름을 조절한다. 발광기의 각 세포는 핵에 발광소 분자를 문고 두툼한 미토콘드리아 덮개로 감쌌다. 미토콘드리아의 원래 임무는 세포에 동력을 공급하는 것이지만, 반딧불이의 발광기에서는 산소 스펀지로 쓰인다. 정상적 조건에서는 산소가 세포에 스며드는 족족 미토콘드리아가 연소시키기 때문에 핵에 도달하여 발광소를 자극할 산소가 남지 않는다. 이 미토콘드리아 층이 반딧불이의 '꺼짐' 스위치다. 하지만 발광할 때가 되면 발광기에 신경 신호를 쏘아 보내어, 신경종말과 맞닿은 세포에서 산화질소 기체를 방출하도록 한다. 이 기체가 미토콘드리아의 활동을 중단시키면 산소가 세포 안으로 쏟아져 들어가 화학적 전구를 점화한다.

반딧불이의 발광 메커니즘은 동물 생리의 보편적 요소인 미토콘드리아와 산화질소를 조합하여 근사하고도 (우리가 아는 한) 유일한 조명 스위치를 만들어냈다. 발광기의 구조는 땜장이의 위업이다. 평범한 세포와 기관氣管을 발광기의 공기 공급 장치로 탈바꿈시켰으니 말이다. 땜장이의 작품은 결코 하찮은 것이 아니다. 사람이 만든 전구는 대부분의 에너지를 열로 허비하는 데 반해 반딧불이는 발광에 쓰는 에너지의 95퍼센트 이상을 빛으로 전환한다.

어둠의 장막이 하늘을 완전히 덮었다. 하지만 만다라를 떠나려고 일어선 찰나 숲이 빛으로 가득 찼다. 반딧불이들은 땅 위 60~90센티미터 높이에 머물기 때문에, 선 채로 내려다보면 바다에 빛나는 부표가 가득 떠 있는 것처럼 지면이 울렁거린다. 미국살무사를 밟을까

봐 손전등으로 길을 비추면서, 내 손전등의 비효율적인 설계와 내 주위에서 춤추는 생물학적 경이로움이 얼마나 대조적인지 곰곰이 생각한다. 하지만 이 비교는 공정하지 못하다. 아기를 현자<sup>賢者</sup>와 비교하는 셈이니 말이다. 우리의 손전등은 기껏해야 200년 전에 발명되었으며 화석 에너지와 화학적 에너지가 풍부한 시대에 발전했다. 사람들은 전구를 개선하려는 노력을 거의 기울이지 않았다. 연료가 무한한데 왜 쓸데없는 수고를 들이겠는가? 이에 반해 반딧불의 설계는 수백만 년의 시행착오를 거쳤다. 반딧불이는 늘 에너지가 부족했기에, 채굴된 화학 물질이 아니라 자신의 식량을 연료로 사용하며 낭비가 거의 없는 전구를 만들어냈다.

202

# 양달

저녁이 되려면 멀었지만, 만다라에는 그늘이 깊게 드리웠다. 1년 중 낮의 밝기가 최저점에 도달했다. 여름이 절정에 이른 지금, 만다라의 표면은 어느 때보다 어둡다. 땅 위에서는 동지가 7월의 그늘보다 오히려 밝다. 단풍나무, 히코리, 참나무의 욕심쟁이 잎이 임관에 닿는 햇빛을 죄다 집어삼킨다. 숲의 풀에게는 힘든 시절이다. 그러니 햇빛이 바닥까지 비치는 봄철 몇 주 동안 1년치 사업을 서두르는 것은 놀랄 일이 아니다. 키 작은 식물 중에서 휴면에 들어가지 않은 것들은 가난한 삶에 적응하여 빛의 부스러기로 연명한다. 숲의 풀은 식성이 소박하고 몸매가 날씬한, 식물계의 사막 염소다.

그 순간, 강렬한 빛 기둥이 어둠의 안개를 비스듬히 뚫고 들어온다. 임관의 틈새로 스며든 빛은 만다라의 메이애플 잎 한 장을 비춘다. 5분 동안 메이애플을 밝히던 스포트라이트가 서서히 이동하여 어린 단풍나무를 비추고 지나간다. 밝은 원은 한 시간에 걸쳐, 노루 귀의 반들거리는 세 갈래 잎 위를 기어다니다 시슬리로 올라갔다 미국생강나무 속으로 들어갔다 어린 폴림니아의 뾰족뾰족한 잎을 가로 지른다.

잎들은 해의 눈에 10분 이상 들지 못하고 이내 어둠의 눈꺼풀에 덮이고 만다. 하지만 양달의 잠깐 방문으로 오늘 필요한 햇빛의 절반을 얻었다. 염소는 구유에서 몇 분을 보낸 뒤에 다시 사막으로 돌아가야 한다. 하지만 굶주린 염소가 난데없이 횡재를 했다가는 배가 터져 죽을 수도 있다. 이처럼 불시의 광채는 만다라의 식물에게 축복이자 저주다. 빛이 부족하면 식물이 어려움을 겪고 결국 시들 테지만, 갑자기 빛이 쏟아지면 검소한 습관이 깨져 영영 기능을 잃을지도 모른다. 그래서 양달에 든 잎은 태양의 에너지 폭격에 맞추어 재빨리 몸 구조를 재정비해야 한다.

물론 잎의 임무는 빛 에너지를 붙잡아 활용하는 것이다. 이를 위해서는 빛을 흡수하는 분자를 배치한 다음 태양 광선을 포획하여 들뜬 전자로 변환해야 한다. 전자가 달아날 때 튀는 불꽃을 이용하여 식물의 식량 제조 공장에 동력을 공급한다. 하지만 준비되지 않은 잎에 너무 많은 빛이 쏟아지면 에너지를 흡수한 전자가 제때 처리되지 못한다. 이 전자들은 빛을 흡수하는 예민한 분자를 덮쳐 난데없는 자극을 가한다. 1볼트짜리 모터를 220볼트짜리 콘센트에 연결했을 때처럼 잎에 난리가 난다. 그늘에 적응한 식물에게는 정신없이 돌아다니는 전자가 특히 해롭다. 전자를 처리하는 분자보다 빛을 흡수하는 분자가 더 많기 때문에, 햇빛을 쬐면 내부가 쉽게 손상된다.

그래서 식물은 에너지가 너무 많이 유입되기 전에, 빛을 흡수하는 분자 중 일부를 끈다. 문제가 생길 조짐이 보이면 흡수 장치의 핵심 부품을 잠시 옮겨두었다가 사태가 진정되면 제자리에 돌려놓는다. 비유하자면 전기 모터의 선을 끊어 작동을 중지시켰다가 나중에 선을 연결하여 모터를 다시 돌리는 것과 같다. 한편 전자가 지나치게 들뜨면 빛 흡수 분자를 붙들고 있던 막이 느슨해져, 전자가 처리되는 내부로 에너지가 흘러든다. 모든 광합성 장치가 담긴 엽록체는 양달이 지면 세포 구석으로 이동하여 태양을 등진다. 이런 식으로 속에 있는 분자를 보호하는 것이다. 양달이 지나가면 엽록체는 세포의 위쪽 표면으로 돌아와 배우체처럼 숲의 희미한 빛으로 일광욕을 한다.

식물이 빛의 갑작스러운 유입에 대응하는 방식은 역설적이다. 분자를 끄고 고개를 돌리는 것은 자신이 찾던 것을 피하려는 행동처럼 보인다. 만다라의 풀은 똑똑 떨어지는 빛을 찔끔찔끔 쬐다가 빛의 홍수가 나면 우산 밑에 몸을 숨긴다. 하지만 햇빛이 세차게 들이붓는 바람에 우산 안쪽으로 물(빛)이 튀면 식물은 생명의 빛을 한 점 베어 문다.

만다라를 쓸고 지나가는 양달은 길 위에 놓인 모든 것을 밝힌다. 거미줄이 섬광 속에서 은색으로 빛난다. 밝은 빛 때문에 위장偽裝이 들통났다. 낙엽층은 밝은 모래색이 되었다가, 거무죽죽한 그림자가 생기면서 입체적으로 부각된다. 만다라 곳곳에서 무지갯빛 말벌과 파리가 줄밥(금속을 가공할 때 떨어지는 부스러기_옮긴이)처럼 빛난다.

만다라의 곤충은 빛의 동그라미에 이끌리는 듯하다. 양달이 만다라 위를 이동하면 그 안에 들어 있으면서 함께 움직인다. 곤충 해바라기 중에서 가장 충성스러운 녀석은 맵시벌 세 마리다. 말벌은 몸이 빛 바깥으로 나갈라치면 허겁지겁 제자리로 돌아간다. 파리도 빛안에 머물기는 하지만, 먹이를 찾아서 1분 남짓 어둠 속으로 들어갈 때도 있다.

태양을 숭배하는 말벌은 정신 사나울 정도로 에너지가 넘친다. 더듬이와 날개를 끊임없이 흔들며 이쪽에서 저쪽으로 미친 듯 질주한다. 파르르 떨리는 더듬이로 양달의 작은 세계에 놓인 모든 잎의 위와 아래를 탐색한다. 이따금 옆으로 벌러덩 누워 다리를 함께 떤다. 거미가 만다라에 흩뿌린 실을 떨어내기 위해서다. 비비기가 끝나면 다시 일어나 파르르 탐색을 계속한다.

말벌이 발작하듯 돌아다니는 데는 뚜렷한 목적이 있다. 녀석들은 지금 알을 낳을 털애벌레를 찾고 있다. 말벌 애벌레는 알에서 기어나와 털애벌레의 몸을 뚫고 들어간 다음 속부터 천천히 먹어치운다. 필수 장기는 마지막까지 남겨둔다. 털애벌레는 자신의 생명이 속에서부터 갉아먹히고 있는데도 잎을 먹고 소화시키며 의연하게 살아간다. 이렇듯 기생충이 훔쳐가는 만큼 끊임없이 보충하니, 속이 빈 털애벌레는 더할 나위 없는 숙주다.

찰스 다윈은 말벌의 기생 한살이를 관찰한 뒤에 유명한 신학적 논

평을 남겼다. 그는 맵시벌의 수법이 특히 잔인하다고 생각했다. 맵시벌은 다윈이 케임브리지 대학에서 교육받은 빅토리아 시대 영국 국교회의 하느님과 양립할 수 없었다. 다윈은 하버드 대학의 장로교파 식물학자 에이서 그레이에게 편지를 썼다. "자비롭고 전능하신 하느님께서 맵시벌을 창조하실 때 일부러 털애벌레의 살아 있는 몸뚱이를 먹도록 하셨으리라고는 도무지 상상할 수 없습니다." 다윈이 보기에 맵시벌은 자연이라는 성서에 쓰인 "악의 문제"였다. 그레이는 다윈의 신학적 논증에 심드렁했다. 다윈의 과학적 개념을 지지하기는 했지만 진화와 전통적 기독교 신학이 양립한다는 신념은 결코 포기하지 않았다. 하지만 고통은 다윈에게 무거운 짐이었다. 그의 육신은 언제나 병약했으며, 사랑하는 딸이 때아닌 죽음을 맞자 정신도 상처를 입었다. 암울한 시절을 거치면서 세상의 고통에 짓눌린 다윈은 모호한 이신론理神論(신의 존재 근거를 자연에서 구하는 이론_옮긴이)에서 회의적 불가지론으로 돌아섰다. 맵시벌은 그가 품고 살아가는 고통의 상징이었으며, 맵시벌의 존재는 신에 대한 조롱이었다(빅토리아 시대 사람들은 신의 섭리가 자연계 구석구석에 쓰여 있다고 생각했다).

신학자들은 다윈의 물음에 답하려 했지만 털애벌레의 생활상에 대해 아는 것이 거의 없었다(당연했을 것이다). 그래서, 털애벌레는 영혼이나 의식이 없으므로 이들의 고통은 영적 성숙의 수단이나 자유의지의 결과가 될 수 없다고 생각했다. 털애벌레는 아무것도 느끼지 못하므로, 설사 느끼더라도 의식이 없어서 자신의 통증에 대해 생각하지 못하므로 통증 때문에 진정으로 고통받는 것이 아니라고 주장하는 사람도 있었다.

　이러한 논증은 요점을 빗나갔다. 사실은 논증이 아니라, 논란이 되는 가정을 재천명한 것에 불과했다. 다윈의 주장은, 모든 생물이 같은 재료로 만들어졌으므로 '우리'의 신경만이 통증의 진정한 원인이라며 털애벌레의 신경이 활성화되고 통증 신호를 보내는 결과를 무의미한 현상으로 치부해서는 안 된다는 것이다. 생명이 진화에 의해 연속된다는 사실을 받아들인다면 다른 동물에게 공감의 문을 닫을 수 없다. 우리의 살은 그들의 살이요, 우리의 신경은 곤충의 신경과 같은 설계도에 따라 만들어졌다. 모든 생물이 공통 조상의 후손이라는 사실은, 털애벌레의 신경과 인간의 신경이 비슷하듯 털애벌레의 통증과 인간의 통증이 비슷하다는 사실을 함축한다. 물론 털애벌레의 피부나 눈이 우리와 다르듯 털애벌레의 통증이 성질이나 양으로는 다를지 모르지만, 인간 아닌 동물에게 고통의 무게가 가벼우리라고 생각할 근거는 전혀 없다.

　마찬가지로 의식이 인간에게만 주어진 선물이라는 통념은 실증적 근거를 찾을 수 없는 가정에 불과하다. 설령 그 가정이 옳다고 해도 다윈의 맵시벌 문제가 해결되지는 않는다. 지금 이 순간의 너머를 볼 수 있는 정신에 통증이 각인되면 더 고통스러울까? 아니면 통증이 유일한 실재인 무의식 세계에 갇히는 것이 더 고통스러울까? 어떻게 생각하느냐에 따라 다를 수도 있지만, 내게는 두 번째 상황이 더 괴롭게 느껴진다.

　만다라를 돌아다니던 양달이 이제 내 다리와 발을 비춘다. 빛이

208

위로 올라와, 신의 영감을 풍자하듯 머리와 어깨에 쏟아진다. 안타깝게도 태양 여신은 철학의 매듭을 푸는 통찰을 불현듯 내려주시지 않는다. 나의 얼굴과 목에 땀이 흐르게 하실 뿐이다. 숲 바닥을 헤집고 다니는 말벌의 안절부절 춤을 지탱하는 에너지가 느껴진다. 말벌은 몸이 매우 작아서 햇볕을 몇 초만 받아도 체온이 몇 도나 올라간다. 통구이가 되지 않으려면 몸 위로 공기를 흐르게 하여, 쏟아져 들어오는 햇볕과 대류에 의한 열 방출의 균형을 매 초 유지해야 한다. 내 살갗에서 배어 나오는 땀은 온도의 균형을 초가 아니라 시간 단위로 맞추는 덩치 큰 포유류의 굼뜬 대처 방식이다.

마침내 양달이 오른쪽 어깨를 타고 동쪽으로 이동하여 만다라를 벗어난다. 소란스럽던 말벌도 함께 떠난다. 양달이 물러나자 만다라가 다시 어둑어둑해진다. 양달의 이동을 경험한 뒤에 나의 감각이 달라져 있음을 느낀다. 이제는 숲이 예전처럼 균질하게 보이지 않는다. 나는 숲에서 어두운 하늘을 가르는 무수한 별을 본다.

# 영원과
# 코요테

비가 내리면서 낙엽층의 축축한 세계가 만다라 전체에 확장되었다. 낙엽층 속에 숨어 살던 동물들이 젖은 잎 위로 모습을 드러낸 채 바쁘게 쏘다닌다. 그중에 가장 몸집이 큰 녀석은 도롱뇽이다. 이끼 낀 바위 위에 서서 안개 속을 들여다보는 빨간 영원蠑螈.

배와 꼬리는 바위에 붙이고, 팔 굽혀 펴기를 하듯 앞다리를 쭉 펴서 가슴을 쳐들었다. 머리는 수평인 채로 움직이지 않는다. 금빛 물방울 같은 눈이 가만히 만다라를 응시한다. 영원의 살갗은 대다수 도롱뇽과 달리 이 짙은 안개 속에서도 진홍색 벨벳처럼 말라 보인다.

등에는 밝은 귤색 점이 두 줄로 박혀 있다. 점은 새와 포식자에게 보내는 경고다. 가까이 오지 마. 나 독 있어! 영원의 살갗에는 독성이 있어서 대다수 도롱뇽과 달리 포식자를 두려워하지 않는다. 그래

210

서 영원은 여느 도롱뇽이 낙엽 속을 살금살금 기어다니는 동안에도 땅 위를 느긋하게 돌아다닌다. 유독 영원만 살갗이 마른 것은 이 때문이다. 빛을 두려워하는 겁쟁이 사촌과 달리, 영원은 두껍고 방수도 꽤 되는 살갗 덕분에 한낮의 햇볕을 견딜 수 있다.

녀석은 몇 분 정도 가만히 있다가 최면에서 풀린 듯 이끼 위를 다섯 걸음 걷더니 다시 얼어붙는다. 아마도 각다귀나 톡토기, 작은 무척추동물을 찾고 있을 것이다. 녀석의 전략은 먹잇감을 가만히 지켜보다가 확 덮치는 것이다. 이것은 흔한 사냥법이다. 잔디밭 위의 울새를 보라. 아니면 잃어버린 고양이를 찾아다니는 사람을 보라. 같은 움직임 패턴이 관찰될 것이다.

영원의 걸음걸이는 꼴사납기 그지없다. 다리가 몸통 옆으로 삐져나와 노처럼 땅바닥을 휘젓는다. 먼저 뒷다리를 앞으로 휘두른 다음 반대쪽 앞다리를, 그 다음에 반대쪽 뒷다리를 움직인다. 다리를 밖으로 뻗어 앞으로 디딜 때마다 척추가 휘어진다. 척추가 수평으로 하늘거리는 모습이 꼭 물고기가 헤엄치는 것 같다. 영원의 뼈와 근육은 뭍에서 살기에 알맞지만 전반적인 걸음새는 꼬물거리는 물고기를 빼닮았다. 물이나 흙을 뚫고 나아갈 때는 이렇게 몸을 옆으로 뒤트는 동작이 효과적이지만, 2차원 표면에서는 비효율적이다. 한 번에 한 다리씩 걸음을 떼는 도롱뇽은 나머지 세 다리로―또는 배로―균형을 잡아야 한다. 허둥지둥 내달리는 도롱뇽은 빙빙 도는 다리만 보인다.

잽싸게 움직여야 살아남을 수 있는 육상 무척추동물은 어류의 신체 구조를 적어도 세 차례 개량했다. 포유류의 조상과 공룡의 두 계통은 뭍에 올라온 물고기의 비효율적 동작을 각각 변형하여 다리를 안쪽과 아래에서 움직임으로써 몸무게가 발에 직접 실리도록 했다. 그 덕에 균형을 맞추기가 쉬워졌으며 비틀거리지 않고 달릴 수 있게 되었다. 옆으로 건들거리던 척추는 위아래로 구부러졌다. 포유류는 이런 굴신屈伸의 대가다. 덕분에 두 앞다리를 앞으로 내민 채 두 뒷다리에 힘을 실어 밀어내고, 척추를 아래로 구부려 앞다리를 당기면서 뒷다리를 앞으로 보내어 다음 동작을 준비할 수 있다. 도롱뇽은 치타의 엄청난 도약은 말할 것도 없고 쥐의 통통 튀는 걸음걸이조차 흉내 내지 못한다. 아이러니하게도 포유류의 신형 척추는 바다로 돌아가 어류의 낡은 척추와 경쟁을 벌였다. 고래는 육지 출신임을 과시하듯 꼬리를 옆으로가 아니라 위아래로 흔든다. 인어도 그럴 것 같다.

뭍에서는 영원의 척추와 팔다리가 꼴사나워 보이지만, 영원의 한살이 중에서 뭍은 일부에 불과하다. 영원의 영어 이름 중 '에프트eft'는 동부붉은점영원eastern red-spotted newt의 여러 단계 중 하나일 뿐이다. 에프트는 유생 단계와 성체 단계 사이의 중간 단계다. 유생과 성체는 에프트와 달리 물에서 산다. 영원의 알은 연못이나 개울의 물속에서 서식하는 식물에 붙어 자라며, 유생은 알을 먹어치우며 밖으로 나온다. 갓 부화한 새끼는 목에 깃털 달린 아가미가 있으며 몇 달간 물속에서 작은 곤충과 갑각류를 먹으며 산다. 그러다 늦여름이 되면 호르몬이 유생의 몸뚱이에 마법을 건다. 아가미가 녹고 허파가 생기며 꼬리는 지느러미발에서 작대기로 바뀌고 살갗이 질기고 붉어진다. 유생은 사춘기를 심하게 앓으며 찢기고 재구성되어, 땅 위를 걷는 에프트가 된다.

변태한 에프트는 1~3년 동안 뭍에 머물면서, 괴롭히는 어른이 없는 숲에서 풍족하게 산다. 털애벌레처럼, 다른 한살이 단계에서는 접할 수 없는 먹이를 먹으며 살을 찌운다. 몸집이 충분히 커지면 물로 돌아가 다시 한번 탈바꿈한다. 이번에는 생식 기관과 두툼한 꼬리를 갖춘 황록색 피부의 수영 선수가 된다. 성체는 여생을 물에서 지내며 해마다 알을 낳는다. 성체 단계로 10년 이상 사는 녀석도 있다.

만다라의 이 동물에게 신기한 이름이 붙은 것은 이처럼 복잡한 한살이 때문이다. '에프트'는 영원newt를 일컫는 고대 영어로, 미성숙한 육생陸生 단계를 성적으로 성숙한 수생水生 단계와 구분하려고 붙인 이름이다. 알egg, 유생larva, 에프트eft, 성체adult로 이어지는 단계마다 알맞은 이름을 붙이기 위해 학자들은 영어사전을 샅샅이 뒤져야 했다.

번식을 위해 물로 돌아온 영원은 독성이 있는 살갗 덕분에 포식성 어류 곁에서 살아갈 수 있다. 이곳은 독성이 적은 도롱뇽에게는 위험천만한 서식 환경이다. 강에 댐을 건설하고 수많은 저수지를 조성하고 배스를 비롯한 포식자가 득실거리도록 함으로써 인간은 본의 아니게 영원이 도롱뇽 친척들보다 우위에 설 수 있는 여건을 마련했다. 영원은 거대한 진보의 배가 일으키는 파도에 편승하여 살아간다.

도롱뇽의 한살이는 영원의 거듭되는 탈바꿈 이외에도 다양한 형태가 있다. 2월에 만다라를 꿈틀거리며 돌아다닌 플레토돈속은 알 속에서 유생 단계를 보낸다. 부화할 때 이미 성체와 같은 모양이기 때문에 더는 변태하지 않는다. 그래서 플레토돈 도롱뇽은 번식을 위해 물에 들어갈 필요가 없다. 이곳에서 상류로 올라가면 점박이도롱뇽spotted salamander이 봄 한 철 생겼다 없어지는 웅덩이에 알을 낳는다. 유생은 물속에 머물면서, 웅덩이가 말라버리기 전에 성체가 되어 땅속으로 들어가려고 필사적으로 먹이를 찾아 먹는다. (보이지는 않지만) 졸졸 소리 내며 흐르는 개울에는 두 계통의 도롱뇽이 산다. 녀석들은 알-유생-성체 단계를 거치지만, 성체가 되어도 개울에 그대로 머문다. 하류로 내려가면 큰 개울과 강에 진흙강아지mud puppy가 서식한다. 녀석들은 '성체' 단계를 건너뛰고 한살이 내내 아가미 달린 유생의 형태를 유지하며 덜 자란 듯한 몸에 생식 기관을 갖춘다. 이렇듯 생식과 생장의 유연성은 도롱뇽이 번성하는 데 큰 몫을 했다. 도롱뇽은 환경에 적응하여 생활상을 바꾸며, 어떤 척추동물보다도 다양한 민물 서식처와 뭍 서식처에서 살아간다.

\* \* \*

성적 유연성의 대표 주자가 시야에서 사라지니 또 다른 적응 챔피언의 소리가 만다라에 울려 퍼진다. 고음으로 컹컹 짖는 소리가 어수선하게 들리더니 낮게 으르렁거리는 소리가 화답한다. 그러다 두 소리가 으르렁 컹컹 하고 어우러진다. 코요테다. 매우 가까이 있다. 만다라 동쪽으로 서른 발짝 떨어진 돌 더미에서 어미 코요테가 새끼를 맞이하는 소리인 듯하다.

코요테 새끼는 단풍나무에 잎이 돋은 4월 초에 태어났다. 부모는 한겨울에 구애와 짝짓기를 했으며, 수컷은 포유류로서는 드물게 임신 기간 내내 암컷 곁에 머물며 새끼가 태어난 뒤로도 몇 달 동안 새끼에게 먹이를 가져다준다. 이제 새끼들은 어미가 보금자리로 선택한 동굴이나, 속이 빈 통나무, 땅굴을 떠날 때가 되었다. 부모가 반쯤 자란 새끼들을 약속 장소에 데려다놓으면 새끼들은 부모가 먹이를 찾는 동안 빈둥거리거나 뛰논다. 어미 코요테는 새끼로부터 1.5킬로미터가량 떨어지기도 하는데, 저녁 어스름에 반가운 울음소리를 내며 돌아와서는 새끼를 먹이고 돌보고 함께 쉰다. 내가 들은 소리는 아마도 이 재결합의 탄성이었을 것이다. 젖 뗀 새끼는 처음에는 어미가 게워낸 먹이를 먹다가 나중에는 씹지 않은 고깃점을 먹는다. 새끼들은 늦여름과 가을 내내 스스로 멀리까지 돌아다니다 결국 늦가을이나 겨울에 새 영역을 찾아 보금자리를 떠난다. 임자 없는 알맞은 땅을 찾기란 쉬운 일이 아니기 때문에, 새끼들은 어미의 굴에서 십여 킬로미터, 때로는 백여 킬로미터나 떨어지기도 한다.

코요테의 요들송이 만다라에 울려 퍼진 지는 그리 오래되지 않았다. 코요테와 비슷한 동물이 산 지는 수만 년이 지났지만 이 코요테의 원형은 인간이 도착하기 오래전에 멸종했다. 아시아에서, 또한 훗날 유럽과 아프리카에서 인간이 도착했을 때 코요테는 서부와 중서부의 대초원과 관목지에 서식했으며 늑대는 덩치 작은 사촌 코요테의 방해를 받지 않고 동부의 숲을 지배했다. 하지만 지난 200년 동안 늑대는 급속히 감소했으며, 코요테는 수십 년 만에 북아메리카 대륙의 동쪽 절반을 차지했다. 두 갯과 동물의 팔자가 뒤바뀐 이유는 무엇일까? 유럽인들이 북아메리카에 발을 디뎠을 때 왜 늑대는 타격을 입고 코요테는 대륙의 절반에 퍼질 수 있었을까?

늑대가 유럽 문화에서 차지하는 상징적 역할은 북아메리카 늑대가 가혹한 박해를 당할 것임을 예고했다. '신세계'에서의 첫날 밤 메이플라워 호 청교도들을 깨운 늑대 울음소리는 '구세계'에서의 깊은 두려움을 일깨웠다. 늑대는 유럽에도 서식했다. 식민지 개척자들의 신화는 늑대 이야기로 흠뻑 젖어 있었다. 유럽인들은 늑대를 두려운 존재로 여겼으며, 다스릴 수 없는 악과 더불어 인간을 향한 자연의 욕망(늑대의 포식 본능)을 상징한다고 생각했다. 유럽에서 늑대가 몰살당하면서 인간과 늑대의 거리가 멀어졌는데, 이 때문에 늑대에 대한 두려움이 오히려 실제 이상으로 과장되었다. 메이플라워 호가 코드 곶에 상륙했을 때 청교도들은 음산한 울음소리에 저절로 소름이 돋았다. 두려운 존재로 각인된, 하지만 한 번도 만난 적 없는 동물과 마침내 대면한 것이다. 메이플라워 호가 항해할 당시 영국에서는 늑대가 이미 1세기 전에 멸종했지만 이곳 야만의 신세계에서는 어딜 가나 늑대가 출몰하는 듯했다.

사람들의 두려움이 완전히 터무니없는 것은 아니었다. 늑대는 대형 포유류를 즐겨 사냥하는 육식동물이다. 집단을 이루어 사냥하기 때문에 인간을 비롯하여 자기보다 덩치 큰 동물을 쉽게 잡을 수 있다. 우리는 늑대의 먹잇감이니 두려워하는 것이 당연하다. 게다가 늑대의 행태가 우리의 두려움을 부채질한다. 늑대 무리는 혼자 길을 걷는 사람을 며칠씩 따라다니는데, 죽이려고 그러는 것일 수도 있고 아닐 수도 있다. 이런 행동은 늑대를 서구 문화에서 악을 상징하는 위치에 올려놓았다. 인간은 늑대가 좋아하는 먹잇감 목록에서 끄트머리에 있지만 이 사실이 두려움을 가라앉히지는 못했다. 거대하고 사악한 늑대가 신화에 자리 잡는 데는 몇 차례의 공격과 스토킹으로 충분했다.

북아메리카에서는 덫, 독약, 총을 이용한 직접 공격이 늑대를 몰살시킨 주요 수단이었다. 하지만 늑대에 대한 공격은 간접적으로도 이루어졌다. 식민지 개척자들이 나무를 남벌하고 사슴을 마구 사냥하면서 북아메리카 동부는 먹잇감이 풍부한 숲에서 사슴을 찾아볼 수 없는 농장, 마을, 만신창이가 된 벌목지로 바뀌었다. 대형 초식동물의 으뜸가는 포식자 늑대는 구석으로 밀려났다. 유일한 먹잇감은 과거에 숲이던 지역에서 풀을 뜯는 가축뿐이었다. 늑대가 가축 우리를 공격하면서 사람들의 분노가 커졌으며, 정착민들은 늑대를 몰아내리라 다짐했다. 새 정부는 늑대 박멸을 목표로 삼았다. 각 주州는 사냥꾼을 고용하고, 현상금을 내걸었으며, 늑대와 아메리카 원주민을 동시에 공격하고자 '인디언'들에게 해마다 늑대 가죽을 세금으로 부과했다. 세금을 내지 못하면 '모진 채찍질'로 처벌했다. 늑대는 숲의 먹이 사슬 꼭대기에 올라와 있지만 그 자리는 위태롭다. 까다로운 입맛과 식민지 개척자들의 두려움 탓에 늑대는 살아남지 못했고 먹이 사슬은 북유럽처럼 재편되었다.

코요테는 먹이 사슬 꼭대기에 죽치고 앉아 있기보다는 이리저리 쏘다니기를 더 좋아한다. 사람들이 도끼, 쟁기, 전기톱으로 숲을 개간하고 목초지를 조성하고 숲 가장자리가 관목지로 바뀌자 설치류, 물열매(과육과 액즙이 많고 속에 씨가 들어 있는 과실. 장과漿果_옮긴이), 토끼, 작은 가축 등이 풍부해졌다. 전부 코요테가 좋아하는 먹잇감이다. 코요테는 흉포하지는 않지만 유연하며, 먹잇감이 하나 사라져도 생존 능력에 별 영향을 받지 않는다. 혼자 사냥할 수도 있고 집단으로 할 수도 있어서, 환경에 맞게 사회 구조를 바꾼다. 게다가 걸림돌이던 늑대도 박멸되었다. 나긋나긋한 서부의 침입자 코요테를 괴롭히고 가로막을 늑대는 어디에도 없었다.

코요테는 늑대 같은 최상위 포식자와 달리 개체 수가 많아서 박멸하기가 여간 힘들지 않다. 프랑스 혁명에서 드러났듯, 또한 미국 정부의 육식동물 개체 수 억제 정책에서 다시 한번 드러났듯, 왕을 죽이는 것은 쉽지만 상류층을 몰아내는 것은 어렵다.

코요테는 늑대와 달리 문화적 낙인이 찍히지도 않았다. 북아메리카 토종이기에 유럽인들의 신화에 등장한 일도 없다. 코요테는 가축을 사냥하지만 인간은 건드리지 않는다. 양 치는 농부는 코요테를 죽이거나 그래달라고 정부에 건의하겠지만, 코요테 울음소리가 마을 주민들의 공포를 자극한 적은 한 번도 없다. 마당에서 노는 아이가 코요테에게 습격당할까봐 코요테를 사냥하고 다니는 아버지도 없었다.

코요테는 1930년대와 1940년대에 북아메리카 북동부 끝까지 밀고 들어갔다. 그 뒤로 1950년대에 남부 침공이 시작되었으며 1980년대에는 플로리다에 도달했다. 코요테가 만다라에 들어온 것은 1960년대나 1970년대 어느 무렵이다. 붉은색과 회색의 토종 늑대 두 마리가 자취를 감춘 지 약 100년 뒤다. 서쪽에서는 침입하는 코요테의 서식처와 감소하는 늑대의 서식처가 겹쳤다. 그 와중에 늑대 잔당의 유전자가 코요테에게 흘러들었을지도 모른다. 남부의 초창기 코요테는 유독 색깔이 붉고 덩치가 컸는데, 녀석들은 아마도 코요테와 붉은늑대의 잡종이었을 것이다. 살아 있는 늑대와 코요테의 DNA를 분석하고 코요테보다 이른 시기의 박물관 박제의 DNA와 비교했더니 회색늑대와 붉은늑대 둘 다 코요테와 유전자가 섞였다는 결과가 나왔다. 따라서 만다라 옆에서 길게 우는 코요테 몸속에는 늑대의 피가 흐르고 있을지도 모른다.

코요테는 생물학적 유동성 덕분에 늑대의 빈자리에 흘러들 수 있었다. 사슴이 풍부해지자 코요테는 관목지에서 숲으로 퍼졌다. 동부 코요테는 서부 조상들보다 덩치가 크며, 일부 북부 지역에서는 입맛이 까다로워져 사슴만 잡아먹기 시작했다. 새끼 사슴은 예전부터 잡아먹었지만, 우람한 신종 코요테는 무리 지어 사냥하기 때문에 다 자란 건강한 사슴도 먹잇감으로 삼을 수 있게 되었다. 마치 늑대의 영혼이 돌아오는 듯하다. 자신의 유전자를 심어 친척 코요테의 몸을 바꿈으로써 말이다.

코요테가 동부를 차지하는 과정은 숲과의 춤이었다. 코요테의 식성과 행동은 동부의 리듬에 맞추어 스텝을 밟았다. 파트너인 숲은 새 스텝을 덧붙이고 잊히다시피 한 옛 동작을 생각해냈다. 이제 사슴은 야생 포식자를 만났다. 질병, 들개, 자동차, 총에 이은 새로운 위험이었다. 먹성 좋은 코요테는 사슴을 잡아먹는 것 말고도 숲의 춤에 또 다른 영향을 미쳤다. 유실수는 씨앗을 수킬로미터 밖으로 날라다주는 새 배달부를 얻었다. 작은 포유류는 두려움에 떨며 살아가게 되었다. 코요테는 아메리카너구리와 주머니쥐, 그리고 애완동물 애호가들이 경악을 금치 못하게도 집고양이의 개체 수를 줄이고 있다. 코요테가 작은 탐식가 고양이의 개체 수를 억제한 덕에 새들은 예상 밖의 행운을 맞았다. 코요테가 서식하는 지역은 명금류가 둥지를 짓고 새끼를 키우기에 더 안전하다.

이렇듯 코요테가 숲의 일원이 되면서 곳곳에 요철과 경사가 생겼다. 포식자가 등장하면 먹잇감의 먹잇감은 살기가 편안해진다. 물론 숲의 나머지 부분도 나름의 영향을 받는다. 먹이 사슬을 누비는 코요테는 열매를 먹고, 열매를 먹는 설치류를 죽이고, 열매와 설치류를 먹는 아메리카너구리를 먹기 때문에, 어떤 생태적 효과를 가져올지 예측하기 힘들다. 종자 분산에는 이로울까, 해로울까? 쥐가 줄고 새가 늘면 진드기는 어떻게 될까? 숲의 미래는 (부분적으로) 이 물음의 답이 무엇인가에 달려 있다.

코요테는 숲의 과거에 대해서도 가르쳐준다. 원래 무용수이던 늑대는 사라졌지만, 이들의 대역인 코요테는 숲이 누리던 과거의 영광과 화려한 동작을 엿보게 해준다. 사슴도 옆에서 거든다. 자기 배역

만 하는 것이 아니라 말코손바닥사슴, 맥, 아메리카숲들소<sup>woodland bison</sup>,
기타 멸종 초식동물의 역할까지 떠맡았다. 따라서 미국 동부에서 코
요테와 사슴이 번성한 것은 우리 문화가 숲에 깊은 영향을 미친 흔
적일 뿐 아니라 개척자와 총, 전기톱이 도착하기 전 아메리카 대륙의
등장인물과 플롯으로 복귀하는 것이기도 하다.

만다라는 오래된 숲에 자리 잡고 있지만 이곳의 생명 흐름은 주위
환경에서 흘러드는 물줄기에 많은 영향을 받는다. 코요테가 만다라
에 서식하는 것은 유럽의 식민지 개척으로 북아메리카에 일어난 일
련의 변화 때문이다. 이 변화는 수생 생태계에도 변화를 미쳤는데,
인간이 모든 하천에 댐을 건설하여 수십 개의 저수지와 연못을 만
들지 않았다면 만다라에 서식하는 영원의 개체 수는 훨씬 적었을 것
이다.

만다라 생태계는 세심하게 설계되고 구획된 작은 선방<sup>禪房</sup>에 홀로
들어앉아 있는 것이 아니다. 만다라의 알록달록한 모래는 사방을 적
시며 방향을 바꾸는 강에서 나왔다가 다시 강으로 돌아간다.

8월 8일

# 방귀버섯

여름의 열기가 만다라의 품속에서 또 다른 균류를 꾀어냈다. 감귤색 종이꽃비가 나뭇가지와 낙엽을 덮었다. 바닥에 떨어진 가지에 돋은 줄무늬선반버섯striated bracket fungus이다. 젤리처럼 생긴 오렌지갓버섯orange waxy cap과 세 종류의 갈색주름버섯brown gilled mushroom이 낙엽층 틈새로 고개를 내밀었다. 이 죽음의 부케에서 가장 매혹적인 녀석은 낙엽 더미 사이에 자리 잡은 방귀버섯earthstar이다. 가죽 같은 겉껍질은 여섯 조각으로 갈라져 꽃잎처럼 벌어졌다. 이 갈색 별 한가운데에는 찌그러진 공이 놓여 있고 공 꼭대기에 까만 구멍이 뚫려 있다.

만다라의 표면을 훑으니 온갖 균류의 몸체가 눈을 즐겁게 한다. 그러다 가장자리에 있는 흰색 돔 두 개가 눈길을 사로잡는다. 돔은 분해 중인 낙엽이 움푹 파인 곳에 솟아 있다. 자세를 가다듬고 고개

222

를 들이민다. 아니, 골프공이잖아! 개울에 버린 맥주 깡통이나 나무 껍질에 붙인 풍선껌처럼, 이 플라스틱 구체는 지독하게 추하고 생뚱맞다.

골프공은 만다라 위로 우뚝 솟은 높은 절벽에서 날아왔다. 골프 치는 친구가 말하길 낭떠러지 끝에서 샷을 날리면 그렇게 통쾌할 수가 없다고 한다. 이곳 골프장은 절벽 가장자리까지 코스가 나 있어 이 짜릿함을 만끽할 기회가 얼마든지 있다. 대부분의 공은 만다라 서쪽에 떨어지는데, 동네 아이들이 모아다가 골프객에게 다시 판다.

번들거리는 흰색 플라스틱 공은 숲에서 눈에 확 띈다. 하지만 골프 공이 거슬리는 또 다른 이유는 평행 우주에서 왔기 때문이다. 만다라의 생태 공동체는 수많은 종이 상호 작용을 주고받은 결과이지만, 골프장의 생태 공동체는 단 한 종의 머릿속에서 착안한 외래종 풀을 단작한 결과다. 만다라에서는 눈에 보이는 것이라고는 오로지 섹스와 죽음뿐이다(낙엽, 꽃가루, 노래하는 새). 이에 반해 골프장은 청교도적 관리인의 손에 정화되었다. 잔디는 어린 시절을 영원히 누리도록 비료를 주고 웃자란 부분을 깎아준다. 줄기가 마르지도 꽃을 피우지도 씨를 맺지도 않는다. 섹스와 죽음은 거세되었다. 괴상한 나라다.

여기서 딜레마가 발생한다. 나는 골프공을 치워야 할까, 그 자리에 두어야 할까? 골프공을 치우면 만다라에 간섭하지 않는다는 규칙을 깨뜨리게 된다. 하지만 만다라가 자연에 더욱 가까운 상태로 회복될 테고 그 자리에서 들꽃이나 양치식물이 자랄지도 모른다. 버려진 골프공은 만다라에 하등의 도움이 되지 않는다. 썩어서 영양분을 공급하지도, 또 다른 종의 보금자리가 되지도 않는다. 에너지와 물질의 거대한 순환은 바닥에 널브러진 골프공 앞에서 정지한다.

그래서 처음 든 충동은 골프공을 치워서 만다라의 '순수함'을 회복하고 싶다는 것이었다. 하지만 이 충동에는 두 가지 문제가 있다. 첫째, 골프공을 치워도 만다라가 산업 부산물로부터 완전히 깨끗해지지는 않는다. 산, 황, 수은, 유기 오염 물질이 끊임없이 비에 섞여 내리기 때문이다. 만다라에 있는 모든 생물의 몸속에는 바깥 세상의 분자 골프공이 흩뿌려져 있다. 나 또한 옷에서 떨어진 섬유 가닥, 외부의 세균, 숨으로 내쉰 외부 분자 따위를 만다라에 더했다. 심지어 만다라 생물들의 유전 부호에도 산업의 낙인이 찍혔다. 날아다니는 곤충, 특히 사람 가까이에 살던 조상의 후손들에게는 많은 살충제에 대한 내성 유전자가 들어 있다. 따라서 골프공을 치우는 것은 인간의 이 모든 인공물 중에서 가장 눈에 띄는 것을 눈에 보이지 않게 하여 숲이 인간과 분리된 '순수한' 존재라는 환상을 유지할 뿐이다.

순수의 충동은 심층적인 두 번째 차원에서 무너질 것이다. 인간의 인공물은 자연에 묻은 얼룩이 아니다. 이런 시각은 인간과 나머지 생명 공동체를 갈라놓는다. 골프공은 똑똑하고 놀기 좋아하는 아프리카 영장류의 마음이 물질로 구현된 것이다. 이 영장류는 신체적·정신적 솜씨를 겨루는 놀이를 고안하는 일을 좋아한다. 일반적으로 이런 놀이가 펼쳐지는 무대는 이 영장류가 떠나온, 지금도 무의식적으로 갈망하는 사바나를 꼼꼼하게 재구성한 복사판이다. 똑똑한 영장류는 이 세계에 속한다. 영장류의 생산물도 이 세계에 속할 것이다.

이 유능한 영장류가 자신의 세계를 통제하는 데 능숙해지는 과정에서, 의도하지 않은 부작용이 생긴다. 이를테면 지금껏 보지 못한 화학 물질을 합성할 수 있는데, 그중 일부는 생명체에 유독하다. 대다수 영장류는 이러한 역효과를 미처 생각하지 못한다. 하지만 이 사실을 아는 영장류는 자신의 종이 세상에 미친 영향을 굳이 눈으로 확인하고 싶어 하지 않는다. 특히 아직까지 비교적 멀쩡해 보이는 곳에서라면 더더욱 그렇다. 나도 그런 영장류 중 하나다. 따라서 골프공이 숲에 떨어진 것을 보았을 때 내 마음은 골프공과 골프장, 골프객, 이 모두를 낳은 인류 문화를 욕한다.

하지만 자연을 사랑하고 인류를 증오하는 것은 비논리적이다. 인류는 전체의 일부이기 때문이다. 세상을 진정으로 사랑하려면 인류의 창의성과 놀이 본능 또한 사랑해야 한다. 인간의 인공물이 남아 있다고 해서 자연이 아름답지 않거나 일관되지 않은 것은 아니다. 물론 우리는 덜 탐욕스럽고 덜 어지르고 덜 낭비하고 덜 근시안적이어야 한다. 하지만 책임감을 자기 혐오로 바꾸지는 말자. 우리의 가장 큰 실패는 세상에 대한 연민을 품지 못한다는 것이다. 이 '세상'에는 우리 자신도 포함된다.

그래서 나는 골프공을 만다라에 내버려두기로 마음먹는다. 숲의 다른 곳에서는 이상한 플라스틱 물건을 발견하면 여전히 치울 것이지만, 이곳에서는 그러지 않을 것이다. 오솔길과 마당을 '자연풍'으로 가꾸는 것은 가치 있는 일이다. 산업 생산물에 시달린 눈에는 휴식이 필요하기 때문이다. 숲에 쓰레기를 버리지 않는 것은 생명 공동체의 사려 깊은 구성원이 되고자 하는 바람의 표현이다. 물론 버려진 골프공을 비롯하여 있는 그대로의 세상에 참여하는 연습을 하는 것 또한 가치 있는 일이다.

하지만 전혀 분해되지 않는 골프공은 만다라의 생물들에 대한 모독이다. 18세기와 19세기의 골프공은 목재, 가죽, 깃털, 나뭇진樹脂으로 만들어서 생분해되었지만, 현대의 '이온 강화 열가소성 플라스틱' 공은 세균이나 균류가 먹지 못한다. 이런 골프공이 해마다 10억 개씩 만들어지고 있다. 이 공들은 그린에서 몇 번 통통거리며 구른 뒤에 영영 쓰레기로 버려질 운명일까? 꼭 그런 건 아니라고 생각한다. 만다라의 골프공은 밑에 있는 유기물이 썩으면서 낙엽을 뚫고 가라앉을 것이다. 몇 년이 지나면 사암에 닿을 테고 만다라 저 밑바닥에 있는 돌무더기 사이에 안착할 것이다. 그곳에서 이온 강화 열가소성 플라스틱 먼지가 될 것이다. 우리가 앉아 있는 벼랑은 동쪽으로 밀려가고 있으므로, 천천히 부대끼는 바위 틈바구니에서 마모되어 가루가 될 테니 말이다. 결국 골프공 분자는 꽉 눌린 퇴적층이나 뜨거운 마그마 웅덩이에서 새로운 암석으로 굳어질 것이다. 보기와 달리, 골프공은 물질 순환의 종착점이 아니다. 채굴된 석유와 광물을 취하여 새로운 형태로 변환하고 잠시 하늘로 솟았다가 자신의 원자를 느린 지질학적 춤에 돌려주는 것이다.

또 다른 운명도 가능하다. 만다라 골프공을 에워싼 버섯이 플라스틱을 소화하여 재활용하는 방법을 고안해낼지도 모른다. 균류는 분해의 달인이므로, 자연 선택을 통해 식食플라스틱 버섯이 탄생할지도 모를 일이다. 플라스틱에는 막대한 양의 물질과 에너지가 갇혀 있다. 소화액으로 이 꽁꽁 묶인 자산을 풀어내어 생명을 불어넣을 수 있는 돌연변이 균류에게는 진화적 승리가 기다리고 있다. 균류와, 부식 산업의 팔방미인 동반자 세균은 정제된 석유나 공장 폐수 같은 인공 화학 물질에서도 번성할 수 있음을 이미 입증했다. 어쩌면 골프공이 다음번 혁신의 대상이 될지도 모른다. "내 말 듣고 있나? 플라스틱 말일세. 플라스틱은 눈부신 미래를 약속하지."(영화 〈졸업〉에서 맥과이어 씨가 주인공 벤에게 건네는 조언_옮긴이)

8월 26일

# 여치

찌르르 찌르르! 찌르르 찌르르! 온 숲이 진동한다.

저녁의 만다라는 어둑어둑하고 흐릿하고 빛과 어두움으로 얼룩덜룩하다. 빛이 잦아들면 합창 소리가 더 시끄럽게 귓청을 때린다. 찌르르 찌르르! 찌르르 찌르르! 여치 수천 마리가 나무 위에서 두 박자로 목청을 높인다. 이따금 솔로 가수의 곡조가 홀로 들려올 때도 있지만, 대개는 다른 여치의 노래와 어우러진다. 여치는 숲에 물음을 던지고 제 스스로 대답한다. "케이티디드. 쉬디든트"(케이티가 그랬니? 안 그랬어!) (여치의 소리에 빗댄 영어 이름 '케이티디드 katydid'를 'Katy did' 로 풀어낸 말장난_옮긴이). 잠시 정적이 흐르다 다시 묻고 답한다. 외침이 서로 섞이며, 휘몰아치는 박자를 만들어낸다. 1분 남짓 리듬을 유지하는가 싶더니 박자가 맞지 않는 소음이 되었다가 다시 합창으로 돌아간다.

이 같은 노랫소리의 집중포화는 숲의 대단한 생산력이 소리로 표현된 것이다. 여치의 에너지는 본디 나무의 에너지였고, 나무의 에너지는 본디 태양의 에너지였다. 새끼 여치는 여름 내내 잎을 먹고 살며, 허물을 벗을 때마다 크기가 커져 결국 엄지손가락만 한 성체가 된다. 그러니 숲의 식물들에 들어 있는 세찬 기운이 웅장한 소리의 폭발로 전환된 셈이다. 여치의 학명 프테로필라 카멜리폴리아*Pterophylla camellifolia*, 즉 '동백나무의 왼쪽 날개'는 여치와 식물의 관계를 잘 나타낸다. 여치의 생명은 잎에서 양분을 얻고 잎으로 이루어졌을 뿐 아니라 여치의 생김새 자체가 잎을 닮았다.

여치의 악기는 날개다. 머리 바로 뒤 왼쪽 날개 뿌리에는 '줄file'이라는 주름진 이랑이 있다. 오른쪽 날개에는 줄 맞은편으로 혹(마찰편)이 나 있다. 여치는 날개 뿌리를 마주치며 마찰편을 채 삼아 줄을 뜯어 소리를 낸다. 그렇다고 해서 잡동사니 소품을 두드리는 아마추어 밴드를 떠올리면 섭섭하다. 여치는 거장 바이올린 연주자처럼 현의 강약과 기울기, 길이를 조절한다. 여치의 속주速奏는 콘서트홀의 대가와 시골의 플랫피킹(기타를 피크로 연주하는 것_옮긴이) 기타 명수의 코를 납작하게 한다. 어떤 종種은 1초에 100번 이상 현을 퉁기는데, 줄에 돌기가 촘촘히 나 있어서 소리가 1초에 5만 번이나 진동한다. 이는 인간의 가청 영역을 뛰어넘는다. 만다라의 여치는 감미로운 연주자여서 음파를 5000~10000번 정도만 진동시킨다. 녀석들이 내는 소리는 피아노의 최고음보다 더 높지만, 이 정도면 구슬픈 울음을 우리 귀로 감지할 수 있다.

여치는 마찰편과 채만 가지고 소리를 내는 것이 아니다. 여치가 이토록 시끄럽게 울 수 있는 비결은 날개에 덧붙은 피부가 밴조의 울림통처럼 마찰편의 진동을 공명시켜 증폭하기 때문이다. 이 피부는 아주 팽팽해서 공명음이 원음과 달라진다. 이렇게 조율이 어긋난 탓에 진동이 충돌하여 여치 특유의 불협화음이 생기는 것이다. 이에 반해 귀뚜라미는 사촌 여치와 달리 피부가 줄과 똑같이 조율되어 있어서 거슬리는 곁소리가 없는 말끔한 음으로 노래한다.

사람이나 새처럼 여치의 노래도 지역마다 사투리가 있다. 북부와 중서부의 여치는 두세 어절로 느리게 노래한다. "케이티, 케이티디드, 쉬디든트"(케이티, 케이티가—그랬어. 안—그랬어). 남부 여치는 여기에 두 어절을 덧붙이고 더 빨리 읊조린다. "케이티디든트, 쉬디든트, 디드쉬, 케이티디드"(케이티가—안—그랬어, 안—그랬어, 그랬어? 케이티가—그랬어). 서부에서는 한두 어절만 가지고 느리게 부른다. "케이티, 디드, 디드, 케이티"(케이티, 그랬어, 그랬어, 케이티). 물론 케이티의 사연은 여러 가지로 해석할 수 있다. 이 사투리가 어떤 역할을 하는지 어떤 효과가 있는지는 알려지지 않았다. 숲의 음향 특성에 맞게 노래를 적응시켰기 때문일까? 아니면 지역마다 암컷의 취향이 다르기 때문일까? 생태적으로 달리 적응한 개체끼리 짝짓기하지 않도록 소리로 알려주는 것일까?

하지만 여치의 합창은 이내 매미의 짧은 아우성에 묻혀버린다. 매미는 타는 듯한 여름 오후에 노래하며 어스름이 깔리면 음향의 지배자 자리를 내놓는다. 구슬픈 가락을 뽑아내는 매미의 악기는 여치의 마찰편, 이랑, 울림통보다 더 신기하다. 몸통 양쪽의 딱딱한 겉뼈대 안에는 원반이 들어 있다. 원반은 창살이 빽빽한 선실 창문처럼 생겼다. 창살은 딱딱한 막대기로, 탁 하고 젖힐 수 있다. 원반에 붙은 근육이 수축하면 막대기가 잇따라 젖혀지면서 트릴을 연주하고, 근육이 이완하면 막대기가 탁 하고 제자리로 돌아간다. 매미의 몸통 안에는 막과 (공기로 채운) 주머니가 있어서 탁 소리를 증폭한다. 이 주름진 원반은 동물 중에서 매미에게만 있는 진동막이다.

매미와 여치 둘 다 식물로부터 에너지를 얻는다. 매미 애벌레는 땅속에서 나무에 기생하며, 두더지처럼 주사기 같은 주둥이로 나무 뿌리에서 수액을 빨아 먹는다. 금세 자라는 여치와 달리, 새끼 매미가 다 자라려면 여러 해가 걸린다. 그러니 오늘의 매미 합창을 위해 나무는 너덧 해 동안 수액을 공급해야 했던 것이다. 따지고 보면 굴에서 나와 나무에 기어오른 두더지의 노래인 셈이다.

여치와 매미의 암컷은 나무 꼭대기를 돌아다니면서, 소리를 보태지는 않고 수컷들의 합창을 듣기만 한다. 여치는 다리의 신경으로 듣고 매미는 배에 귀가 달렸다. 수컷 가수가 우렁찬 소리로 좌중을 압도하면 관객들이 가까이 다가가 귀를 기울이다가 짝짓기를 한다.

짝을 만난 여치 수컷은 작은 정자 주머니와 함께 '결혼 선물'로 두둑한 식량을 내어준다. 식량 주머니는 수컷 몸무게의 5분의 1에 달한다. 식량 주머니 만드는 일은 여간 힘들지 않기 때문에 수컷의 배는 대부분이 식량 주머니 샘으로 차 있다. 선물의 쓰임새는 종마다 다르다. 어떤 암컷은 수컷이 준 식량을 알 만드는 데 쓰고 또 어떤 암컷은 자기 수명 늘리는 데 쓴다.

노래하는 수컷 여치에게는 안된 일이지만 객석에는 암컷만 있는 것이 아니다. 노래를 부르면 새에게 발각될 위험이 커질 수밖에 없다. 특히 뻐꾸기는 여치를 즐겨 사냥한다. 하지만 가수 여치의 가장 많고 무서운 적은 기생파리다. 이 털북숭이 곤충은 성충이 되어서는 꿀을 먹지만 애벌레일 때는 다른 곤충에게 기생한다. 기생파리 중에서 여치를 숙주로 삼는 몇 종은 여치의 노랫소리를 듣는 귀가 틔었다. 어미 기생파리는 노래를 엿듣다가 여치에게 접근하여 바로 곁에 착륙한 뒤에 꿈틀거리는 애벌레를 부려놓는다. 애벌레는 희생자에게 몰려들어 몸속으로 파고든다. 기생파리 애벌레는 털애벌레 몸속의 맵시벌처럼 여치를 속에서부터 천천히 먹어치운다. 어미 기생파리는 순전히 소리에 의존하여 치고달리기 전략을 구사하므로 희생자는 예외 없이 수컷이다.

\* \* \*

어둠이 깔린다. 매미가 마침내 노래를 그친다. 내일 낮의 열기가 매미의 잠을 깨울 때까지 합창은 휴식이다. 몇 종의 여치도 휴식에 동참한다. 작은각진날개여치$^{lesser\ angle-wing\ katydid}$가 숲의 마라카스(곤봉처럼 생겼으며 흔들어서 소리를 내는 리듬 악기_옮긴이)처럼 서걱거리는 소리를 낸다. 다른 종의 처량한 울음과 윙윙거리는 소음도 합창에서

두드러져 들린다. 저 위에서 잎을 먹는 곤충이 얼마나 다양한지 짐작
할 만하다.

어스름이 더욱 깔리니 앞이 보이지 않는다. 숲은 나를 둘러싸고
어두운 물결 속에 부풀었다가 마침내 암흑에 젖어든다.

환희의 송가만이 우레처럼 울려퍼진다. 찌르르 찌르르! 찌르르 찌
르르!

# 약

　오전의 강렬한 햇빛에 충만한 기쁨을 느낀다. 만다라 가는 길에
가로놓인 개울에서 몸을 씻는 이주성 휘파람새 여남은 마리를 본 덕
에 기분이 한껏 들떴다. 녀석들은 얕은 개울 웅덩이에 서서 깃털을
부풀린 채 몸을 담갔다 털었다 했다. 몸을 털 때마다 물방울이 후광
처럼 은빛으로 반짝였다. 말 그대로 햇빛 세례를 받는 듯했다.

　새들이 마음껏 물놀이를 즐기는 광경이 더더욱 뿌듯했던 것은 얼
마 전에 이 개울에서 벌어진 소란 때문이다. 이틀 전에 만다라에서
돌아오는데 개울이 쑥대밭으로 변해 있었다. 자갈은 죄다 뒤집히거
나 내팽개쳐져 있었다. 밀렵꾼들이 들어와, 미끼로 쓸 도롱뇽을 눈
에 띄는 대로 잡아들이느라 벌어진 일이다. 개울은 철저히 유린당했
다. 숲의 도롱뇽들은 낚싯바늘에 꿰이거나 악취 나는 미끼 양동이에

처박힌 채 죽어갈 것이다. 욕지기와 울분이 치밀었다. 치솟는 분노를 속으로 삭히며 계속 걸었다. 마음을 꽉 다잡은 채 언덕 위로 올라갔다. 그런데 절벽 아래에 이르자 긴장의 끈이 툭 하고 끊어졌다. 심장이 갑자기 잔떨림(세동. 근육의 섬유가 여기저기서 무질서하게 수축을 되풀이하는 상태_옮긴이)을 시작했다. 맥박이 불규칙하게 널뛰기를 했다.

간신히 읍내까지 자전거를 타고 가서 몇 시간 동안 병원에서 링거 주사를 맞았다. 심장은 두어 시간 만에 정상을 되찾았고 나는 하루 동안 휴식을 취한 뒤에 숲으로 돌아왔다. 그런 탓에 오늘 휘파람새의 눈부신 아름다움이 더더욱 달콤하게 느껴진다. 그날의 상심을 달래주기라도 하듯.

만다라에서 나는 새로운 눈으로 식물을 본다. 생태 공동체와 더불어 이제는 약전藥典(원래는 국가가 약품에 대하여 약제의 처방 기준을 정한 책_옮긴이)이 보인다. 이런 새로운 시각을 가지게 된 것은 병원에서 처방받은 두 가지 의약품 때문이다. 둘 다 식물에서 추출한 성분으로 만들었다. 본디 버드나무 껍질과 톱니꼬리조팝나무meadowsweet 잎의 추출물인 아스피린은 내 세포 속으로 미끄러져 들어와 모기와 진드기가 나를 물 때 분비하는 화학 물질처럼 혈액 응고를 막아준다. 디기탈리스foxglove 잎에서 추출한 디기탈리스는 나의 심장 세포에 달라붙어 화학적 균형을 조절하고 심장을 더 힘차고 일정하게 뛰게 했다.

처음 병실에 누웠을 때는 자연과 분리되었다는 느낌이 들었지만 그것은 착각이었다. 자연의 덩굴손이 병실로 기어들어 알약을 통해 내게 와 닿았다. 식물은 내 안에서 어우러졌으며 식물의 분자는 내 분자를 찾아 꼭 끌어안았다. 이제 나는 만다라에서도 이러한 연관성을 본다. 어떤 종이든 대단한 의학적 잠재력을 지니고 있다. 버드나무, 톱니꼬리조팝나무, 디기탈리스는 이곳에서 자라지 않지만, 만다라의 식물들은 제 나름대로 치유의 힘이 있다.

메이애플은 이 산허리에서 가장 흔한 식물 중 하나로, 우산 모양 잎이 만다라 여기저기에서 고개를 내밀고 있다. 발목 높이까지 자란 메이애플 잎은 숲 바닥 아래의 줄기에서 돋는다. 줄기는 수평으로 자라며 낙엽층을 뚫고 가지를 치는데, 가로 몇 미터 정도 되는 면적에 수십 장의 잎을 틔울 때까지 서서히 뻗어 나간다. 아메리카 원주민은 오래전부터 메이애플에 강력한 효능이 있음을 알았다. 메이애플 추출물은 극소량을 하제(설사가 나게 하는 약_옮긴이)나 회충약으로 썼으며, 새로 심은 옥수수의 씨앗을 까마귀와 곤충으로부터 보호하려고 다량 투여했다(사람이 다량 섭취하면 치명적이다).

현대에 메이애플을 연구했더니 그 속에 함유된 화학 성분이 바이러스와 암세포를 죽인다는 결과가 나왔다. 현재 메이애플 추출물은 바이러스성 사마귀 치료 연고의 성분이며 실험실에서 화학적으로 처리하여 암 화학 요법에 쓴다. 메이애플이 없었다면 이 약들이 존재할 수 없었음은 분명하다. 하지만 메이애플이 숲 공동체의 다른 구성원에게 얼마나 의존하는가는 확실히 밝혀지지 않았다. 호박벌은 메이애플 잎 아래로 날아들어 하늘거리는 흰 꽃에 앉아서는 꽃가루를 날라준다. 늦여름이 되면 메이애플 꽃은 작고 노란 열매로 익는

데, 크기가 작은 레몬만 하다. '애플'이라는 이름은 이 열매에 빗댄 것
이다. 상자거북은 잘 익은 메이애플 열매를 남달리 좋아해서 코를 킁
킁거리며 열매를 찾아서는 맛있게 먹고 배에 씨앗을 가득 채운 채
돌아다닌다. 메이애플 씨앗은 대체로 상자거북의 소화관을 통과하
지 않으면 발아하지 못한다. 약학 교과서에서는 숲에 서식하는 호박
벌과 상자거북의 생태를 다루지 않지만, 약을 만들려면 이 생물들이
꼭 필요하다.

산마wild yam도 중요한 의학적 효능이 있는 현지 식물이다. 만다라에
서는 발견되지 않지만, 숲 여기저기에서, 특히 축축하고 그늘진 곳에
서 자란다. 마는 덩굴식물로, 가는 줄기로 딸기나무나 작은 나무를
돌돌 감고서 머리 높이 또는 그 이상까지 올라간다. 줄기와 심장 모
양 잎은 연약해서 된서리를 이겨내지 못하기 때문에, 손가락 닮은 덩
이줄기로 낙엽층 밑에서 겨울을 난다. 덩이줄기에는 프로게스테론을
비롯하여 인체 호르몬과 구조가 비슷한 화학 물질이 풍부하게 들어
있다. 아메리카 원주민은 이 덩이줄기를 써서 산모의 진통을 다스렸다.
1960년대에는 덩이줄기 추출물을 화학적으로 변형하여 최초의 피임
약을 제조했다. 또한 마는 (학계에서 논란이 있기는 하지만) 콜레스
테롤을 낮추고 골다공증을 완화하며 천식을 가라앉힌다고 한다.

메이애플과 마는 이 숲에서 쉽게 찾을 수 있지만, 또 다른 야생
약초인 산삼은 아쉽게도 별로 흔하지 않다. 산삼의 운명을 보면 유
용한 야생 식물을 마구잡이로 채취했을 때 어떤 일이 일어나는지 교
훈을 얻을 수 있다. 산삼은 북아메리카 동부에 흔한 산야초였으나,

자극제와 치료제로서의 효능이 뛰어난 탓에 사람들이 다 뽑아 갔다. 미국은 19세기 중엽에만 해도 산삼을 해마다 220~340만 톤씩 수출했다. 자국 내 소비량도 엇비슷했다. 그런데 이제는 산삼이 귀해져 연간 수출량이 10분의 1에도 못 미친다. 정부에서 산삼 채취를 규제하고 있지만 산삼 시장은 여전히 번창하고 있다. 만다라에서 도로를 따라 몇 킬로미터만 내려가면 상인들이 목 좋은 교차로에서 정기적으로 노점을 펼치고 현지인 '심마니'에게 산삼 뿌리를 사들인다. 말린 뿌리는 킬로그램당 1100달러를 호가하니 사람들이 산삼을 찾으려고 안달할 만도 하다. 솜씨 좋은 심마니는 산삼을 캐서 (경제가 낙후된 이곳에서) 짭짤한 수입을 얻는다.

산삼의 양이 줄어들자 선견지명이 있는 상인과 심마니는 산삼 씨앗을 숲에 뿌렸다가 야생 상태로 다 자라면 캐들이는 장뇌삼 산업을 시작했다. 상자거북이 메이애플 씨앗을 퍼뜨리듯 이제는 인간이 씨앗 배달부의 역할을 자임한 것이다. 이 일은 본디 새, 그중에서도 지빠귀가 맡고 있었다. 새빨간 산삼 열매는 늦여름 별미이기 때문이다. 사람들에게 다행인 것은 산삼 씨앗이 메이애플보다 덜 까탈스러워서 새의 소화관을 통과하지 않아도 발아한다는 사실이다. 장뇌삼 재배가 산삼의 추가적 감소를 막을 수 있을지는 아직 미지수다. 대다수 식물학자는 산삼의 미래를 여전히 심각하게 우려하고 있다.

산삼, 마, 메이애플은 모두 줄기나 뿌리에 영양분을 저장한 채 겨울을 나는 작은 식물이다. 약용 화학 성분이 풍부한 것은 이 때문이다. 빠르게 움직이는 동물이나 껍질이 두꺼운 나무와 달리 움직이지도 못하고 껍질도 얇은 이 식물은 포유류와 곤충의 공격을 고스란히 당할 수밖에 없다. 특히 땅속의 식량 저장고는 포식자가 군침을 흘리는 보물 창고다. 달아날 수도, 단단한 벽 뒤에 숨을 수도 없는 식물의 유일한 방어 수단은 적의 소화관, 신경, 호르몬을 공격하는 화학 물질을 몸에 가득 채우는 것이다. 자연 선택은 방어 화학 물질이 특히 동물의 생리 기능을 공격하도록 설계했기 때문에, 이 독은 잘만 쓰면 약이 될 수 있다. 적절한 투약 분량을 찾을 수만 있다면, 식물의 방어 무기는 효과 좋은 자극제, 하제, 혈전 제거제, 호르몬 등의 의약품으로 탈바꿈한다.

만다라의 약초와 내 핏속의 의약품은 훨씬 방대한 범주를 대표한다. 모든 처방약의 4분의 1은 식물, 균류 등의 생물체에서 직접 뽑아낸 약물로 만들기 때문이다. 나머지 중에서도 상당수는 야생종에서 발견된 화학 물질을 변형한 것들이다. 하지만 만다라 종들의 복잡한 화학적 세계에 대해서는 아직 이해가 일천하다. 만다라의 식물 스무 종에 들어 있는 수천 가지 분자 중에서 실험실에서 철저히 연구된 것은 한 줌밖에 안 된다. 나머지는 전통 약초 요법에서 엄연히 쓰이고 있는데도 연구가 이루어지지 않았다. 만다라의 보이지 않는 생화학적 다양성은 아직 탐구되지 않은 무궁무진한 잠재력을 지니고 있다.

식물성 의약품을 접하면서, 만다라 생물들과 나와의 공통점이 분자의 미소 규모까지 확장된다는 사실을 깨달았다. 이전에는 진화적 계통수에서 가지를 공유하고 생태적 관계로 서로 얽혀 있다는 것만 생각했지만, 이제는 나의 물리적 존재 또한 생명의 공동체와 단단히 얽혀 있음을 깨달았다. 식물과 동물의 오랜 생화학적 투쟁을 통해 숲의 분자가 나의 분자와 결합했다.

# 털애벌레

이주성 휘파람새가 파도처럼 가지를 오르락내리락하며 만다라의 나무들 사이를 돌아다닌다. 북쪽 숲의 번식지에서 돌아온 테네시휘 파람새Tennessee warbler가 만다라 가장자리의 키 작은 어린 단풍나무에 앉아 잎을 뒤지며 먹이를 찾는다. 녀석은 3200킬로미터를 날아 중앙 아메리카 남부의 겨울 집에 가야 한다. 배를 채우는 것은 생사가 달 린 문제다.

만다라 위쪽에 있는 잎의 상태를 보면 휘파람새가 뭘 먹는지 짐작 할 수 있다. 잎마다 산탄총 맞은 듯 구멍이 여남은 개씩 뻥뻥 뚫려 있다. 대부분의 잎에서 겉넓이의 절반 가량이 사라졌다. 만다라의 털 애벌레는 여름의 잎을 곤충의 살로 전환했다. 이 살은 다시 휘파람새 의 먼 여정에 양식이 되어줄 것이다.

털애벌레는 먹성이 좋기로 유명하다. 녀석은 생전에 몸무게를 2000~3000배나 불린다. 사람의 몸이 그만큼 커진다면 어른이 되었을 때 몸무게가 9톤이나 나가게 된다. 군악대를 여러 개 합쳐놓은 셈이다. 만일 아기가 털애벌레의 속도로 자라면 태어난 지 몇 주 만에 어른이 된다.

털애벌레가 쑥쑥 자라는 이유는 오로지 잎을 먹는 데만 전념하기 때문이다. 성충과 달리 딱딱한 겉뼈대, 날개, 복잡한 다리, 생식 기관, 정교한 신경계를 발달시킬 필요가 없다. 이런 장비에 신경을 쓰느라 주의가 분산되면 성장 속도가 느려진다. 자연 선택이 털애벌레에게 허락한 유일한 (먹거리 이외의) 사치는 방어용 센털뿐이다. 털애벌레는 먹는 일에만 열중함으로써 경쟁자가 거의 없는 블루오션을 창조했다. 대부분의 숲에서 녀석들은 나머지 초식동물을 모두 합친 것보다 더 많은 잎을 먹어치운다.

포동포동한 독나방<sup>tussock moth</sup> 털애벌레가 만다라로 기어든다. 털 색깔이 알록달록하다. 밝은 색은 포식자를 공격하는 쐐기털과 몸속의 독을 과시하는 장치다. 등에는 하늘을 향한 면도솔처럼 노란색 술이 네 개 솟아 있다. 마디마다 기다란 은색 털이 북슬북슬한데 술은 그 위에 얹혀 있다. 머리 양쪽에서 검은색 털이 두 가닥 삐죽 솟았으며 꼬리에는 갈색 바늘이 다닥다닥 붙어 있다. 털 사이로 보이는 피부는 노란색, 검은색, 회색이 줄무늬를 이루고 있다. 화려하면서도 무시무시한 겉모습이다.

다 자란 독나방은 드러난 곳에서 잎을 먹으며 위험을 자초하지 않는다. 그래서 색깔이 수수하다. 숨은 고치에서 빠져나온 암컷은 고치에 그대로 매달려 수컷을 기다린다. 암컷은 날지 못하며 털 침낭처럼 생겼다. 돌아다닐 필요가 없기 때문에, 맛이 없다는 사실을 떠벌릴 필요도 없이 위장색으로 보호만 하면 된다. 다 자란 수컷은 날기 선수다. 깃털처럼 생긴 더듬이로 암컷의 페로몬을 감지하여 짝짓기를 한 다음 다시 날아간다. 암컷과 수컷은 둘 다 눈에 띄지 않는 갈색과 회색이며 암컷은 미동도 하지 않음으로써, 수컷은 힘센 날개로 자신을 보호한다. 여느 나방과 마찬가지로, 자연 선택의 붓은 아이(애벌레)를 되바라지게, 어른(어른벌레)을 시큰둥하게 그렸다.

화려한 털애벌레를 보고 있는데 검은색 개미 한 마리가 녀석의 등 위로 올라가더니 대나무 숲을 비집고 들어가는 사람처럼 센털 사이로 밀고 들어간다. 개미가 큰턱을 아래로 뻗어 털애벌레의 목을 노려보지만 뜻대로 되지 않는다. 털애벌레는 아무 일도 없다는 듯 무심하게 기어갈 뿐이다. 개미가 목에서 물러나 노란 술 사이를 문다. 하지만 이번에도 피부를 찢지 못한다. 그때 작은 벌꿀색 개미가 털애벌레 위에 올라와 공격에 끼어든다. 두 개미는 마주치자 자기들끼리 싸움을 벌인다. 노란 털 매트 위에서 씨름판이 벌어진다. 벌꿀색 개미가 나가떨어진다. 다시 올라갔다가 또 떨어진다. 이번에는 검은색 개미가 떨어진다. 털애벌레가 걸음을 재촉한다. 도망치려나 보다. 하지만 개미가 길을 가로막는다. 검은색 개미가 털애벌레에게 돌진하여 다시 공격을 가한다. 몇 번이고 깨물어보지만 연한 피부에 큰턱을 박지는 못한다. 개미가 쓰러지고, 털애벌레가 숲 바닥에 늘어진 낙엽 위로 넙다 올라간다. 녀석은 그곳에서 움직이지 않는다. 개미의 허를 찌르려는 술책일까? 개미들은 숲 바닥을 빙빙 돌 뿐 털애벌레를 찾지 못한다. 빙글빙글 돌다 낙엽에서 멀어진다. 털애벌레가 내려와 만다라 바로 옆에 있는 커다란 단풍나무 줄기를 향해 느릿느릿 기어간다. 살았다!

하지만 덩치 작은 독나방 털애벌레는 운이 나빴다. 개미들이 사체를 애벌레에게 먹이로 주려고 보금자리로 끌고 간다. 털이 너무 짧았거나 동작이 너무 느렸던 탓일까? 털애벌레가 어떤 연유로 죽었든, 녀석은 만다라 안팎에 널린 개미집의 식량 저장고로 흘러드는 침묵의 털애벌레 상여 행렬에 합류한다. 연구에 따르면 매년 2만 마리 이상의 털애벌레가 개미집에 실려 들어간다고 한다. 만다라에서의 전투를 목격하기 전에는 털애벌레가 털북숭이인 이유는 새들 때문인 줄 알았다. 하지만 개미의 큰턱이 피부에 닿지 않도록 하려는 목적도 있는 것이 틀림없다. 학술 논문을 읽어보니 오늘 생각한 것이 맞았다. 개미는 대다수 털애벌레의 주적이다.

한 나비 무리는 개미와의 적대 관계를 청산했다. 부전나비lycaenid는 개미와 상리 공생 관계를 진화시켰다. 부전나비 털애벌레는 털이 없으며 개미의 공격에 무방비로 노출된다. 하지만 개미는 부전나비 털애벌레를 물어뜯기보다는 녀석이 분비하는 달콤한 '감로'를 더 좋아한다. 털애벌레가 개미에게 주는 선물은 마피아에게 바치는 보호세와 비슷하다. 당을 조금 내어주는 대가로 털애벌레는 개미에게 해를 입지 않는다. 그런데 식량을 공급받는 대가는 그저 공격을 삼가는 것만이 아니다. 개미는 다른 포식자, 특히 말벌을 물리치며 털애벌레를 적극적으로 지켜준다. 그렇게 보면 개미가 경호원으로 고용되었다고 보는 게 더 정확할지도 모르겠다. 부전나비 털애벌레는 개미 경호원이 없는 다른 털애벌레보다 생존율이 10배나 높다. 그래서 개미와 더불어 사는 쪽을 선호하며, 어떤 녀석들은 잎을 진동시키는 특수 긁개가 달려 있다. 잎이 진동하면 개미가 다가온다. 털애벌레는 말 그대로 노래로 경호원을 부르는 셈이다.

개미에게서 벗어난 독나방 털애벌레가 단풍나무 줄기를 오른다. 나무에는 개미가 한 마리도 없지만, 거미가 찐득찐득한 줄을 잔뜩 쳐놓았다. 털애벌레는 거미줄을 뚫고 지나가느라 애를 먹는다. 어젯밤에 내린 비로 아직 축축한 이끼 조각도 험로이긴 마찬가지다. 다리에 달린 작은 갈고리가 힘을 잃자 녀석은 몇 센티미터 뒤로 미끄러졌다가 다시 기를 쓰고 올라간다.

털애벌레가 개미를 피해 올라간 곳은 새들의 세상이다. 개미는 촉각과 후각으로 먹잇감을 찾지만 새는 시각으로 찾는다. 따라서 새의 눈길을 피하려면 색소와 무늬가 극히 중요하다. 사람은 시각이 중요한 감각이기 때문에 털애벌레의 다양한 색깔과 무늬에 매혹된다. 털애벌레는 동화에 곧잘 등장하며, 많은 자연 애호가들은 털애벌레의 매력에 빠져 자연을 사랑하게 되었다고 말한다. 이에 반해 새의 예리한 눈초리를 피해 살아가는 파리, 말벌, 딱정벌레의 애벌레는 희멀건 색깔이어서 우리를 사로잡지 못한다.

만다라의 독나방 털애벌레는 연노랑과 검정의 강렬한 대비를 통해 자신이 얼마나 맛없는가를 광고한다. 솔처럼 생긴 노란색 털의 질감은 몸의 나머지 부분을 덮은 뾰족한 은빛 털과 극명한 대조를 이룬다. 이 모습을 보면 녀석에게 가시, 털, 독소가 단단히 완비되어 있으리라고 생각할 수밖에 없다. 새들은 쪼아볼 엄두도 내지 못한다. 독이나 센털이 있는 다른 털애벌레들도 비슷한 겉모습을 하고 있다. 색깔과 대비는 종마다 나름의 특징이 있다.

가시나 독성 화학 물질이 없는 털애벌레는 광고 전술이 아니라 기만 전술을 쓴다. 새의 똥이나 낙엽, 나뭇가지, 작은 뱀, 독도롱뇽 따위를 흉내 내는 것이다. 자연 선택은 이 동물들을 정교하게 다듬었다. 나뭇가지를 흉내 내는 녀석에게는 잎눈을, 뱀을 흉내 내는 녀석에게는 눈동자(가 있어야 할) 부위에서 가짜로 빛을 반사하는 눈을, 잎을 흉내 내는 녀석에게는 표면에 작은 얼룩을 선사했다.

수백만 년 동안 새들의 눈초리에서 벗어난 적 없는 털애벌레는 몸을 시각 디자인의 걸작으로 승화시켰다. 새의 시선이 조각해낸 것은 이뿐만이 아니다. 털애벌레가 갉아 먹은 잎을 통해 들어오는 빛의 패턴조차도 새의 날카로운 시선을 통해 형성된다. 실험실에서 관찰했더니 새는 잎의 들쭉날쭉한 구멍을 보고 털애벌레가 있음을 안다. 잎은 털애벌레가 자리를 뜬 뒤에도 오랫동안 손상된 채이기 때문에 새들은 최근의 경험을 되살려 먹이 찾는 패턴을 끊임없이 수정한다. 잎에 뚜렷한 구멍을 내고 구멍 옆에서 얼쩡거리는 털애벌레는 금세 이똑똑한 새들의 눈길을 끌기 마련이다. 그래서 방어 수단을 잘 갖춘 털애벌레만이 대식가가 될 수 있다. 털이 적거나 해서 새에게 공격받기 쉬운 털애벌레는 잎의 가장자리부터 깐깐하게 갉아 먹어, '나 여기 있소!' 하는 구멍을 만들지 않고 잎 전체의 윤곽을 그대로 유지한다. 어떤 털애벌레는 잎 닮은 몸을 잎의 빠진 가장자리에 갖다 붙여 잎 모양을 살리고 포식자의 눈을 속인다. 머리 위의 잎들에는 태평스럽게 뜯어 먹은 자국이 나 있다. 그렇다면 독나방 털애벌레와 친척들의 소행인가 보다.

새의 눈이 만다라를 깎고 칠했다. 갉아 먹는 털애벌레와 갉아 먹히는 잎의 형태를 보면 털애벌레와 새가 진화를 통해 어떻게 투쟁했는지 알 수 있다. 이주성 휘파람새는 한 철만 머물다 떠나지만, 녀석이 왔다 간 흔적은 몸이 떠난 뒤에도 여전히 남아 있을 것이다.

# 독수리

임관의 갉아 먹힌 잎을 관찰하다 보니 자연스럽게 시선이 하늘을 향했다. 여름에는 대체로 무성한 임관이 시야를 가려서 위를 쳐다볼 일이 없지만, 나는 지금 잎들의 틈새로 하늘을 엿본다. 어제 하루 종일 몰아친 거센 폭풍우로 먼지가 깨끗이 씻긴 하늘은 유리처럼 푸르렀다. 여름 습기도 싹 가셔 낮의 열기가 기분 좋게 느껴진다. 전형적인 9월 날씨다. 뻥 뚫린 하늘이 길게 펼쳐졌는데 여기저기에 사나운 온난 전선이 형성되어 있다. 멕시코 만에서 불어온 열대 폭풍우의 잔재다.

오늘 쇠콘도르 한 마리가 만다라 바로 위를 선회한다. 넓은 날개를 펄럭이지 않는 돛처럼 하늘을 향해 뻗었다. 선회가 끝나자 녀석이 동쪽으로 솟구치더니 갑작스러운 바람에 떠밀려 날아간다.

만다라는 한참 남쪽으로 내려와 있어서 달마다 쇠콘도르가 보인다. 해마다 이맘때면 테네시 강을 건너 멕시코 만 해안과 플로리다에서 겨울을 나는 북쪽 철새가 텃새와 섞인다. 더 아래로 내려가 멕시코 이남에서 겨울을 나는 새도 있다. 이 장거리 철새를 맞아주는 것은 역시 쇠콘도르다. 쇠콘도르는 중앙아메리카와 남아메리카의 텃새로, 신세계에서 가장 널리 분포한 종의 하나이기 때문이다.

쇠콘도르는 여느 비조飛鳥와 달리 쉽게, 심지어 멀리 떨어져서도 알아볼 수 있다. 날개를 좁은 'V'자로 벌리고 날개 끝을 위로 말아 올린 모양이 꼭 대괄호(']')가 하늘을 나는 것 같다. 녀석들은 취객의 걸음걸이처럼 비틀거리며 난다. 여기에는 공기 역학적 이유가 있다. 쇠콘도르는 활공의 명수로, 날개를 거의 펄럭이지 않는다. 열 번 이상 연달아 펄럭이는 경우는 거의 없다. 에너지를 절약하며 수월하게 바람을 타기 위해, 노를 닮은 커다란 날개로 상승 기류와 소용돌이를 붙잡는다. 위로 솟구치는 바람은 하나도 놓치지 않고 비행에 활용한다. 느릿느릿 흔들리는 비행술은 이렇게 생겨났다. 겉보기에는 서툴러 보이지만 대단히 효율적인 방식이다. 쇠콘도르는 주정뱅이가 아니라, 화려한 묘기나 우아한 몸짓, 재빠른 동작이 필요 없는 절약의 천재다. 녀석은 깨어 있는 시간의 최대 3분의 1 동안 하늘을 날며 한가로이 영토를 순찰한다.

쇠콘도르는 죽은 동물만 먹는다. 하루에 수백 제곱킬로미터나 되는 면적을 순찰하며 사체를 찾을 수 있는 것은 효율적인 비행술 덕분이다. 먹이가 많은 숲 위를 날 때는 임관이 시야를 가린다. 하지만 위장용 털로 감싼 채 미동도 않는 몸뚱아리는 시야가 트여 있어도 분간하기 힘들다. 그렇지만 쇠콘도르는 철저하고 정확하게 사체를 추적한다. 과학자들이 죽은 닭과 쥐를 일부러 숲에 가져다놓으면, 잎이나 덤불로 가려도 하루나 이틀이면 찾아낸다. 쇠콘도르는 숲의 알록달록한 색깔에 현혹되지 않고 커다란 콧구멍으로 먹이의 냄새를 포착한다.

썩은 사체를 냄새로 찾는 것이 눈부신 묘기는 아니지만, 쇠콘도르의 재주는 여기에서 그치지 않는다. 사실 너무 썩은 고기는 쇠콘도르의 입맛에 맞지 않는다. 쇠콘도르는 죽은 지 얼마 안 된 사체의 은은한 향기를 찾아 하늘을 누빈다. 푹 썩은 사체에서는 진한 악취가 풍기지만 신선한 사체에서는 희미한 냄새가 날 뿐이다. 이 냄새는 미생물과, 식어가는 사체에서 발산되는 일부 분자로 이루어졌다. 쇠콘도르는 활공하다가 이 냄새를 맡으면 땅으로 내려오는데, 시야에 들어오는 수십 제곱킬로미터의 면적에서 정확히 목표물을 겨냥한다.

하지만 요즘 들어 쇠콘도르는 뛰어난 후각 때문에 종종 곤혹을 치른다. 도살장은 겉보기에는 평범한 창고처럼 생겼지만 갓 죽은 사체의 향기를 하늘로 내뿜는다. 가스관도 골칫거리다. 천연가스는 원래 냄새가 없지만 석유 회사에서 에틸메르캅탄이라는 마늘 냄새가 나는 화학 물질을 소량 첨가한다. 밸브나 파이프 연결 부위가 파손되면 천연가스와 함께 마늘 냄새가 풍겨 폭발 위험을 경고하기 위해서다. 하지만 쇠콘도르 또한 냄새에 이끌려 파손 부위에 몰려든다. 본의 아니게 가스관의 결함을 찾아내는 도우미 노릇을 하는 셈이다.

쇠콘도르의 코와 사람의 코가 얽히게 된 계기는 죽음의 기미 때문이다. 에틸메르캅탄은 사체에서 자연적으로 발산되는 화학 물질이다. 사람은 썩은 고기를 무척 혐오하기 때문에 에틸메르캅탄 냄새에 극도로 민감하다. 코를 찌르는 암모니아보다 200배나 낮은 농도에서도 냄새를 감지할 수 있다. 그래서 가스관에 아주 조금만 넣어도 효과를 볼 수 있다. 문제는 쇠콘도르도 이처럼 낮은 농도의 에틸메르캅탄을 감지할 수 있다는 것이다. 그래서 영문도 모른 채 누출 부위에 몰려든다.

쇠콘도르는 숲의 청소부로, 최후의 생태적 장례 절차를 집전한다. 그리하여 큰 동물의 사체가 (손쉽게 분해할 수 있는) 영양 물질로 변형되는 과정을 앞당긴다. 그래서 학명도 '깨끗이 하는 자'를 뜻하는 '카타르테스*Cathartes*'다.

사체 먹는 동물은 겉보기에 천한 역할을 맡고 있어서 우리에게 지독한 혐오감을 불러일으킨다. 하지만 숲에서는 우리가 경멸하는 것을 차지하려는 경쟁이 치열하게 벌어진다. 때로는 쇠콘도르가 부리를 대기 전에 여우와 아메리카너구리가 사체를 난도질하기도 한다. 검은대머리수리black vulture는 덩치 큰 사촌 쇠콘도르를 떼 지어 공격하여 먹잇감에서 쫓아낸다. 송장벌레는 작은 사체를 끌고 가 매장한다.

포유류, 새, 딱정벌레가 쇠콘도르의 경쟁자이기는 하지만, 작디작은 사체 청소부인 세균과 균류에 비하면 새 발의 피다. 이들은 죽음의 순간부터 작업을 시작하여 안에서부터 먹잇감을 소화한다. 처음에는 이 분해 과정에서 발생하는 냄새가 쇠콘도르를 하늘에서 불러들인다. 하지만 사체에 내려앉은 쇠콘도르는 죽은 동물의 영양소를 놓고 미생물과 경쟁을 벌여야 한다. 날씨가 더울 때는 며칠 안에 미생물의 승리로 끝난다. 쇠콘도르는 서두르지 않으면 배를 채우지 못한다.

미생물은 속도만으로 경쟁하는 것이 아니다. 더 직접적인 무기가 있으니, 대다수 동물이 썩은 고기를 먹고 탈이 나는 것은 우연이 아니다. 한 가지 이유는 미생물이 식량을 지키려고 분비한 독소 때문이다. '음식에 독을 타는 것'은 마당 울타리에 가시를 두르는 것과 같다. 우리의 미각은 미생물의 진화적 의지에 따라 왜곡되었다. 우리는 썩은 음식을 보면 미생물의 방어용 분비물을 피하려고 뒷걸음친다. 하지만 쇠콘도르는 그렇게 쉽게 물러나지 않는다. 소화관에서 강력한 산성 소화액으로 미생물까지 한꺼번에 녹여버린다. 소화관이 무너지면 두 번째 방어선이 기다린다. 쇠콘도르의 혈액에는 이례적으로 많은 백혈구가 돌아다니면서 외부 세균과 침입자를 발견하면 에워싸 죽여버린다. 이 방어 세포 무리를 계속 공급하기 위해 지라가 아주 크다.

쇠콘도르는 비위가 좋아서 다른 동물이 코를 막거나 욕지기를 하는 곳에서도 거뜬히 식사를 즐긴다. 미생물의 독 방벽은 다른 동물의 접근을 차단함으로써 역설적으로 쇠콘도르에게 이롭다. 여기에서 다시 확인한바 경쟁과 협력을 구분하기란 쉬운 일이 아니다.

쇠콘도르의 왕성한 소화력은 숲 공동체에 영향을 미친다. 쇠콘도르의 소화관은 세균을 효과적으로 죽이기 때문에, 단순히 사체를 청소하는 게 아니라 소독까지 맡는다. 탄저균과 콜레라 바이러스는 쇠콘도르의 소화관을 통과하면서 몰살당한다. 포유류와 곤충의 소화관에는 이런 능력이 없다. 따라서 쇠콘도르는 땅을 질병으로부터 보호하는 데 누구보다 뛰어나다. '카타르테스'라는 이름이 괜히 붙은 것이 아니다.

탄저병과 콜레라를 달가워하지 않는 사람들에게는 다행하게도 쇠콘도르 개체 수는 북아메리카 전역에서 일정하게 유지된다. 북동부에서는 심지어 개체 수가 늘었는데, 아마도 사슴이 많아져서일 것이다. 언젠가는 죽어서 쇠콘도르에게 처리될 테니 말이다. 그런데 이 희소식에는 두 가지 예외가 있다. 콩을 비롯한 줄뿌림 작물을 주로 경작하는 지역에서는 쇠콘도르 개체 수가 줄었다. 단작을 하면 동물이 많이 깃들지 못해 장의사도 별로 필요하지 않기 때문이다.

또 다른, 더 은밀한 위협은 사냥꾼들이 쏘아 죽인 뒤에 버리거나 못 찾은 사슴과 토끼 따위다. 납탄은 중금속을 흩뿌려 사냥감을 오염시킨다. 납은 사냥꾼과 가족에게도 해롭지만 쇠콘도르에게는 더더욱 해롭다. 아무리 욕심 사나운 사냥꾼도 사냥한 고기를 쇠콘도르보다 더 많이 먹지는 않기 때문이다. 그래서 많은 쇠콘도르가 약한 납 중독 증세를 보이지만, 전체 개체가 납 때문에 위험에 처해 있지는 않다. 대다수 쇠콘도르는 총에 맞지 않은 사체를 비롯하여 다양한 먹잇감을 골고루 먹기 때문일 것이다. 이에 반해 캘리포니아콘도르는 납에 오염된 동물을 사촌인 쇠콘도르보다 훨씬 많이 먹는다. 얼마 남지 않은 야생 캘리포니아콘도르가 명맥을 유지하는 것은 수의 사들이 정기적으로 녀석들을 잡아서 납을 제거해주기 때문이다. 북아메리카의 수렵 문화는 청소부를 청소해야 하는 기묘한 역설을 낳는다.

더 어처구니없는 일도 있다. 인도에서는 기술이 독수리에게 훨씬 심각한 위기를 초래했다. 가축에 항염증제를 널리 투약하면서 엉뚱하게도 독수리가 심각한 타격을 입었다. 사체에 남은 약물은 독수리에게 치명적이다. 이 때문에, 풍부하던 개체 수가 부쩍 줄었다. 인도의 독수리는 멸종 직전이며, 그 결과 죽은 가축이 썩어가는 채로 땅에 널브러져 있다. 그러자 파리와 들개의 개체 수가 폭발적으로 늘어 공중 보건에 심각한 위협이 되고 있다. 인도 일부 지역에서는 탄저병이 창궐한다. 인도는 세계에서 광견병 감염 건수가 가장 많으며, 대부분 개에 물려 감염된다. 독수리가 사라지고 들개가 그 자리를 차지하면서 광견병이 해마다 3000~4000건 증가한 것으로 추산된다.

인도의 파르시(조로아스터교도의 후손_옮긴이) 공동체에서는 독수리의 부재가 다른 의미로 다가온다. 이들의 장례 풍습은 풍장으로, 사람이 죽으면 다크마('침묵의 탑'이라는 뜻)에 올려놓는다. 납작하고 위가 뻥 뚫린 탑에 시신을 둥글게 누이면 몇 시간 안에 독수리가 뼈만 남기고 다 먹어치운다. 조로아스터교에서는 매장이나 화장을 금하는데, 시신을 처리할 독수리가 없어지자 파르시 공동체는 멸종으로 인한 철학적 위기를 맞았다.

인도는 이 대머리 청소부가 얼마나 귀한 일을 하고 있는지에 대해 뼈저린 교훈을 얻었다. 이 사태를 일으킨 항염증제는 인도에서 금지

되었으나, 일부 지역에서는 여전히 사용되고 있으며 독수리 개체수
는 아직 회복되지 않았다. 안타까운 사실은 인도 못지않게 독수리가
중요하고 위태로운 아프리카 여러 나라에도 항염증제가 도입되고 있
다는 것이다.

이곳 테네시에서는 언덕 위를 선회하는 쇠콘도르를 흔히 볼 수 있
다. 너무 흔해서 녀석들이 얼마나 소중한 선물인지 잊어버리기 쉽다.

9월 26일

# 철새

철새 떼가 줄지어 만다라 위를 지난다. 대부분 알래스카에서 캐나다를 거쳐 메인에 이르는 650만 제곱킬로미터 넓이의 북부 침엽수림에서 출발하여 남쪽으로 이동하는 중이다. 이 숲은 규모 면에서 아마존 우림에 비견되며 명금류 수십억 마리의 산란 장소이기도 하다. 철새가 만다라에 오면 이곳에 서식하는 텃새들도 법석을 떨며 함께 어울린다. 10미터짜리 바위에서 아래를 내려다보니 휘파람새, 미국박새, 솜딱따구리가 떼로 몰려다니는 광경이 눈에 들어온다. 온 숲이 땜장이의 망치 소리처럼 녀석들의 짹짹 소리로 가득하다.

새들은 조심스럽던 산란기와 달리 가까이 다가온다. 어떤 녀석은 손을 내밀면 닿을 거리까지 접근하여 활력을 뽐낸다. 깃털이 아름답기 이를 데 없다. 날개와 꼬리의 깃털은 빳빳하고 정수리 깃털은 매끈하며 몸통 깃털은 서로 부대끼며 빛난다. 늦여름 털갈이가 끝나 모든 깃털이 완벽한 상태다.

만다라 새 떼 중에 두건휘파람새는 갓 돋아난 깃털을 1년 내내 간직한다. 이 깃털은 나무, 돌, 바람에 마모되면서, 한여름이 되면 가장자리가 닳아빠지고 숱도 적어진다. 하지만 두건휘파람새는 이 노화 과정을 오히려 유리하게 역이용한다. 스스로 깃털을 마모시켜 짝짓기 의상을 만드는 것이다. 정수리와 목은 이미 누르스름하게 변했지만, 깃털 가장자리를 벗겨내면 짝짓기용 깃털(번식깃)의 검은색이 겉으로 드러난다. 이것은 효율적 전략이다. 여느 새들은 짝짓기용 색깔을 내려면 새 깃털이 돋아야 하는데, 깃털 하나하나를 만들 때마다 귀한 단백질을 써야 하기 때문이다.

만다라 주변의 미국박새, 딱따구리, 두건휘파람새는 여름 짝짓기를 마치고 이곳에서 가을의 새 깃털을 입었다. 하지만 무리 대부분은 훨씬 북쪽인 캐나다의 가문비나무 덤불에서 털갈이를 끝냈다. 여기에 속하는 목련휘파람새<sup>magnolia warbler</sup>와 테네시휘파람새<sup>Tennessee warbler</sup>는 이름과 생태가 모순된다. 둘 다 남부 주州를 지나던 개체가 표본으로서 기재되고 명명된 탓에 이 역사적 우연이 이름에 영영 각인되었다. 목련휘파람새는 미시시피목련 나무에서 먹이를 먹다가 총에 맞았으며 테네시휘파람새는 테네시 주 컴벌랜드 강 기슭에서 최후를 맞았다. 북쪽에서 번식하는 다른 새들도 비슷한 이유로 엉뚱한 이름이 붙었다. 메이곶휘파람새<sup>Cape May warbler</sup>, 내슈빌휘파람새<sup>Nashville warbler</sup>, 코네티컷휘파람새<sup>Connecticut warbler</sup>는 모두 북부의 큰 숲 출신이다. 동물학적 명명 관습 탓에 북아메리카 대륙에서 이 새들의 생태에 대한 중요한 진실이 가려졌다. 북부 숲은 북아메리카 창공의 귀족인 휘파람새의 고향이다. 대다수 휘파람새는 오로지, 또는 대부분 북쪽에서 알을 낳는다. 1년에 두 번 만다라를 휩쓸고 지나가는 물결의 크기와 힘이 비롯하는 곳은 구즈리(족제비과의 동물_옮긴이)와 스라소니의 땅이다(구즈리와 스라소니는 북아메리카 북부의 산림 지대에 서식한다_옮긴이).

남부 지방의 독특한 새소리가 북부 지방 새들의 짹짹 소리를 잠재운다. 노랑부리뻐꾸기yellow-billed cuckoo 한 마리가 수관에서 꼬꼬 하고 울더니 이내 뻐꾹뻐꾹 하는 소리가 숲에 울려퍼진다. 녀석은 만다라 위 높은 곳에서 원숭이처럼 이 가지에서 저 가지로 뛰어다닌다. 날개를 좀처럼 펴지 않고서 깡총깡총 뛰며 낫을 닮은 부리를 잎 속에 처박는다. 여치 한 마리를 잡아 꿀떡 삼키고는 가려진 수관으로 기어 올라가 숨는다.

뻐꾸기는 만다라 주변의 숲에 많이 살지만, 수줍음을 많이 타고 키 큰 나무를 좋아해서 좀처럼 눈에 띄지 않는다. 여느 뻐꾸기처럼 이 녀석도 신기한 행동으로 나를 놀랜다. 녀석은 영장류처럼 움직이고, 속이 빈 통나무 두드리는 소리를 내며 어떤 새도 먹을 수 없는—또는 먹으려 들지 않는—곤충을 먹는다. 거대한 부리로 큰 여치와 심지어 작은 뱀까지 삼킨다. 털애벌레의 방어용 털은 다른 새는 다 퇴치해도 뻐꾸기에게만은 무용지물이다. 뻐꾸기의 목구멍은 음식이 매끈하든 털북숭이이든 가리지 않는다. 부리로 털을 잡아 뜯을 때도 있지만, 털애벌레를 통째로 삼킬 때가 더 많다. 뻐꾸기의 위에는 틀림없이 털애벌레 돌기가 촘촘히 깔려 있고 소장에는 가시가 박혀 있을 것이다.

뻐꾸기의 사명은 조류 행동 수칙을 위반하는 것이다. 녀석들은 예측할 수 있는 영역을 정하지 않고, 식량이 있는 곳을 찾아 유목민처럼 번식지를 떠돌다가 재빨리 둥지를 정해 알을 낳는다. 새끼 뻐꾸기는 성장 속도가 빠르며 그야말로 눈 깜박할 사이에 온전한 깃털이 자란다. 다 자란 뻐꾸기는 그때그때 털갈이를 한다. 여느 새처럼 일정한 순서에 따라 규칙적으로 헌 깃털이 빠지고 새 깃털이 나는 것이 아니라 아무렇게나 하나씩 빠지고 난다. 여름과 겨울의 숲 바닥은 뻐꾸기가 벗어놓은 깃털로 가득하다. 어쩌면 털애벌레의 향정신성 독소가 현상 유지 욕구를 누그러뜨렸거나, (이쪽 가능성이 더 높은데) 털갈이 전략도 번식 방식을 닮아서 풍족할 때 채웠다가 힘든 시기를 헤쳐 나가는 듯하다. 심지어 이주 습성도 융통성이 있다. 매우 어린 새끼 뻐꾸기가 남아메리카의 조류학자들에게 잡힌 적이 있는데, 이것은 '이주성' 뻐꾸기가 겨울나기 서식처에서 꾸물거리다 알까지 낳았음을 강하게 암시한다.

오늘 만다라에서 눈에 띄는 새 중에서 뻐꾸기가 가장 멀리 여행한다. 안데스 산맥 동쪽의 아마존 밀림이 녀석들의 겨울 보금자리다. 대다수 휘파람새는 멕시코 남부나 중앙아메리카, 카리브 해 연안까지만 여행한다. 그래서 지금 이 순간의 만다라는 신세계 전체를 잇는 기착지가 되었다. 맥貘과 왕부리새toucan의 기억이 툰드라 가장자리의 영상을 스쳐 간다. 에콰도르와 아이티의 광물이 매니토바와 퀘벡의 설탕과 어우러져 흩날린다.

오늘 밤 휘파람새들은 만다라를 지구의 경계 바깥과 연결하여 숲의 사물들에게 별을 인식시킬 것이다. 하루 종일 쉬면서 먹이를 먹은 휘파람새는 시원한 야음을 틈타 남쪽으로 날갯짓하면서, 하늘에서 북극성을 찾아 그 위치를 가지고 남쪽을 안다. 녀석들은 새끼 때 둥지에 앉아 밤하늘을 내다보며 붙박이별을 찾아보면서 이 천문 지식을 습득했을 것이다. 이 기억을 머릿속에 저장했다가, 가을에 고개를 쳐들고 별자리를 나침반으로 삼는다.

대단한 재주이기는 하지만, 별을 바라보고 방향을 정하는 것은 틀릴 가능성이 큰 방법이다. 흐린 밤에는 별이 잘 보이지 않으며, 어떤 새끼는 빽빽한 숲이나 하늘이 가려진 지역에서 자랄 수도 있기 때문이다. 그래서 철새에게는 몇 가지 항법 기술이 더 있다. 해돋이와 해넘이를 관찰하고, 남북으로 뻗은 산맥의 지형을 숙지하고, 지구 자기장의 보이지 않는 선을 감지한다.

철새의 감각은 우주를 향해 열려 있다. 태양과 별, 지구가 어우러진 거대한 물결이 남쪽으로 흘러간다.

# 경보음의
# 파도

나는 꼼짝 않고 앉아 있다. 시간이 찔끔찔끔 흐른다. 1미터도 떨어지지 않은 곳에서 줄무늬다람쥐 한 마리가 만다라 반대편을 가로지른다. 그 자리에 멈추더니 앞발과 주둥이로 낙엽을 뒤지다가 돌무더기 속으로 사라진다. 흔치 않은 광경이다. 이 산에 사는 줄무늬다람쥐는 교외나 야영지에 사는 사촌과 달리 경계심이 강하고 재빠르기 때문이다. 녀석이 다가오는 모습을 보려면 오랫동안 꼼짝 않고 앉아 있어야 한다. 나는 방금 전의 성과에 고무되어, 마음을 가라앉히고 돌부처가 되기로 한다.

산들거리는 미풍. 아련히 들리는 새소리. 개울도 고요하다. 한 시간이 지나도록 가만히 앉아 있는다.

그 순간 한두 발짝 뒤에서 날카롭고 거칠게 숨을 내뿜는 소리가 들린다. 그래도 꼼짝하지 않는다. 사슴이 다시 경보를 울린다. 다시, 이번에는 잇따라 울린다. 눈앞이 하얗게 번쩍이더니 녀석이 콧김을 내뿜으며 껑충 뛰어 사라진다. 사슴의 경보음은 만다라의 잔잔하고 고요한 공기 속으로 첨벙 다이빙하며 거센 에너지를 전달한다.

숨소리를 들은 다람쥐 세 마리가 곧장 재잘대기 시작한다. 줄무늬다람쥐 여덟 마리가 합류하여 찍찍 소리를 빠르게 쏘아댄다. 파도는 만다라 밖으로 퍼져 나간다. 비탈 아래쪽에서 숲지빠귀가 '지빠―지뽀―뽑' 하고 동료를 부르기 시작한다. 목청을 높이느라 머리 깃털이 곤추선다. 멀리서 줄무늬다람쥐의 스타카토 합창이 어렴풋이 들린다.

움직이지 않는 사람과 별안간 마주쳐 놀란 사슴의 경보음은 수백 미터 밖까지 전달되었다. 이 소동이, 특히 줄무늬다람쥐의 합창이 잦아드는 데는 한 시간이 넘게 걸렸다.

만다라의 새와 포유류는 소리의 방송망 안에서 살아간다. 각 개체는 소리를 통해 서로 연결된다. 숲의 소식은 이 방송망을 통해 퍼져 나가며 어디에서 어떤 말썽이 일어났는지 최신 정보를 전해준다. 도시에 사는 우리는 노력을 해야만 이 신호를 알아차릴 수 있다. 우리는 습관적으로 '배경 소음'을 무시하고 마음속 소음에서 단서를 찾는다. 우리는 숲에서 앉아 있거나 걸어다닐 때 대개 과거와 미래를 생각하며 머릿속에서 파도를 탄다. 다들 그런 경험이 있을 것이다. 의지력을 거듭 발휘해야만 현재로, 우리의 감각으로 돌아올 수 있다.

음향학적 현재에 도달하면 숲의 뉴스룸이 촉각을 곤두세우고 있는 대상이 놀랍게도 우리임을 깨닫게 된다. 우리는 크고 시끄럽고 빠른 물체다. 게다가 많은 동물은 우리가 포식자로서 행동하는 모습을 본 적이 있다. 총이나 덫, 톱을 직접 겪어보지 않은 동물도 경험 많은 동료를 통해 금방 상황을 파악한다. 딴 동물들이 경계 태세를 취하면 자신도 주의를 기울이는 것이 이롭다. 우리는 새매나 올빼미, 여우와 같아서 우리가 숲의 방송망에 걸리면 뉴스 속보가 요란하게 울려 퍼지기 마련이다. 숲에 잠입하려면 자세를 낮추고 동작을 멈추고 때를 기다리는 수밖에 없다. 그러면 뉴스 방송이 꺼졌다 켜졌다 하는 것을 경험하게 된다. 이를테면 숲을 거니는 사람들이 웃고 떠드는 소리가 들리기 전에 선수파船首波(배가 달릴 때에, 배의 앞머리에 이는 파도_옮긴이)가 선수를 친다. 나뭇가지가 땅에 떨어지거나 까마귀가 하늘을 나는 등의 사소한 소란이 일어났을 때는 경보음의 파도가 잔잔하며 금세 잦아든다. 이에 반해 나와 마주친 사슴의 경보음은 너울, 또는 볼드체 헤드라인이었다.

방송망에 주파수를 맞추는 것이 숲의 동물들에게 유리한 것은 분명하다. 위험이 닥칠 것을 미리 알면 사전에 대응책을 강구할 수 있기 때문이다. 하지만 정보의 파도를 일으키는 것, 즉 경보를 울리는 것에 어떤 이점이 있는가는 확실치 않다. 포식자를 발견했을 때 경보를 울려야 하는 이유는 무엇일까? 자기는 입 다물고 있으면서 남들이 내는 소리에만 귀를 쫑긋 세우면 안 될까? 포식자가 다가올 때 큰 소리를 내어 자신에게 주의를 집중시키는 것은 어리석은 짓으로 보인다.

가족이나 친척이 가까이에 있다면, 경보했을 때 자신에게 미치는 손해보다 가족을 보호해야 할 필요성이 더 클 수 있다. 계절은 이미 늦가을에 접어들었지만 만다라 주변의 줄무늬다람쥐와 다람쥐 중에는 아직 새끼가 어미와 함께 사는 경우가 있다. 따라서 찍찍 소리를 내면 새끼들에게 분명한 경고를 보낼 수 있다. 하지만 많은 동물은 가족이 없을 때에도 경보를 울린다. 그렇다면 또 다른 유익이 있음에 틀림없다. 어떤 경보음은 포식자와 적극적으로 소통하며 위험의 순간에 자신에게 주의가 집중되도록 한다. 그러면 포식자에게 자신이 누구인지, 어디에 있는지 알려주어 역설적으로 이익을 볼 수 있다. 포식자의 관점에서 볼 때, 자신이 다가오는 것을 눈치채고 도망갈 채비를 갖춘 먹잇감은 잡기가 힘들 가능성이 크다. 차라리 그 시간에 영문 모르는 먹잇감을 찾아보는 게 낫다. 그러므로 경보음은 공격이 소용없다는 사실을 광고하여 안전을 확보하는 직접적 유익을 줄 수 있다. "이미 널 봤어. 넌 날 잡지 못해. 딴 데 가봐."

흰꼬리사슴은 이 광고 행위를 한층 효과적으로 이용한다. 녀석들은 포식자에서 달아날 때 꼬리를 위아래로 흔들며 흰 궁둥이와 꼬리 아래를 순간적으로 보여준다. 흰꼬리사슴은 달리면서 위로 높이 솟구치는 동작을 하기 때문에 앞으로 내달리는 데 필요한 시간을 빼앗긴다. 껑충거리며 궁둥이를 보여주는 행동은 포식자에게 자신이 포식자를 발견했음을 알리는 역할만 하는 것이 아니다. 달아나는 것 자체가 포식자를 감지했다는 뚜렷한 신호이니 말이다. 어쩌면 사슴이 보여주려는 것은 자신에게 힘이 넘친다는 것, 충분히 도망칠 여력이 있다는 것인지도 모른다. 건강한 사슴만이 불필요한 동작을 곁들일 수 있다. 허약하거나 병든 사슴은 목숨을 건 과시 동작을 엄두도 내지 못한다. 이 가설은 흰꼬리사슴에 대해서는 철저히 검증되지 않았지만, 가젤영양에게서 관찰되는 (영문을 알 수 없는) 과장된 과시 동작도 자신의 상태를 솔직히 드러내려는 의도에서인 듯하다.

보이지는 않지만, 숲의 식물도 동물의 방송망 비슷한 것을 활용한다. 곤충이 잎을 갉아 먹으면 식물은 생리적 반응을 보이는데, 이는 추가 피해를 막을 뿐 아니라 이웃 식물들에게 경고하는 효과가 있다. 손상된 잎은 특정 유전자를 활성화하여 화학 물질을 쏟아내며 이 방어용 화학 물질의 일부는 증산하여 공기 중에 퍼진다. 이 분자들은 이웃 식물의 축축한 잎 내부에 스며들어, 코로 들이마신 향수처럼 녹아 주위 세포 속으로 들어간다. 그러고는 원래 식물에게서 이 화학 물질을 발생시킨 바로 그 유전자를 활성화한다. 그러면 아직 해를 입지 않은 식물도 곤충이 입맛을 잃게 할 수 있다. 나무는 귀가 없이도 듣는다.

\*\*\*

숲에서 앉아 있거나 걸을 때, 나는 '대상'을 관찰하는 '주체'가 아니다. 나는 만다라에 들어가 소통의 거미줄, 관계의 그물망에 걸린다. 알든 모르든 나는 사슴을 놀래고 줄무늬다람쥐를 겁주고 산 잎을 밟아 이 그물망에 변화를 일으킨다. 만다라에서는 대상과 분리되어 객관적으로 관찰하는 것이 불가능하다.

그물망은 나 또한 변화시킨다. 숨을 들이쉴 때마다 공기 중의 분자들이 수백 개씩 몸속에 들어온다. 숲 향기의 정체는 이 분자들이다. 수많은 생물의 냄새가 어우러진 향기. 우리는 후각을 만족시키는 냄새를 길들여 '향수'를 추출한다. 그중 적어도 하나(재스모네이트 jasmonate)는 식물끼리 위험을 알리는 경보 화학 물질이다. 우리의 후각적 미감은 자연의 투쟁과 하나가 되려는 욕망을 반영한 것일까?

하지만 향수는 예외다. 숲의 분자는 대부분 나의 후각을 건너뛰어 혈액에 직접 녹아 나의 몸과 의식 아래의 마음속에 들어온다. 식물의 향이 우리 몸속에서 어떤 화학 작용을 일으키는지는 연구가 거의 이루어지지 않았다. 서양 과학은 숲이—또는 숲의 부재가—우리 존재의 일부일 가능성을 진지하게 고려하지 않았다. 하지만 숲을 사랑하는 사람들은 나무가 우리 마음에 영향을 미친다는 사실을 잘 안다. 일본 사람들은 이 지식을 실천하여 숲 공기로 목욕하는 삼림욕을 즐긴다. 우리는 만다라의 정보 공동체에 참여함으로써 건강과 행복을 누릴 수 있다. 몸속에서 일어나는 화학 작용을 통해서 말이다.

**10월 14일**

# 시과

숲의 색깔이 점차 바뀐다. 만다라의 미국생강나무는 대부분 초록색이지만 몇몇 잎은 노란색이 점점이 박혔다. 미국생강나무 옆의 물푸레나무는 색이 바랬다. 바깥의 잎은 탈색되어 말라간다. 머리 위에서는 단풍나무와 히코리가 여전히 여름색을 두르고 있지만, 비탈 위 커다란 히코리의 잎은 모두 황갈색으로 바뀌었다. 새로 떨어진 낙엽이 낙엽층 표면을 덮었다. 동물들이 지나갈 때마다 들릴락 말락 바스락 소리가 난다.

날개 달린 단풍나무 씨앗이 얼굴을 스쳐 지나간다. 서커스에서 본 날아다니는 칼처럼 흐릿한 빛 속을 빙빙 돈다. 씨앗은 헬리콥터처럼 하강하여 덩이냉이 잎에 부딪혔다가 사암 돌멩이를 피해 숲 바닥의 낙엽 두 장 사이에 내려앉는다. 헬리콥터 날개는 위로, 씨앗은 아래로 부식질의 틈새에 처박혔다. 싹 틔우기에 알맞은 장소다. 운이 좋았다.

4월의 단풍나무 꽃이 마침내 다 익었다. 몇 달간 천천히 생장한 뒤에 헬리콥터를 숲 바닥에 흩뿌린다. 몇몇은 검은 낙엽층 틈새에 자리 잡지만, 대부분은 잎이나 바위의 마른 표면에 달랑 떨어진다. 단풍나무 씨앗은 수관에서 출발하여 갖은 우여곡절을 거치며 바닥으로 향하지만, 최종적 운명을 결정하는 것은 어디에 내려앉는가다. 표면이 깔깔하면 바람에 날리는 씨앗을 붙잡기 쉬우므로 맨바위보다는 이끼 낀 바위가 씨앗을 더 많이 낚는다. 나무의 경우는 바람을 맞는 쪽보다는 바람이 불어가는 쪽에 씨앗이 더 많이 떨어진다. 포식자 동물은 씨앗을 먹어 없애기도 하고, 식량으로 저장했다가 잊어버리거나 죽어서 본의 아니게 씨앗을 전파하여 심어주기도 한다.

바람에 날리는 씨앗이 최고의 발아 장소를 고르기 위해 할 수 있는 일은 별로 없다. 노루귀 씨앗처럼 기름진 개미집에 실려가지도, 체리 씨앗처럼 퇴비 더미에 처박히지도, 겨우살이 씨앗처럼 새의 부리에 묻어 적당한 가지에 달라붙지도 못한다. 하지만 단풍나무 씨앗이 최종 목적지를 정하는 데 아무것도 못 한다고 해서 씨앗이 아무 힘도 없는 것은 아니다. 씨앗은 마지막 착륙 직전에 솜씨를 발휘한다.

오늘 아침에는 만다라에 씨앗이 하나도 떨어지고 있지 않았다. 그런데 늦은 오후가 된 지금은 어찌나 많이 떨어지는지 땅에 닿는 소리가 마치 산불이 난 듯하다. 이것은 우연이 아니다. 씨앗을 나무에 붙들어두는 가느다란 끈 조직은 건조한 오후에 가장 약해진다. 오후에는 바람도 가장 세차다. 나무는 바람이 가장 좋을 때를 기다려 씨앗을 날려 보낸다. 물론 씨앗에게 언제 출발할지 알려주는 중앙 관제탑 따위는 없다. 그 대신, 씨앗을 나무에 고정시킨 물질과 더불어 이 음매의 모양과 세기에 따라 씨앗을 언제 어떻게 내보낼지가 결정된다. 이 방출 과정은 수백만 년의 자연 선택을 통해 다듬어졌다.

나무의 전략은 단순히 씨앗을 마른 공기 중에 부어버리는 것만이 아니다. 날아다니는 씨앗 앞에는 두 가지 길이 있다. '아랫길'은 수관에서 어미나무 주변 숲 바닥까지 통하는 길이다. 씨앗은 보금자리에서 기껏해야 100여 미터를 이동한다. '윗길'은 수관 위 탁 트인 하늘로 올라가 수킬로미터를 날아가는 길이다.

중력을 거스르는 윗길을 택하는 씨앗은 거의 없지만, 이들이 나무 종의 운명을 좌우한다. 장거리를 여행하는 희귀한 씨앗은 종의 유전적 구조, 조각난 지역에서 종이 살아남는 능력, 빙하기가 물러나거나 지구 온난화가 진행될 때 종이 대응하는 속도 등에 큰 영향을 미친다. 인류 역사와 마찬가지로, 생태와 진화의 서사를 만들어가는 것은 대륙을 가로질러 새로운 땅에 정착하는 소수의 개인이다.

단풍나무Maple는 메이플라워Mayflower 호 배표를 사려고 세찬 상승 기류에 씨앗을 안착시킨다. 소용돌이와 돌풍이 위로 불 때 씨앗을 던지고 하강 기류일 때는 꼭 붙들어둔다. 씨앗을 바람에 날리는 나무는 수관 꼭대기에 씨앗이 몰려 있어서 씨앗이 상승 기류를 탈 기회가 많다. 만다라의 단풍나무에게는 또 다른 이점이 있다. 이곳의 탁월풍(어느 지역에서 시기나 계절에 따라 특정 방향에서부터 가장 자주 부는 바람_옮긴이)은 아래쪽 계곡을 거침없이 휩쓸다가 만다라가 있는 가파른 비탈을 만나 위로 진로가 바뀐다. 그리하여 중력에 맞서 싸우는 만다라 씨앗들을 한 번 더 위로 밀어준다.

나무 주위에는 항상 씨앗이 가장 촘촘히 떨어져 가장 어두운 '씨앗 그늘'이 있다. 대체로 나무 바로 옆에 생기지만 이론적으로는 대륙 어디든 씨앗 그늘이 될 수 있다. 위를 올려다보면 만다라에 내려앉는 단풍나무 씨앗은 대부분 이곳에 있는 종류로, 활공할 수 있을 만한 거리에 있는 나무에서 떨어진 것들이다. 그중에는 이 숲의 다른 부분에서 온 경쟁자의 씨앗도 극소수 섞여 있다. 드물게는 수십에서 수백 킬로미터 떨어진 곳에서 쇠콘도르처럼 상승 온난 기류를 타고 온 씨앗도 있다.

씨앗 그늘이 이처럼 멀리까지 이동하기 때문에, 종자 분산은 연구하기가 까다롭다. 물론 어미나무 가까이에 머무는 대부분의 씨앗에 대해서는 정보를 쉽게 수집할 수 있지만, 공중에 내던져진 씨앗을 추적하기란 불가능에 가깝다. 하지만 이들이야말로 종의 거대한 역사를 만들어가는 주인공이다.

무인 정찰기가 없어서 하늘로 치솟는 씨앗을 추적할 수 없으니, 만다라 표면에 떨어진 단풍나무 씨앗을 살펴본다. 모양이 매우 다양하다. 특히 날개가 각양각색이다. 날개 넓이가 여느 씨앗의 세 배나 되는 것도 있다. 자처럼 똑바른 것도 있고, 부메랑처럼 아래로 휘어진 것도 있고, 위로 아치를 그리는 것도 있다. 대부분은 날개가 씨앗과 만나는 부위가 화살의 오늬처럼 움푹 파였다(파이지 않은 씨앗도 있다). 파인 각도와 깊이는 저마다 다르다. 날개 두께도 제각각이다.

만다라는 온갖 비행기 날개 모양이 전시된 식물원 에어쇼다. 인간 공학자는 엄두도 못 낼 모양도 있다.

단풍나무 씨앗은 날개 모양이 제각각이어서 떨어지는 모양도 제각각이다. 가장 눈에 띄는 것은 날지 않고 곧장 아래로 내리꽂히는 씨앗이다. 다섯 개 중 하나는 쌍으로 떨어진다. 쌍으로 떨어지는 녀석들은 전혀 회전하지 않고 수직으로 낙하하여 나무 아래 땅에 처박힌다. 날개가 작거나 꼬부라진 외톨이도 회전 없이 떨어진다. 하지만 이들은 예외다. 나머지 씨앗은 대부분 1~2초가량 자유 낙하하다 회전을 시작한다. 두터운 가장자리 부분인 갈빗대가 공기를 가르며 회전하면 얇은 잎맥이 뒤를 따른다. 이 회전 날개에서 양력이 생겨 낙하 속도가 느려진다. 떠돌아다니는 씨앗은 돌멩이처럼 떨어지는 씨앗보다 더 멀리까지 활공할 수 있다. 하지만 허공에 머무는 시간이 길어지면 사나운 상승 기류를 만나 더 위로 떠돌아다닐 가능성이 커진다. 짧은 하강을 통해서든, 운 좋은 상승을 통해서든, 바람 덕분에 나무는 씨앗 그늘을 바깥으로 넓혀 형제 간의 경쟁을 피하고 후손을 널리 퍼뜨린다.

하늘을 나는 씨앗을 식물학 용어로 시과翅果라 한다. 엄밀히 말하자면 시과는 씨앗이 아니라 어미나무의 조직으로부터 형성된 특수한 열매로, 씨앗은 그 속에 들어 있다. 물푸레나무와 백합나무에서도 시과가 나지만, 단풍나무의 회전 날개만큼 양력을 만들어내지는 못한다. 단풍나무 시과는 비대칭이라는 이점이 있으니, 앞쪽의 날이 바람을 가르면서 새나 비행기의 날개처럼 공기를 가른다. 이에 반해 물푸레나무와 백합나무의 시과는 대칭적이어서 단풍나무처럼 우아하게 회전하지 못한다. 그 대신, 떨어질 때 긴 축을 중심으로 빠르게 맴돌기 때문에 날개가 바람에 찢기는 일이 없다. 이 종들이 씨앗을 날리는 데는 자신의 날개보다 바람의 세기가 더 중요하다. 그래서 물푸레나무와 백합나무는 시과를 단단히 붙들고 있다가 바람이 거세게 몰아칠 때만 내보낸다.

단풍나무 시과에는 자동차나 비행기처럼 크고 빠른 물체의 공기역학도 아니요, 티끌처럼 작고 느린 물체의 공기역학도 아닌, 우리가 잘 모르는 원리가 작용한다. 비행기는 주변의 마찰을 거의 받지 않지만 티끌은 아주 작아서 마찰의 영향이 절대적이다. 달리 말하자면, 물체가 작아질수록 세상은 식은 물엿 항아리를 닮는다. 그 속을 헤엄치기는 힘들지만 떠 있기는 쉽다. 시과의 크기와 속력으로 보자면, (적절하게도) 저질 단풍나무 시럽에 들어 있는 셈이 된다. 공학자들은 이 시럽 같은 공기가 회전 날개의 앞쪽 가장자리에서 소용돌이를 형성한다는 사실을 밝혀냈다. 이 꼬마 회오리는 회전하는 시과의 위쪽 표면을 빨아들여 하강 속도를 늦춘다.

단풍나무 시과의 종류에 따라 어떤 공기역학적 효과가 발생하는지는 예상하기 힘들다. 하지만 연구자들은 단풍나무 시과를 발코니에서 떨어뜨리는 실험을 통해 두 가지 일반적 결론을 얻었다. 첫째, 날개 끝이 넓으면 난류亂流가 발생하여 날개의 회전 속도가 느려지고 양력이 줄어든다. 구부러진 날개도 똑바른 날개에 비해 양력이 덜 생긴다. 따라서 끝이 두툼하고 구부러진 시과는 바람이 일정하게 부는 실험실 건물 근처에서는 제대로 날지 못한다. 하지만 만다라의 씨앗은 대부분 끝이 두툼하고 구부러졌다. 시과는 이루기 어려운 완벽한 형태의 왜곡된 모사일 뿐일까? 아니면 단풍나무는 끝이 두툼하거나 구부러졌거나 '부실한' 날개의 이점에 대해 우리가 모르는 무언가를 아는 것일까?

숲의 바람은 소용돌이와 직진하는 바람이 뒤섞여 있다. 시과의 모양은 바람의 복잡성이 식물학적으로 구현된 것처럼 보인다. 날개는 모든 소용돌이에, 굴곡은 모든 돌풍에 대처하는 방법이다. 생물학적 형태의 다양성은 시과뿐 아니라 숲의 전반적 경향이기도 하다. 잎, 동물의 다리, 나뭇가지, 곤충 날개 등 이곳의 거의 모든 구조는 모든 곳에서 변이성이 관찰된다. 이렇듯 형태가 불규칙한 이유는 개체가 처한 환경이 다양하기 때문이기도 하지만, 대부분은 유전이라는 더 깊은 요인에서 비롯한다. 즉, 유성 생식을 통해 DNA가 재조합되기 때문이다.

개체와 개체가 조금씩 다르다는 사실은 자연의 역사에서 사소한 부분에 불과한 것 같지만, 이러한 변이성이야말로 모든 진화적 변화의 바탕이다. 다양성이 없다면 자연 선택도, 적응도 있을 수 없다. 다윈이 『종의 기원』의 첫 두 장을 변이에 할애한 것은 이 때문이다. 따라서 시과의 다양성에서 우리는 진화의 보이지 않는 작용을 간접적으로 깨닫는다. 이 갖가지 모양 중에서 만다라를 스치는 바람에 알맞은 다음 세대의 단풍나무가 선택될 것이다.

10월 29일

# 얼굴

지난주에 찬비가 억수로 퍼부어 처음으로 땅바닥에 낙엽이 수북이 쌓였다. 지금은 쨍쨍 내리쬐는 햇볕이 낙엽을 바싹 구웠고, 움직이는 동물은 모조리 큰 소리로 부스럭거리며 돌아다닌다. 열기에 기운을 차린 귀뚜라미와 여치가 목청껏 노래한다. 귀뚜라미는 떨어진 잎 밑에 숨어 규칙적인 고음을 내고 여치는 나뭇가지에 매달려 각진 날개로 시끄러운 트릴을 연주한다. 봄철 동틀 녘 새들의 합창과 달리, 가을 번식기의 귀뚜라미는 한낮의 열기를 몸에 흡수한 오후 중반에 가장 시끄럽다.

그런데 곤충의 규칙적인 노래 중간중간에 부스럭거리는 소리가 어수선하게 들린다. 회색다람쥐gray squirrel 한 마리가 주둥이를 이따금 낙엽에 처박으며 만다라를 향해 다가온다. 열병에 걸린 듯 에너지를 주

274

체하지 못하고 몸을 부르르 떤다. 전진과 수색을 반복하다가 나무에 이르자 위로 올라가 사라진다. 잠시 뒤에 머리를 아래로 한 채 내려오는데 입에 히코리 열매를 물었다. 까만 눈이 나와 마주치자 얼어붙는다. 머리를 꼿꼿이 세우고 꼬리를 나무 줄기에 평행하게 쭉 편다. 그 자세로 나를 관찰한다. 몸의 떨림이 뒤쪽으로 전달되어 꼬리를 자극한다. 꼬리는 본디 붓처럼 생겼는데, 꼬리털을 넓게 펴니 마치 부채를 흔드는 듯하다.

꼬리를 들었다 내렸다 할 때마다 작은 북소리가 들린다. 넓게 펴진 꼬리는 줄기에 경고의 문신을 새기기에 충분하다. 다람쥐가 꼬리를 내리치는 광경은 여러 번 보았지만, 들릴락 말락 두드리는 소리를 들을 만큼 가까이 다가가거나 주위가 고요한 적은 한 번도 없었다. 이번에야 처음으로 그 소리를 듣게 된 것은 나의 관찰력이 약해서만은 아니다. 애초에 그 신호를 받아들이도록 설계되지 않은 것이다. 낮은 북소리는 공기 중으로 거의 전달되지 않지만 진동은 나무를 통해 매우 효율적으로 이동한다. 이 나무에 있는 딴 다람쥐, 특히 나무 구멍에 있는 녀석들은 귀와 발로 경고 신호를 들을 것이다.

줄기를 잽싸게 내려오다 멈추어 두드리다를 반복하며 녀석이 결국 밑동까지 내려왔다. 땅바닥에 닿자 줄기 반대편으로 내달려 나무 뒤에서 머리를 내밀고는 나를 마지막으로 쳐다본 뒤에 히코리 열매를 주둥이에 꽉 물고 깡총깡총 사라진다.

북 치는 다람쥐는 혼자가 아니었다. 5미터 안쪽에서 적어도 네 마리의 다람쥐가 낙엽 깔개를 뒤지고 있으며, 가지 위에도 몇 마리가 더 보인다. 만다라 바로 옆에 있는 히코리는 이 부근에서 아직까지 열매가 떨어지는 몇 안 되는 나무 중 하나다. 그래서 겨울을 나기 위해 피부밑 지방을 축적하고 견과 저장고를 채워야 하는 다람쥐들이 뻔질나게 찾아온다. 약탈자들이 경쟁을 벌이면 잎이 바스락거리고 주둥이에서 찍찍 소리가 나며 소동이 벌어진다.

앉아서 소리를 듣다 보니 어느새 저녁이다. 귀뚜라미의 꾸준하고 감미로운 트릴을 배경으로 다람쥐의 긴박한 소리가 오르락내리락한다. 주위가 어둑어둑해지자 또 다른 소리가 귀에 들어온다. 소리의 출처는 내 뒤쪽, 비탈 위다. 낯선 소리를 내는 장본인이 무엇이든, 움직이다 놀라게 하고 싶지 않아서 꼼짝 않고 앉아 귀를 쫑긋 세운다. 다람쥐가 주둥이를 뒤적거리거나 깡충깡충 뛰는 소리와 달리 끊임없이 부스럭거리는 일정한 소리가, 커다란 공이 낙엽 위를 굴러가듯 점차 커진다. 신기한 소리가 점점 가까이 들린다. 곧장 나를 향해 다가온다. 불안감이 엄습한다. 곁눈질하려고 천천히 고개만 튼다.

열두 개의 발이 낙엽 위를 저벅저벅 디딘다. 아메리카너구리 세 마리가 다가오고 있다. 움직임이 차분하고 일사불란하다. 은회색의 흐릿한 형체가 언덕을 미끄러져 내려오는 것이 꼭 포유류 털애벌레 같다. 요 근방에서 보이는 다 자란 아메리카너구리보다 조금 작은 걸 보면 올봄에 태어난 한 살배기인가 보다.

내가 녀석들의 길을 가로막고 앉아 있어서, 한 발짝 앞까지 다가와서는 불쑥 멈춘다. 고개를 엉뚱한 방향으로 돌리는 바람에 녀석들을 시야에서 놓쳤다. 귀를 쫑긋 세운다. 녀석들이 코를 킁킁거리며 후각으로 주변을 조사한다. 30초쯤 지났을까, 한 녀석이 살살 콧김을 내뿜는다. 콧바람 소리가 은은하다. 그러자 세 마리 모두 내 옆으로 한두 발짝 돌아서 제 갈 길을 간다. 내 눈에 띈 뒤로 언덕 아래로 사라질 때까지 놀란 기색은 전혀 없었다.

이에 반해 나는 녀석들을 처음 목격했을 때 놀라고 흥분했다. 낯선 소리의 주인이, 행진하는 삼인조로 밝혀졌기 때문이다. 그 다음, 아메리카너구리의 매력적인 얼굴이 가까이 다가왔다. 검은색 우단 눈두덩에 뚜렷한 하얀색 테두리, 흑요석처럼 까만 눈, 뽐내듯 쫑긋선 귀, 가느다란 코가 보였다. 이목구비는 모두 주름진 은빛 털로 둘러싸였다. 어쨌거나 이 동물이 사랑스럽다는 사실은 분명했다.

동물학자로서의 내 자아는 이런 생각에 깜짝 놀랐다. 자연을 연구하는 사람은 미추의 판단을 넘어서야 하기 때문이다. '귀엽다'라는 말은 아이와 아마추어나 쓰는 말이다. 아메리카너구리처럼 흔한 동물을 묘사할 때는 더더욱 그렇다. 나는 동물을 독립된 존재로서 있는 그대로 보고자 노력한다. 내 속에서 치미는 욕망을 투사하지 않으려고 조심한다. 하지만 감정이 일어나는 것은 엄연한 현실이다. 아메리카너구리 한 마리를 들어 올려 턱을 간질이고 싶었다. 동물학자의 학자적 자존심이 무너지고 말았다.

다윈이라면 내 답답한 심정에 공감했을지도 모르겠다. 그는 표정의 정서적 효과에 대해 알고 있었으니 말이다. 『종의 기원』보다 10년 뒤에 출간된 『인간과 동물의 감정 표현에 대하여』에서는 인간과 동물의 얼굴에 정서 상태가 어떻게 드러나는지 설명했다. 신경계는 내면의 감정을 얼굴에 쓴다. 지성이 숨기려 해도 어쩔 수 없다. 다윈은 표정의 미묘한 차이를 알아차리는 것이 우리 존재의 핵심적 요소라고 주장했다.

다윈은 정서를 표정으로 변환하는 신경·근육 기전을 집중적으로 파고들었다. 표정을 관찰하면 정서를 정확하게 해독할 수 있으리라고 은연중에 가정했기 때문이다. 20세기 초중반에, 동물 행동의 진화적 연구를 주창한 초기 인물인 콘라트 로렌츠는 다윈의 가정을 명시적으로 표현했다. 로렌츠는 얼굴을 소통의 형태로 분류하고 동물이 표정에 민감할 때 얻을 수 있는 진화적 이점을 분석했다. 또한 다윈의 분석을 확장하여 왜 사람들이 어떤 동물 표정에는 끌리지만 또 어떤 표정에는 안 끌리는지 연구했다.

로렌츠가 내린 결론은 우리가 아기 얼굴을 좋아하는 것 때문에 동물을 볼 때 착각을 일으킨다는 것이다. 우리는 아기 얼굴을 한 동물을 (본성은 딴판일지라도) '사랑스럽다'라고 느낀다. 로렌츠는 눈이 크고 이목구비가 둥글둥글하고 머리가 상대적으로 크고 다리가 짧은 동물을 보면 안아주고 쓰다듬어주고 싶은 충동이 일어난다고 생각했다. 오해는 이뿐만이 아니다. 낙타는 콧잔등을 눈 위로 쳐들고 있어서 거만해 보인다. 수리는 눈썹이 뚜렷하고 부리가 좁고 단단해 보여 지도력, 제국주의, 전쟁의 상징으로 통한다.

로렌츠는 우리가 사람 얼굴을 판단하는 기준을 동물에게 적용하여 지각이 왜곡된다고 생각했다. 하지만 그의 생각은 어떤 면에서는 옳고 어떤 면에서는 틀렸다. 인류는 수백만 년 동안 동물과 상호 작용을 주고받았다. 이 정도면 아메리카너구리가 아기와 다름을 알기에 충분하지 않았을까? 이러한 구분 능력은 인류에게 썩 요긴했을 것이다. 어떤 동물이 위험한지 유용한지 정확하게 알아차리는 사람은 그런 동물학적 감식안이 없는 사람보다 유리할 수밖에 없다. 우리가 동물에게 무의식적으로 반응하는 능력은 사람 얼굴에 대해 진화한 규칙을 잘못 적용한 탓 못지않게 이러한 감식안 덕분이 아닐까 생각한다. 우리는 신체적 위험을 가하지 않는 동물, 그러니까 몸이 작고 주둥이가 약하고 순종적인 눈을 내리깐 동물을 좋아한다. 우리를 내려다보고 턱 근육이 튀어나오고 힘과 속도가 우리보다 뛰어난 동물은 두려워한다. 가축화는 우리가 동물과 진화적 관계를 맺는 과정에서 맨 나중에 등장한 사건이다. 동물과 효과적으로 동반자 관계를 맺을 줄 아는 사람은 개를 사냥에 부리고 염소에게서 고기와 젖을 얻고 소를 농사에 써먹었다. 농사를 지으려면 동물의 감정을 읽는 정교한 능력이 필요하다.

아메리카너구리가 시야에 들어왔을 때, 복잡하게 진화한 뇌를 통해 우리 조상이 내게 소리쳤다. "다리가 짧고 주둥이가 약하고 몸이 땅딸막해. 그러니 별로 위험하지 않아. 살집이 좋아서 잡아먹기에 딱이야. 겁이 없으니 한 마리 키워도 재미있겠어. 아기처럼 얼굴도 매력 있잖아." 이 모든 정보가 과거로부터 비언어적으로 전달되어 아메리카너구리에 대한 애정을 나에게 가득 채운다. 이 매혹을 설명하려고 나중에 언어를 동원하기는 하지만, 매혹의 과정은 이성의 차원 아래에서, 언어의 층위 밑에서 먼저 일어난다.

어쩌면 내가 즉각적이고 강렬한 애정을 느낀 것은 그렇게 당혹스러운 일이 아니었는지도 모른다. 아메리카너구리와의 조우는 동물학 전문가로서의 자부심을 무너뜨린 것이 아니라 나 자신의 동물적 본성을 일깨웠다. 호모 사피엔스는 표정을 읽는 동물이다. 우리는 일생 동안 숱한 정서적 판단을 하며, 얼굴을 볼 때마다 무의식적으로 빠르게 판단을 내린다. 아메리카너구리의 얼굴이 가한 심리적 부조화의 충격이 나의 의식을 깨워 당혹감을 안겨주었다. 하지만 나의 반응은 하루에도 수십, 수백 번씩 경험하는 반응들의 연장에 불과했다.

아메리카너구리가 마른 낙엽을 밟으며 사라지는 것을 보면서, 나는 숲을 관찰하는 것이 곧 나 자신에게 거울을 들이대는 것임을 깨닫는다. 이곳의 거울은 현대의 인공적 세계에서보다 덜 뿌옇다. 우리 조상들은 수십만 년 동안 숲과 초원의 동물들과 공동체를 이루어 살았다. 여느 종과 마찬가지로 나의 뇌와 심리적 친화성은 이 오랜 진화적 상호 작용을 바탕으로 형성되었다. 인류 문화는 나의 정신적 성향을 바꾸고 뒤섞고 변형하지만, 대체하지는 못한다. 나는 공동체의 온전한 일원이 아니라 관찰자에 불과하지만, 숲에 돌아오니 나의 심리적 유산이 스스로를 드러내기 시작한다.

11월 5일

# 빛

이번 주 들어 발자국 소리가 부쩍 달라졌다. 이틀 전까지만 해도, 햇볕에 마른 낙엽이 숲 바닥 깊이 쌓여 있었다. 소리 없이 움직이는 것은 불가능했다. 걸을 때마다 쭈글쭈글한 포장지 밟는 소리가 났다. 그런데 오늘은 가을 낙엽 부서지는 소리가 하나도 들리지 않는다. 딱딱하게 돌돌 말려 있던 낙엽이 비에 젖어 흐물흐물해진 덕에 동물들은 축축한 흡음재 위를 소리 없이 디디고 다닌다.

일주일 내내 건조하다가 비가 왔기 때문에, 습기를 좋아하는 동물들이 오랫동안 숨어 있던 낙엽층 속에서 기어 나오고 있다. 그중에서 가장 눈에 띄는 녀석은 에메랄드빛 이끼 위를 미끄러지는 민달팽이다. 숲의 다른 지역에서도 녀석들을 본 적이 있지만, 만다라에서 본 것은 이번이 처음이다. 벌건 대낮에 버젓이 지나가는 모습을 본

것도 처음이다. 미국의 정원에 출몰하는 유럽 민달팽이와 달리, 이 녀석은 토종이며 토착림에만 서식한다.

낯익은 유럽 민달팽이는 머리 바로 뒤에 안장이 얹혀져 있다. 이 매끈한 살갗은 허파와 생식 기관을 보호하는 외피다. 만다라의 토종 민달팽이는 필로미키드과<sup>Philomycid</sup>로, 이 과는 모두 길쭉한 도너츠에 초콜릿을 씌운 것처럼 등 전체가 눈에 띄는 외피로 덮였다. 그래서 보기 싫은 알몸의 유럽 사촌에 비해 제대로 차려 입었다는 인상을 준다. 넓은 외피는 예쁜 무늬를 그릴 캔버스 역할을 하기도 한다. 만다라의 민달팽이는 땅바닥처럼 칙칙한 은빛 외피에 다크 초콜릿 장식을 얹었다. 등 한가운데를 따라 가느다란 선이 그어져 있고 외피 가장자리에서 정중선까지는 색소가 점점이 찍혀 있다.

비를 맞아 파릇파릇해진 이끼를 배경으로 민달팽이의 무늬가 선명한 대조를 이룬다. 그런데 지의류로 덮인 바위 표면을 지날 때는 무늬의 효과가 달라진다. 녀석의 색깔과 모양은 알록달록한 표면에 섞여 들어간다. 아름다움은 여전하되 주위와 어우러진 은은한 아름다움이다.

\*\*\*

그때 소나기가 임관에 후두둑 부딪히는 소리에 주의가 흐트러진다. 민달팽이에게 시선을 고정한 채 비옷을 걸친다. 하지만 바보짓이었다. 비는 한 방울도 떨어지지 않는다. 바람에 잎만 우수수 떨어진다. 낙엽 스콜 때문에 만다라의 두터운 낙엽층이 한층 두터워졌다. 낙엽은 대부분 지난 하루 이틀 사이에 쌓였다. 나뭇가지에 단단히 달라붙어 있던 잎들이 빗물의 무게를 이기지 못하고 가지를 놓친 탓이다. 이틀 전까지만 해도 임관은 히코리와 단풍나무의 잎으로 마치 청동과 금을 발라놓은 듯했다. 그런데 오늘은 몇 군데 조각만 남았을 뿐 임관의 갑옷은 자취를 감추었다.

마침내 비가 샌다. 크고 차가운 물방울이 철썩철썩 떨어지다가 이내 소나기가 일정하게 쏟아진다. 잎이 더 떨어진다. 참나무 줄기의 청개구리 한 마리가 반가운 빗소리에 요란하게 네 번 울어댄다. 귀뚜라미는 침묵한다. 민달팽이는 비에 아랑곳없이 제 갈 길을 간다.

숲의 변화에 예상치 못한 심미적 안도감을 느끼며 서둘러 비옷을 걸친다. 안도감이라니 당치 않다. 가을비는 겨울의 추위와 뭇 생명의 위축을 예고하니 말이다. 하지만 여름에 볼 수 없던 어떤 특징이 돌아왔다. 빗속을 응시하다 깨달았다. 임관이 열리고 빛이 확장되고 나는 그 위에 떠 있다. 숲이 더 깊이, 더 온전히 보인다. 이제야 그동안 빛이 얼마나 희미했는지 실감한다.

만다라의 풀도 변화를 감지한 듯하다. 늦봄에 자라 여름 내내 축 처져 있던 시슬리가 새 가지를 뻗는다. 저마다 레이스처럼 새잎을 둘렀다. 키 작은 시슬리는 성긴 임관 아래에서 며칠째 가외로 광합성을 하고 있는 듯하다. 짧은 기간이지만, 새로이 생장에 투자할 만큼 충분한 빛이 만다라 표면에 와 닿고 있는 것이다.

잎의 양산이 걷히니 숲 바닥이 더 밝아졌다. 하지만 내가 느낀 변화는—또한 (내가 생각하기에) 풀의 반응 중 일부는—빛의 세기가 증가한 것 못지않게 빛의 형태나 성질이 달라진 탓도 있다. 잎이 사라지자 빛의 스펙트럼이 넓어지고 숲의 화가도 손놀림이 자유로워졌다.

여름 빛의 스펙트럼은 좁은 범위에 몰려 있다. 짙은 숲 속 그늘은 노란색과 초록색의 세상이다. 파란색, 빨간색, 자주색은 자취를 감추었다. 이 색들의 혼색도 보이지 않는다. 임관을 통과하는 햇빛을 지배하는 색깔은 강렬한 감귤색과 노란색이다. 하지만 두 광선은 스펙트럼이 좁아서 하늘의 푸른색이나 구름의 흰색이 표현되지 않는다. 임관의 틈이 크게 벌어진 곳에서 고사리색 그늘에 하늘빛이 간접적으로 덧붙기는 했지만 태양의 구릿빛은 임관을 좀처럼 뚫고 들어오지 못한다. 여름 임관 아래의 생명은 찔끔찔끔 비추는 무대 조명 아래에서 연기해야 한다.

그런데 지금은 빨간색, 자주색, 파란색, 감귤색이 오만 가지 명암과 색조로 섞여 하늘을 잿빛으로, 잎을 모래색과 사프란색(진한 노란색_옮긴이)으로, 지의류를 청록색으로, 민달팽이를 은색과 흑갈색으로, 나뭇가지를 암갈색과 적갈색과 청회색으로 칠한다. 숲 국립미술관이 소장품을 공개했다. 노란색과 초록색 빛 속에서 한 계절을 지낸 뒤에—반 고흐의 해바라기(노란색)와 모네의 수련(초록색)이 걸작이기는 하지만 전체 작품 중에서 극히 일부에 지나지 않는다—드디어 미술관을 거닐며 깊고 풍부한 시각 경험에 빠져들 때가 왔다.

숲의 달라진 색깔에 내가 무의식적으로 안도감을 느낀 것은 시각의 어떤 특징을 암시한다. 우리는 다채로운 빛의 향연을 갈망한다. 너무 오랫동안 한 분위기에 젖어 있다 보면 새로운 것을 바라게 마련이다. 우리가 이따금 권태를 느끼는 것은 변함없는 하늘 아래에서 살아가기 때문인지도 모르겠다. 뻥 뚫린 맑은 하늘이나 끝없이 펼쳐진 구름은 단조로울 뿐, 우리가 바라는 시각적 다양성을 선사하지 못한다.

\* \* \*

만다라의 빛 환경은 인간적 미감美感뿐 아니라 숲의 뭇 생명에도 영향을 미친다. 식물이 생장하는 것, 동물이 먹이를 찾고 번식하는 것은 빛을 매개로 한다. 따라서 숲의 생물은 빛의 변화에 민감할 수밖에 없다. 가을에 숲 바닥에서 자라는 풀은 나뭇잎이 못 받던 파장의 빛을 받아 생장한다. 나무는 빛의 세기와 색깔을 나침반 삼아 양지바른 곳으로 가지를 뻗고 딴 가지와의 경쟁을 피한다. 식물 세포 안에서는 빛을 흡수하는 분자가 빛의 변화에 따라 합쳤다 떨어졌다 하면서 시시각각 반응한다.

동물도 빛의 변화에 맞추어 행동을 조절한다. 어떤 거미는 주변의 색깔과 밝기에 따라 다른 색깔의 거미줄을 짠다. 청개구리는 앉아 있는 표면에 맞추어 색소를 살갗의 겉으로 올렸다 속으로 내렸다 하면서 밝기와 색깔을 조절하기 때문에 배경과 구분되지 않는다. 과시 행동을 하는 새는 깃털 색깔이 가장 근사하게 나타나는 빛 환경에 자리 잡는다.

깃털이 빨간 새는 임관 속과 아래에서 자신을 드러낼 기회가 얼마든지 있다. 홍관조cardinal나 자주풍금조scarlet tanager 같은 새들은 도감에 따로 실렸을 때는 화려하고 확 눈에 띈다. 하지만 빛의 스펙트럼에서 빨간색에 해당하는 부분은 숲의 초록색 그늘에서 잘 보이지 않는다. 이 새들은 원래 '밝은' 빨간색이지만 숲의 그늘이 드리운 곳에서는 흐릿하고 거무스름하게 보인다. 직사광선이 내리쬐는 곳으로 자리를 옮겼을 때에야 비로소 불타는 듯한 색깔과 눈부신 깃털을 뽐낸다. 그래서 양달을 들락날락할 때마다 부끄럼쟁이와 자랑쟁이를 오락가락한다. 그것도 눈 깜박할 사이에. 경험상 이 수법에 특히 도가 튼 새는 딱따구리다. 딱따구리는 일곱 종 모두 볏이나 정수리 깃털이 붉은색이며 모두가 빛을 다루는 전문가다. 조용히 먹이를 먹고 있을 때에는 여간해서 눈에 띄지 않지만, 텃세를 부리거나 구애를 할 때에는 어스름에 타는 횃불 같아서 안 보려야 안 볼 수가 없다.

눈에 띄는 과시 행동이 인상적이기는 하지만, 동물이 빛에 적응하는 묘기는 이뿐만이 아니다. 눈에 띄지 않는 묘기가 훨씬 어렵다. 동물이 몸을 숨기려면 색조와 명암을 주위 환경과 맞추어야 할 뿐 아니라 표면 질감의 무늬와 비율도 배경과 어울려야 한다. 주변의 시각적 특징과 어울리지 않았다가는 시각적 불협화음을 일으켜 위장에 실패할 수 있다. 숲에서 튀어 보이는 데는 오만 가지 방법이 있지만 은근슬쩍 섞이는 데는 몇 가지 방법밖에 없다.

위장僞裝의 진화는 장소의 특징을 세심하게 고려해야 하는 까다로

운 과정이다. 그래서, 한 가지 시각적 배경에서만 살아가는 동물(이를
테면 히코리 껍질에만 앉는 나방)이 여러 배경을 왔다 갔다 하는 동물
(이를테면 히코리 껍질에서 단풍나무 껍질이나 미국생강나무 껍질로 날아
다니는 나방)보다 위장술을 진화시킬 가능성이 더 크다. 이에 반해 이
동하는 동물은 잽싸게 달아나거나 유독 화학 물질을 분비하거나 보
호용 가시를 두르는 등 다른 방어책을 활용한다.

위장하는 종의 경우, 특정 미소서식처에서 몸을 숨기는 것이 단기
적으로는 뛰어난 적응 전략이지만 장기적으로 보면 이런 특수화가
오히려 독이 될 수 있다. 주위 환경에 따라 자신의 운명이 결정되기
때문이다. 히코리 껍질에서 근사하게 몸을 감추는 나방은 히코리가
많을 때는 번성하겠지만, 히코리 개체 수가 줄면 달리 방어책이 없
는 새로운 시각 환경에서 눈매가 날카로운 새들에게 잡아먹힐 것이
다. 히코리가 여전히 많더라도, 히코리 껍질에만 적응한 나방은 생태
적 제약을 받기에 새로운 생활 방식을 진화시키지 못한다. 이에 반해
다른 방어책을 쓰는 사촌들은 위장 실패에 따른 희생을 겪지 않고
도 새로운 서식처를 발굴할 수 있다. 따라서, 나무의 회색 가지가 검
댕으로 새까맣게 변하자 영국회색가지나방English peppered moth 날개가 까
매지더라는 유명한 사례는 나방이 처한 진화적 압력을 대표한다고
보기 힘들다. 위장하는 동물이 운 좋은 돌연변이를 통해 환경 변화
에 그토록 수월하게 적응하는 것은 드문 일이다. 시각 환경이 복잡하
고 포식자의 눈이 매서운 곳에서 위장이 진화하는 것은 교과서에서
가르치는 것보다 힘들고 까다로운 법이다.

만다라를 굽이도는 민달팽이의 색깔은 바닥에 깔린 지의류나 젖은 낙엽의 색깔과 어울린다. 녀석은 거기에다 시각적 속임수를 곁들인다. 민달팽이는 까만 색소가 외피 전체에 불규칙하게 박혀 있어서 윤곽이 제대로 보이지 않는다. 가장자리가 아닌 곳을 가장자리로 착각하도록 새의 눈을 속이는 위장무늬는 포식자의 눈과 뇌에서 작동하는 신경 처리 장치를 혼란시킨다. 진짜 가장자리는, 무의미한 것처럼 보이는 패턴 속에 숨겨져 있다. 패턴 인식 체계를 혼란시키는 이러한 수법은 놀라운 효과를 발휘한다. 실험실에서 관찰했더니 위장무늬의 효과는 (눈에 잘 띄는 색깔인 경우에도) 단순한 위장색과 맞먹거나 더 뛰어났다.

위장무늬는 색깔이나 질감이 배경과 정확히 일치하지 않아도 효과가 있다. 따라서 한 서식처에서 완벽하게 위장하지만 그 서식처에서만 위장할 수 있는 동물과 달리, 위장무늬가 있는 동물은 다양한 서식처에서 몸을 숨길 수 있다. 민달팽이는 살갗에 녹색이 전혀 없는데도 녹색 이끼를 은신처로 삼는다. 포식자는 거짓 윤곽에 현혹되어, 먹을 수 있는 진짜 형태를 짐작하지 못한다. 오랫동안 눈여겨보지 않고서는 속임수를 알아차릴 수 없다. 먹이를 찾아다니는 포식자는 나처럼 한 시간 넘도록 앉아서 작은 이끼 조각을 관찰할 여유가 없다.

포식자에게도 대책이 없는 것은 아니다. 인간의 시각 능력 중에서 어떤 특징은 포식자와 먹잇감의 시각적 스파링이라는 관점에서 설명할 수 있다. 제2차 세계대전에서 군사 전략가들은 색맹인 병사가 색각(색시각)이 정상인 병사보다 위장을 간파하는 데 뛰어나다는 사실을 발견했다. 이후의 실험에 따르면 이색형 색각자(안구에 색 수용체가 두 가지밖에 없는 사람으로, 이른바 적록 색맹)는 삼색형 색각자(안구에 색 수용체가 세 가지 있는 사람으로, 일반적인 경우)보다 위장을 잘 알아차린다. 삼색형 색각자는 색의 변이에 집착하다 엉뚱한 착각을 하지만 이색형 색각자는 질감의 경계선을 감지하기 때문이다.

이색형 색각자의 뛰어난 패턴 인식 능력이 특이하기는 하지만, 불운한 돌연변이의 하찮은 기벽쯤으로 보일지도 모르겠다. 하지만 그렇지 않다는 증거가 두 가지 있다. 첫째, 인간에게서 이색형 색각자의 빈도는 남성의 경우—이색형 색각은 남성 성 염색체의 유전적 변화 때문에 생긴다—2대 8로, 부적응 사례로 보기에는 너무 높다. 이색형 색각이 이토록 흔하다는 것은 진화가 특정 상황에서 이 조건을 선호함을 암시한다. 둘째, 우리의 사촌인 원숭이, 특히 신세계원숭이도 이색형 색각과 삼색형 색각이 한 종에 공존한다. 이 종은 이색형 색각이 전체 개체의 절반 이상인데, 이 또한 이색형 색각이 우연한 결함이 아님을 암시한다. 실험실에서 마모셋원숭이를 관찰했더니 이색형 색각은 어두운 곳에서 삼색형 색각보다 유리했다. 삼색형 색각이 놓친 패턴과 질감을 보기 때문인 듯하다. 하지만 밝은 곳에서는 상황이 역전되어, 삼색형 색각은 잘 익은 빨간색 열매를 이색형 색각보다 빨리 찾는다. 이렇듯 원숭이의 시각 체계가 다양한 것은 숲의 빛 조건이 다양하기 때문일 것이다.

신세계원숭이는 대체로 집단을 이루어 협력하기 때문에, 집단 안에 두 가지 유형의 색각이 다 있으면 구성원 전체가 이익을 본다. 어떤 빛 조건에서도 먹이를 찾을 수 있기 때문이다. 이러한 설명이 인간에게도 적용되는지는 밝혀지지 않았다. 인간 또한 확장된 집단이라는 사회적 맥락에서 진화했기 때문에, 이색형 색각자의 존재가 과거의 자연 선택 때문일 가능성이 있다. 이색형 색각자가 포함된 집단이 삼색형 색각자만으로 이루어진 집단보다 뛰어나서 이색형 색각의 유전적 성향이 후손에게 전달된 것인지도 모르겠다. 이것은 흥미로운 추론이지만, 우리 조상이 살았던 환경과 비슷한 환경에서 인간의 시각 능력을 조사한 연구는 전혀 없다.

$$***$$

숲의 빛 변화에 대한 나의 반응은 잠재의식에서 미적 감각으로 표출되었다. 그런데 이런 미적 반응을 숲과 무관한 인공적 산물일 뿐이라고 치부하려는 유혹이 든다. 지나치게 계발된 인간의 취향보다 더 비자연적인 것이 어디 있겠는가? 하지만 인간의 미적 능력은 숲의 생태를 반영한다. 빛의 명암, 색조, 세기에 대한 민감도는 우리가 물려받은 진화적 유산과 밀접한 관계가 있다. 시각 능력이 다양한 것조차 조상의 생활 환경을 반영하는지도 모른다.

우리는 빛의 미묘한 변화를 감지할 수 없는 문명 세계에서 살아간다(이를테면 번쩍이는 컴퓨터 화면이나 광고판). 만다라의 변화하는 가을빛은 숲의 미묘한 조명에 대한 자각을 일깨웠다. 뒤늦은 자각이었다. 시슬리는 나보다 앞서 가을빛을 알아차리고 새잎을 틔웠다. 여러 세대에 걸친 자연 선택을 통해 빛의 비밀을 알아낸 민달팽이는 외피에 무늬를 새겼다. 거미, 홍관조, 딱따구리, 개구리는 모두 숲에 어떤 빛이 비치는지 알고 있으며, 숲의 풍성한 빛에 맞추어 행동과 거미줄, 깃털, 살갗을 조절한다. 마지막 황금색 잎이 빗방울에 떨어지는 지금, 내게도 보이기 시작한다.

# 가는다리새매

계절의 문턱을 넘었다. 얼음이 만다라에 돌아와 키 작은 풀들의 잎을 결정結晶의 털로 덮는다. 일주일 전부터 이따금 서리가 임관을 쓸고 지나갔지만, 가을 서리가 땅에 내려앉은 것은 이번이 처음이다. 서리에 해를 입지 않으려고 잎을 떨어뜨리는 낙엽 활엽수와 달리, 많은 풀들은 세포에 부동액처럼 당을 채워 추위를 견딘다. 또한 잎을 자주색 색소로 덮어 세포를 보호한다. 평상시의 빛 흡수 메커니즘이 얼어붙어 작동하지 않을 경우 햇빛으로 인한 피해를 막기 위해서다. 노루귀나 폴립니아처럼 온통 푸르기만 하던 풀들도 가장자리가 짙은 자주색으로 물들었다. 겨울이 다가오고 있다는 신호다. 이 잎들은 겨우내 매달려 있으면서 날이 따뜻할 때 찔끔찔끔 광합성을 하다가 봄 새싹에게 자리를 내주고 시들 것이다.

아침마다 서리가 내려 있지만 만다라에는 아직도 동물이 많다. 낮에 기온이 올라가면 작은 곤충이 하늘을 날고 개미, 노래기, 거미가 낙엽층에 북적거린다. 이 무척추동물들은 새의 훌륭한 영양 공급원이다. 북쪽의 숲에서 눈보라 때문에 먹이를 찾지 못해 얼마 전에 이곳으로 피신한 새들도 있다. 그중 하나인 겨울굴뚝새<sup>winter wren</sup>가 만다라를 방문한다. 내 옆에 내려앉아서 바늘처럼 뾰족한 부리로 가방의 접힌 부분과 재킷 옷단을 콕콕 찔러보다가 쏜살같이 가막살나무 덤불로 내뺀다. 가지에 앉아 고개를 갸우뚱하며 까만 한쪽 눈으로 나를 쳐다보더니 공중으로 날아올라 몇 미터 떨어진 땅바닥에 널브러진 가지 더미로 향한다. 작고 거무스름한 몸뚱이가 덤불 속으로 사라진다. 움직이는 모습이 새라기보다는 쥐를 닮았다. 녀석들이 지저귀는 소리는 일주일 전부터 늘상 들렸지만 이렇게 가까이에서 관찰할 수 있었던 것은 행운이다. 대체로 경계심이 강하기 때문이다.

만다라를 떠나 지금쯤 중앙아메리카와 남아메리카에 있을 이주성 휘파람새와 달리, 겨울굴뚝새는 이동 거리가 비교적 짧아서 겨우내 북아메리카에 머물러 있는다. 이것은 대체로 현명한 전략이다. 대륙 간 비행에 에너지를 낭비하지 않고 번식 장소로 재빨리 돌아올 수 있으니 말이다. 하지만 땅바닥과 쓰러진 나무에서 먹이를 찾는 습성 때문에, 매서운 겨울 날씨에 변을 당하기 쉽다. 남부의 숲에 추위가 몰려오고 눈이 높이 쌓이면 몇 년 지나지 않아 개체 수가 부쩍 감소할 수도 있다.

호기심 많은 겨울굴뚝새가 방문하기 전에, 아까도 조류와의 이례적 만남이 있었다. 숲에 가는 길이었는데 만다라 한가운데에서 푸른 빛이 수직으로 번득였다. 가는다리새매가 날개와 꼬리를 벌려 낙하 속도를 줄이더니 눈 깜박할 사이에 6미터 위로 치솟았다. 녀석은 날개를 뒤틀고 몸통을 수평으로 누인 채 상승 곡선을 그리며 단풍나무 가지에 올라앉았다. 척추와 긴 다리를 꼿꼿이 세우고 잠깐 앉아 있는가 싶더니 날개와 꼬리를 'T' 자로 고정한 채 비탈 아래로 활공하여 내려갔다.

돌멩이가 얼음을 지치듯 움직임이 수월하고 부드러웠다. 녀석이 시야에서 벗어나 나무의 안개 속으로 사라지자 중력이 밧줄처럼 나를 땅에 옭아매고 있다는 느낌이 들었다. 나는 바위 같다. 꼴사나운 돌덩이.

\*\*\*

가는다리새매가 묘기를 부리는 비결은 무게와 힘의 절묘한 조화다. 녀석의 몸무게는 겨우 200그램으로, 내 몸무게의 수백 분의 1밖에 안 된다. 반면에 가슴 근육은 두께가 몇 센티미터로, 전체 몸무게의 6분의 1을 차지하며 여느 사람의 가슴보다 더 두껍다. 녀석이 근육을 수축하면, 힘센 다리로 차올린 고무공처럼 몸이 위로 솟구친다.

사람들은 새매를 흉내 내려고 애썼지만, 중세에 탑에서 뛰어내린 사람들이나 헤이트애시베리에서 마약에 취해 건물 아래로 뛰어내린 사람들 모두 자유의 대가가 얼마나 쓰라린가를 뼈저리게 느꼈을 뿐이다. 우리는 화석 연료의 위력을 빌려 육체의 한계를 넘어섬으로써 비로소 우리를 땅에 붙들어 맨 밧줄을 끊어버릴 수 있었다. 스스로의 힘으로 그렇게 하려면 육체를 기괴하게 변형해야 했을 것이다. 가슴 근육 두께가 180센티미터이거나 몸의 나머지 부분이 불가능할 정도로 쪼그라들어야 했으리라. 납덩이 같은 육체를 감당하기에 우리는 너무 연약하다. 크레타에서 하늘로 날아오른 이카로스의 이야기는 자만심이 얼마나 위험한지 가르쳐주지만, 공기역학의 관점에서는 말이 안 된다. 태양이 밀랍과 깃털로 만든 이카로스의 날개를 녹이기 오래전에 중력이 겸손을 가르쳤을 테니 말이다.

무게와 힘의 조화는 새들의 나머지 생물학적 특징이 형성되는 바탕이기도 하다. 땅에 붙박인 동물은 생식 기관을 1년 내내 달고 다니지만, 새들은 번식이 끝나면 정소와 난소가 퇴화하여 작은 점 같은 조직으로 쪼그라든다. 마찬가지로 이빨도 종잇장처럼 얇은 부리와 먹이를 분쇄하는 위로 대체되었다. 자동차 유리창에 떨어지는 배설물은 또 다른 전략이다. 요소를 액체 상태가 아니라 요산 결정으로 배출하기 때문에 무거운 방광이 없어도 괜찮다.

새의 몸통은 일부만 단단하다. 몸의 상당 부분이 공기주머니로 차 있으며 속이 빈 뼈가 많다. 이 대롱 모양 뼈는 사람들에게 뜻밖의 선물이 되기도 했다. 중국의 고고학자들은 두루미 날개 뼈로 만든 9000년 전 피리를 발굴했다. 피리는 뼈에 구멍을 뚫어 만들었으며 현대의 서양식 도레미 음계와 비슷한 소리가 난다. 그리하여 신석기 예술가들은 비행의 마법을 또 다른 바람의 기적으로 승화시켰다.

(택배 포장용) 뽁뽁이처럼 가벼운 새매의 몸을 한층 위로 밀어올리는 것은 두터운 가슴 근육의 생리 작용이다. 새는 체온이 40도가 넘기 때문에, 근육을 구성하는 분자가 재빠르고 활발하게 반응한다. 그래서 굼뜬 포유류에 비해 근육을 수축하는 힘이 두 배나 된다. 근육에 그물처럼 퍼져 있는 모세 혈관에 혈액을 공급하는 심장은 몸에서 차지하는 크기가 포유류의 두 배이며 새의 조상 파충류의 누수 펌프보다 훨씬 효율적이다. 새의 허파는 공기가 한 방향으로만 흐르기 때문에 늘 혈액에 산소를 공급한다. 또한 공기주머니를 풀무로 활용하여 허파의 축축한 표면으로 공기가 흐르도록 한다.

　이렇듯 근사한 생리 작용은 비행에만 쓰이는 것이 아니다. 가는다리새매는 공중에서 춤을 춘다. 급강하하다가 돌연 멈추어 수직 상승하며 날개를 퍼덕거려 새로운 방향으로 몸을 틀었다가 상승 곡선을 그린 뒤에 실속失速(날개 위쪽과 뒤쪽에 소용돌이가 일어나 속력과 양력을 잃는 현상_옮긴이)을 이용하여 단풍나무 가지에 정확하게 착륙하는 데 걸린 시간은 10초에 불과했다. 우리는 새의 정확하고 아름다운 비행에 하도 익숙해져서 더는 감탄하지 않는다. 홍관조가 모이통에 내려앉는 광경이나 참새가 주차장의 차들 사이를 요리조리 빠져나가는 광경을 보면 놀라움에 몸이 얼어붙어야 마땅하다. 그런데도 우리는 동물이 허공에서 부리는 묘기가 별것 아닌 듯, 심지어 식상하다는 듯 외면하고 제 갈 길을 간다. 하지만 가는다리새매가 만다라 한가운데에서 치솟는 광경을 보는 순간 식상함이 물러나고 친숙함의 더께가 벗겨진다.

새의 날개 뼈는 사람의 아래팔과 구조가 같기 때문에, 새가 날개를 어떻게 올리고 접는지 부분적으로나마 상상할 수 있다. 하지만 깃털은 낯선 특징이어서 직관적으로 이해하기 힘들다. 사람에게서 가장 가까운 것은 털이지만, 우리의 단순한 단백질 밧줄은 흐물거리고 생명이 없는 반면에 새는 정교한 깃털을 마음대로 조종한다. 낱낱의 깃털은 중앙의 지지대인 깃털대<sup>rachis</sup> 양옆으로 날을 엇갈려 배치한 부채처럼 생겼다. 살갗 속 근육이 깃털대를 잡고 있어서, 새는 깃털 하나하나의 위치를 조절할 수 있다. 이런 점에서 날개는 작은 날개들이 조화를 이루어 움직이는 집단이며, 새는 이를 통해 날개를 근사하게 제어하여 우리의 감탄을 자아낸다.

새매가 숲 사이를 날 때 깃털은 공기를 아래로 밀어 내리고 날개를 위로 밀어 올린다. 또한 오목한 날개 아랫면보다 볼록한—끝이 아래로 굽은—윗면에서 공기가 더 빨리 흐른다. 공기 흐름이 빨라지면 압력이 낮아져 양력이 생긴다. 착륙하거나 급히 방향을 바꿀 때는 날개를 예각으로 젖혀 매끄러운 공기 흐름을 깨뜨린다. 그러면 날개 뒤의 난류가 브레이크 역할을 하여 날개를 뒤로 끌어당긴다. 새매는 이러한 실속 동작을 어찌나 정교하게 해내는지, 움직이지 않고서 가지에 올라앉은 것이 원래 쉬운 일인 것처럼 보일 정도다.

만다라의 새매는 사냥하던 중이었다. 가는다리새매는 겨울굴뚝새 같은 소형 조류를 주로 잡아먹는데, 넓고 짧은 날개 덕에 가지 사이를 누비고 다닐 수 있으며 먹이를 쫓을 때 힘차게 가속할 수 있다. 긴 꼬리를 방향타 삼아 복잡하게 얽힌 숲을 요리조리 통과하고 위로 치솟아, 날아다니는 새를 낫처럼 생긴 발톱으로 아래에서 낚아챈다. 먹잇감이 나무 구멍이나 덤불로 몸을 숨겨도 기다란 다리로 끄집어 낸다.

그런데 가는다리새매의 신체 구조에는 단점이 하나 있다. 날개가 둥근 탓에 뭉툭한 끄트머리에 난류가 생겨 공기 흐름이 뒤죽박죽 되는 것이다. 이런 소용돌이가 녀석을 끌어당기기 때문에, 매처럼 날개가 모난 종에 비해 오래 나는 데 불리하다. 게다가 독수리처럼 솟구칠 수 있을 만큼 날개가 넓지도 않다. 가는다리새매는 숲에서 살도록 태어났기에, 소나무와 참나무 가지를 쏜살같이 스치고 지나가는 데는 명수이지만 장거리 비행에는 적합하지 않다. 장거리를 날려면 날개를 퍼덕거렸다 잠깐 활공했다를 반복해야 한다. 매의 끊임없는 날갯짓과 독수리의 편안한 활공을 절충해야 하는 것이다. 참 성가신 일이다. 그래서 새매는 장거리 비행에 알맞은 새들과 달리 중간에 배를 채우고 휴식을 취해야 한다.

테네시의 가는다리새매는 이주하지 않지만, 추운 겨울에 훨씬 북쪽에서 내려오는 가는다리새매와 합류한다. 하지만 남쪽으로 향하는 가는다리새매의 가을 행렬이 최근 들어 부쩍 줄었다. 처음에 과학자들은 환경이 오염되거나 서식처가 사라져서 이주성 새매의 개체 수가 줄었을 것이라고 생각했다. 하지만 그것은 터무니없는 생각이다. 겨울에 남쪽으로 향하는 개체보다 얼어붙은 북부 숲에 머무르는 개체가 더 많기 때문이다. 보금자리에 남는 가는다리새매는 사람 사는 곳에 서성거리면서 북아메리카 생태계에 난데없이 등장한 '뒤뜰

298

의 새 모이통' 덕에 먹고산다.

인간이 새를 사랑하면서 새로운 이주 형태가 생겼다. 이 새로운 이주 형태는 새들의 북남 이주가 아니라 식물의 서동 이주다. 400만 제곱미터에 이르는 프레리(북아메리카 중앙 지역에 발달한 완만한 기복의 초원_옮긴이)의 생산력이 수백만 톤의 해바라기 씨앗에 담겨 동쪽으로 이동한 것이다. 이렇듯 빵빵하게 저장된 에너지는 나무 상자와 유리관에서 똑똑 떨어지며, 식량 공급이 들쭉날쭉한 겨울 동안 동부 숲의 명금류에게 안정적인 식량 공급원 노릇을 한다. 그 덕에 고깃간이 두둑해진 가는다리새매는 이곳 숲을 겨울 보금자리로 삼았다. 새 모이통은 숲의 식료품 창고를 두둑이 채우지만, 더 중요한 사실은 명금류가 모여들기 때문에 새매가 사냥하기 편해진다는 것이다.

새의 아름다움을 가까이서 보고 싶은 인간의 바람에서 시작된 물결은 프레리와 숲을 덮었고 만다라도 그 속에 잠겼다. 북쪽에서 온 이주성 새매 중에서 만다라의 새매보다 더 수월한 삶을 사는 녀석은 드물다. 명금류에게도 겨울이 덜 위험해졌다. 겨울굴뚝새 개체 수가 느는 것은 이 때문인지도 모른다. 굴뚝새가 많아지면 봄 한철살이 꽃의 씨앗을 날라줄 개미의 개체 수가 줄어서 식물 공동체에 파문이 일며 (균류를 먹고 사는) 곰팡이각다귀fungus gnat를 잡아먹을 거미의 거체 수가 줄어 균류 공동체에도 영향이 미친다.

우리가 움직일 때마다 수면이 진동하여, 우리의 바람이 만들어낸 결과를 세상으로 보낸다. 새매는 이렇게 퍼져 나가는 물결을 온몸으로 표현하며, 녀석의 놀라운 비행술은 우리의 눈길을 사로잡는다. 우리가 자연의 일부임은 웅장하고 실질적인 형태로 드러난다. 우리의 진화적 유연관계가 새매의 부채질하는 날개 속에서 펼쳐지고, 새매의 몸은 북부의 숲이나 프레리에 단단하게 물리적으로 연결되었으며, 새매가 보여주는 먹이 사슬의 잔인함과 우아함은 숲 전체에 물결처럼 퍼져 나간다.

# 곁가지

만다라에 드리운 가지가 완전히 헐벗었다. 이제 하늘을 가리는 것은 까만 창살뿐이다. 머리 위 단풍나무 꼭대기에서 다람쥐 한 마리가 믿기지 않을 만큼 가느다란 가지에서 균형을 잡는다. 뒷발로 가지를 움켜쥔 채, 아직 떨어지지 않은 씨앗 무더기를 향해 앞다리와 주둥이를 뻗는다. 다람쥐가 가지를 흔드는 바람에 씨앗 깍지와 잔가지가 우수수 땅바닥에 떨어진다. 통씨앗도 산들바람에 느릿느릿 회전하며 만다라 서쪽으로 몇 미터 떨어진 곳에 나풀나풀 내려앉는다. 단풍나무에서 다람쥐를 본 것은 몇 주 만에 처음이다. 얼마 전까지만 해도 히코리의 커다랗고 기름진 열매가 더 짭짤한 소득이었지만, 히코리 열매는 자취를 감추었기에 단풍나무 씨앗에 만족해야 한다.

다람쥐의 난폭한 채집 활동에 희생된 커다란 가지가 내 앞에 떨어져 있다. 길이는 내 아래팔의 절반이며, 끝에 달린 곁가지는 씨앗이 떨어져 나가 허전하다. 처음에는 흘끗 쳐다보고 무심코 지나쳤지만, 시선을 되돌리니 그제야 소소한 특징이 눈에 들어온다. 아직은 균류가 나무껍질의 흔적을 지우지 않아서, 수관에서 어떤 일이 있었는지 고스란히 기록되어 있다.

황갈색 껍질 곳곳에 희멀건 입이 달렸는데 입술이 위아래로 벌어졌다. 맨눈에 간신히 보이는 이 구멍이 바로 껍질눈lenticel으로, 이곳을 통해 공기가 아래쪽 세포에 전달된다. 곁가지가 가지가 되고 또 줄기가 되면서 껍질눈은 개수가 줄고 껍질 틈새 밑부분에 숨는다. 아이가 어른보다 몸에 비해 허파가 큰 것처럼, 어린 곁가지도 활발히 생장하는 세포에 산소를 공급해야 하기 때문에 껍질눈이 빽빽하게 들어차 있다.

잎이 돋았던 자리가 커다란 초승달 모양으로 부풀었다. 잎자국마다 작은 눈芽이 꼭대기를 덮거나, 눈이 자라던 자리가 둥글게 움푹 파였다. 이 눈에서 곁가지가 자라는데 대부분은 1년을 넘기지 못하고 죽는다. 언뜻 보기에는 무척 비효율적인 생장 방식 같다. 몇 년 뒤에 원가지가 되는 것은 남은 곁가지 수백 개 중에서 한두 개에 불과하다. 이런 낭비는 생명체의 경제에서 흔히 볼 수 있는 현상이다. 인간의 신경계도 복잡한 거미줄처럼 가지를 치며 발달하지만, 성숙 단계에는 가지가 죽어 오히려 단순해진다. 사회적 상호 작용도 마찬가지다. 새로 무리를 형성한 새들은 허구한 날 서로 싸우지만, 곧 서열이 정해져 자신의 직속 상관과 직속 부하와만 실랑이를 벌인다.

302

나무, 신경, 사회적 관계망은 모두 예측할 수 없는 조건에서 성장하는 체계다. 어린 단풍나무는 어디가 햇빛이 강할지 미리 알 수 없고, 신경계는 무엇을 학습하는 임무가 떨어질지 알 수 없으며, 새끼새는 자신의 서열이 몇 위가 될지 알 수 없다. 따라서 나무, 신경, 집단 구성원은 수십 수백 가지 변이형을 시도하여 가장 좋은 것을 선택함으로써 환경에 자신을 맞춘다. 빛을 차지하려는 경쟁은 어떤 곁가지가 살고 어떤 곁가지가 죽을지를 결정하며, 이러한 수백 가지 작은 사건들로부터 나무의 다양한 구조가 생겨난다. 벌판에서 빛을 듬뿍 받으며 자란 나무는 줄기 아래쪽부터 부채 모양으로 가지를 뻗기 때문에 실루엣이 넓고 둥글다. 여기 만다라의 나무들은 아랫부분의 가지가 성기며 수관이 촘촘하고 원통형이다. 빛을 차지하려고 북적대며 다툰 결과다. 이 과정은 자연 선택에 의한 진화와 비슷하다. 즉, 각 종마다 수천 가지 변이형 중에서 소수의 승리한 형질이 선택되는 것이다. 내 앞에 떨어진 짧은 곁가지에서도 이미 이 과정을 관찰할 수 있다. 오래된 안쪽은 양옆의 가지가 다 떨어져 밋밋하지만, 새로난 끝 부분은 휘어진 성냥개비마냥 가는 다발로 벌어져 있다.

　곁가지의 매끄러운 표면은 가느다란 팔찌를 여기저기에 몇 개씩 차고 있다. 이 팔찌는 눈비늘(아린芽鱗)이 남긴 흉터다(눈비늘은 국자처럼 생긴 덮개로, 휴면 중인 눈芽을 겨우내 보호한다). 해마다 흉터의 고리를 만들면서 시간의 흐름을 새기는 것이다. 눈비늘 사이의 거리를 보면 그해에 얼마나 왕성하게 생장했는지 알 수 있다. 끝에서부터 재어보니 이 단풍나무 가지는 올해 2.5센티미터, 작년에 2.5센티미터, 재작년과 재재작년에 7.5센티미터 자랐다. 가장 오래된 부위는 다람쥐 발에 잘려 나갔지만, 남은 부분의 길이는 15센티미터였다. 이 가지는 지난 5년에 걸쳐 생장 속도가 점차 느려졌다.

단풍나무 곁가지에서 시선을 돌려 만다라의 꼬마나무에 달린 눈비늘을 살펴본다. 여기에도 단풍나무 곁가지와 같은 패턴이 기록되었을까? 만다라 한가운데에 무릎 높이로 자란 푸른물푸레나무green ash는 가지 끄트머리에 웅장한 눈芽이 달렸다. 커다란 잎 두 장을 작은 잎 두 장이 둘러싼 모습이 마치 왕관을 부풀려놓은 듯하다. 이 경이롭고 두툼한 물체를 덮은 눈비늘은 표면이 까칠까칠하며 황설탕 색깔이다. 고작 2.5센티미터 아래에 지난해의 비늘 자국이 남아 있다. 올해에는 그다지 자라지 않았다. 작년은 엇비슷했지만, 재작년에는 5센티미터, 재재작년에는 20센티미터나 자랐다. 올해와 작년에 기후가 알맞지 않았던 걸까?

만다라 서쪽의 어린 단풍나무도 단풍나무 곁가지나 물푸레나무와 비슷한 패턴을 보이지만, 매해의 차이가 덜 두드러진다. 반면에 60센티미터 북쪽에 있는 단풍나무와 물푸레나무는 생장 패턴이 다르다. 두 나무의 곁가지는 2년 만에 25센티미터 이상 자랐다. 특히 동쪽을 향한 가지의 생장 속도가 빨랐다. 나무들은 기후에 똑같이 반응하지 않았다. 무언가 복잡한 과정이 생장에 영향을 미치는 것이 틀림없다.

생장 패턴이 다양한 요인 중 하나는 젊은 나무들의 햇빛 쟁탈전이다. 만다라에서 물푸레나무의 생장 속도가 느려지는 것은 주변의 오래된 물푸레나무와 단풍나무가 왕성하게 자랐기 때문일 가능성이 있다. 4년 전에는 이 어른 나무들이 만다라 가운데에 그늘을 드리울 만큼 높이 자라지 않았다. 지난 3년간 조금씩 그림자가 길어져 결국 어린 물푸레나무에게서 햇빛을 빼앗은 것이다.

빛을 차지하려는 줄기 대 줄기의 육박전 이외의 사건들도 나무의 생장에 영향을 미친다. 만다라 동쪽 바로 옆의 임관에는 커다란 구멍이 뚫려 있다. 두세 해 전에 오래된 카리아 오바타 히코리나무 shagbark hickory가 쓰러지면서 작은 나무 몇 그루가 덩달아 쓰러진 일이 있다. 이 나무가 쓰러지는 광경은 보지 못했지만, 딴 나무가 쓰러지는 것은 본 적이 있다. 나무가 쓰러질 때는, 우선 목질부가 꺾이고 줄기가 무게를 이기지 못하면서 소총 쏘는 소리가 난다. 뒤이어 수천 장의 잎이 수관에 쓸려 내려오면서 쉿 하는 소리가 크게 들린다. 쓰러지는 속도가 빨라지면서 소리도 커진다. 줄기가 땅바닥에 부딪힐 때는 커다란 베이스 드럼 소리가 난다. 소리뿐 아니라 진동도 느껴진다. 뒤이어 냄새가 풍겨온다. 찢긴 잎에서 풍기는 역하면서도 달콤한 냄새가, 갈라진 목질부와 껍질에서 나는 쌉쌀하고 축축한 냄새와 섞였다. 줄기가 부러지지 않아서 지렛대 효과 때문에 뿌리가 들리면, 땅을 파헤치며 뿌리가 180센티미터까지 치솟기도 한다. 큰 나무가 쓰러지면 일대 소동이 벌어진다. 작은 나무들이 깔려 납작해지고, 수관을 감은 덩굴이 딸려 내려가며, 가지들이 뒤틀린 채 곳곳에 널브러진다. 우리는 나무가 쓰러진 뒤에야 이것이 얼마나 거대한 생명체인지 알 수 있다. 바닷가에 떠내려와 죽은 고래처럼 말이다. 큰 나무가 쓰러지면—특히, 다른 나무가 덩달아 쓰러지면—집 여러 채만 한 면적이 숲에서 사라진다.

나무가 쓰러지면 빛이 쏟아져 들어온다. 꼬마나무는 (도목에 짓이겨지거나 밑에 깔리지만 않았다면) 햇빛을 듬뿍 받아 쑥쑥 자란다. 오래 기다렸다. 작고 어려 보이지만 이 꼬마나무들 중에는 수십 년, 아니 수백 년 묵은 것도 있다. 그늘에서 천천히 자라며 몇 년에 한 번씩 뿌리만 남기고 죽었다가 다시 싹을 틔우면서 하늘이 열려 어둠에서 해방될 때까지 묵묵히 기다리는 것이다.

임관에 구멍이 뚫리면 빛의 성질도 달라진다. 잎은 특정한 빛 파장을 유독 잘 흡수한다. 특히, 붉은 빛은 흡수하지만 적외선은 잎을 그냥 통과한다. 적외선은 파장이 아주 길어서 안구의 수용체에 감지되지 않으므로 우리 눈에는 보이지 않는다. 하지만 식물은 붉은 빛과 적외선을 '볼' 수 있다. 생장하는 곁가지는 두 파장의 비율을 이용하여 주변 상황을 파악한다. 임관이 덮여 있거나 나무가 빽빽하면 경쟁하는 식물의 잎이 붉은 빛을 대부분 흡수하기 때문에 적외선의 비중이 크다. 하지만 하늘이 뚫려 있으면 붉은 빛의 비중이 부쩍 커진다. 그러면 나무는 가지를 넓게 벌리고 끄트머리를 빛 쪽으로 뻗는다.

나무의 '색시각'은 잎에 들어 있는 화학 물질 덕분이다. '피토크로뮴phytochromium'이라는 이름의 이 분자는 두 가지 형태로 존재할 수 있다. 전환 스위치를 누르는 것은 빛이다. 붉은 빛은 스위치를 켜고 적외선은 끈다. 식물은 두 형태를 이용하여 붉은 빛과 적외선의 비율을 측정한다. 임관에 틈새가 생겨 불그스름한 빛이 새어 들어오면 대부분의 피토크로뮴 스위치가 켜지고 나무는 틈새를 향해 텁수룩한 가지를 뻗는다. 이에 반해 숲 그늘에서는 적외선이 우세하기 때문에 나무는 가느다란 줄기를 위로 세울 뿐 가지를 옆으로 뻗지 않는다. 나무는 몸 전체에 피토크로뮴이 박혀 있어서 하나의 커다란 눈처럼 몸 전체로 색을 감지한다. 자신이 숲을 바라보는 투명한 눈망울이라고 주장한 랠프 월도 에머슨은 나무의 뛰어난 색 지각 능력을 알았는지도 모르겠다.

틈새 바로 아래의 식물이 빛의 유입으로 인해 변화되는 것은 당연하지만, 이렇게 새어 들어온 햇빛은 주변에도—심지어 단풍나무와 히코리 양산을 쓴 만다라에도—흘러든다. 동쪽에서는 꼬마나무가 더 빨리 자라며, 동쪽을 바라보는 가지는 서쪽을 바라보는 가지보다 더 생기가 넘친다. 이곳에서는 비탈이 북동쪽으로 기울어져 있어서, 임관의 틈새가 기존의 격차를 더욱 벌린다.

땅에 바짝 붙은 초본 식물도 임관 틈새의 영향을 받는다. 폴립니아는 만다라 서쪽 절반에서는 찾아볼 수 없으며 한가운데에서는 시들시들하지만 동쪽 끝에서는 발목 높이까지 쑥쑥 자랐다. 폴립니아는 틈새에 적응하여, 양달의 한가운데에서는 무릎 높이까지 올라왔다. 가장 큰 녀석들은 내년에 마지막 성장을 마치고 꽃을 피울 때쯤 어깨 높이까지 자라 있을 것이다. 또 다른 초본 식물인 노루귀와 시슬리는 빛 속에 뛰어들려는 기미가 통 보이지 않는다. 만다라의 그늘진 서쪽 절반에서도 동쪽 못지않게 잘 자란다. 하지만 겉보기에는

다 같아 보여도 그 아래에 미묘한 차이가 숨겨져 있다. 이 식물들은 햇빛이 많아지면 키를 더 키우는 것이 아니라 씨앗을 더 많이 만들거나 뿌리줄기를 더 멀리 뻗기 때문이다.

5년이 지나지 않아, 양달은 임관에 도달하려고 경쟁하는 꼬마나무로 북새통을 이룰 것이다. 가장자리의 다 자란 나무는 임관 틈새에 도달하여 꼬마나무 위에서 햇빛을 차지할 것이다. 10년이 지나면 꼬마나무 중에서 한두 그루가 승리할 것이고 수십 그루는 패배하여 말라 죽을 것이다. 다 자란 나무는 임관에 도달한 뒤에 수백 년을 살테니 지금의 싸움이 긴 것은 아니지만, 젊은 나무들의 치열한 경쟁은 숲의 조성에 큰 영향을 미친다. 테네시의 다채로운 숲에서 벌어지는 임관 쟁탈전에서는 어떤 종도 매번 승리하지는 못한다. 토질과 기후가 다양하기 때문이다.

쓰러진 히코리나무와 부러진 곁가지는 임관에서 일어나고 있는 폭넓은 소란의 스펙트럼에서 두 지점에 해당한다. 이 스펙트럼의 한쪽 끝에는 허리케인 같은 대규모 재해가 있다. 이런 사건은 매우 드물며, 테네시의 이 지역에서는 기껏해야 100년에 한 번꼴로 찾아온다. 스펙트럼의 반대쪽 끝에는 다람쥐가 발로 나무를 망가뜨려 생긴 임관의 작은 구멍이 있다. 이런 구멍은 규모가 작고 금방 사라지며, 이렇게 생긴 양달은 봄 한철살이 식물과 키 작은 꼬마나무의 생장을 촉진한다. 썩은 나무와 겨울의 얼음비 폭풍도 임관에 작은 구멍을 낸다. 커다란 가지가 부러져 떨어지는 소리가 (특히 겨울에는) 몇 시간마다 들린다. 중간 규모의 소란도 흔히 일어난다(가장 일반적인 원인은 폭풍이다).

숲에 몰아치는 폭풍우는 잘 다듬어진 도시에서보다 더 원시적이다. 세찬 폭우가 가져다주는 잎의 냄새, 회색 빛, 냉기가 감각을 상쾌하게 자극한다. 하지만 나무를 뽑아버릴 정도의 폭풍은 희열을 넘어 전율과 공포를 일으킨다. 똑똑 떨어지던 빗방울이 사정없이 퍼붓기 시작하면 임관이 바람의 압력에 들썩인다. 나무줄기는 영락없이 부러지겠다 싶을 만큼 뒤로 휘어졌다가 다시 앞으로 되튕긴다. 나는 감각을 모두 깨운 채 앞을 노려본다. 그때 땅바닥이 요동친다. 나무가 시계추처럼 흔들리며 뿌리를 잡아당겨 땅이 솟아오른다. 거센 파도 위 보트의 갑판을 걷는 것처럼 발이 휘청거린다. 폭풍우는 감각을 혼란시킨다. 퍼붓는 빗줄기에 시야가 흐려지고, 잎 사이로 몰아치며 포효하는 폭풍에 귀가 멍멍해지고, 발밑의 땅이 기우뚱한다. 이렇듯 혼란에 휩싸이면 줄행랑치고 싶은 충동이 치민다. 하지만 바위 같은 피신처가 근처에 없다면 어딜 가도 안전하지 않다. 이따금 나무의 절단된 팔다리가 가지를 뚫고 땅에 처박힌다. 상상력이 제멋대로 날뛰어, 딱 하는 소리가 날 때마다 내 귀에는 나무 쓰러지는 소리로 들린다. 이렇게 폭풍우가 몰아칠 때면, 할 수만 있으면 은신처로 달아나거나 튼튼해 보이는 나무에 등을 대고 몸을 움츠릴 것이다. 무엇보다 두려운 일은 다 자란 나무가 쓰러지는 것이지만, 두려워도 어쩔 도리가 없으니 폭풍우가 잦아들 때까지 눈을 크게 뜨고 앉아서 기다리는 수밖에 없다. 폭풍우가 절정에 이르면 나의 무력함에 오히려 기묘한 편안함이 느껴진다. 내가 무슨 짓을 해도 폭풍우가 꿈쩍하지 않음을 알고 순응하면, 몸은 흥분에 휩싸였는데 마음은 맑은 신기한 상태가 찾아온다.

사나운 폭풍우는 해마다 수십 차례씩 숲을 강타한다. 하지만 비바람은 금세 그치고 물리적 피해는 좁은 면적에 국한된다. 여기서는 오래된 단풍나무 몇 그루, 저기서는 뿌리가 약한 대형 서양칠엽수<sup>buckeye</sup> 한 그루, 이런 식이다. 숲에는 나무가 쓰러져 생긴 틈새가 곰보 자국처럼 곳곳에 나 있다. 설탕단풍 같은 종은 임관에 틈새가 생겼다 하면 꼭대기까지 쑥쑥 뻗어 올라간다. 단풍나무는 그늘을 견딜 수 있어서, 임관에 틈새가 없어도 생장할 수 있다. 하지만 다른 종에게는 틈새가 유일한 희망이다. 백합나무와 (정도는 덜하지만) 참나무, 히코리, 호두나무는 밝은 빛이 있어야 생장할 수 있기 때문에, 숲 여기저기에서 말썽이 일어나지 않으면 종이 유지될 수 없다. 만다라의 응달에 내려앉은 백합나무 씨앗은 싹을 틔워 첫해에 살아남을 가망이 거의 없다. 하지만 이곳에서 6미터 동쪽에 착륙한 씨앗은 햇빛을 향한 타는 목마름을 달래고, 자신의 잠재력을 실현하여 수백만 대 일의 경쟁률을 뚫고 임관에 도달하려고 경쟁할 것이다.

임관이 재생되려면 (역설적으로) 틈새를 벌려 빛이 숲 바닥에 닿도록 해야 한다. 따라서 틈새의 역학에 조금이라도 변화가 생기면 숲의 생존 가능성이 달라진다. 그래서 만다라 옆의 틈새 뒤에서 자라는 가느다란 나무에 신경이 쓰였다. 이 나무는 올봄 이후 키가 1미터가량 컸는데, 틈새를 향해 뻗은 심장 모양 잎의 길이가 자그마치 60센티미터나 된다. 이 참오동<sup>Paulownia tomentosa</sup>(영어 일반명은 'Princess

Tree')처럼 생장 속도가 빠른 외래종이 동부 숲 전역에 확산되고 있
는데, 이들은 틈새에 침투하여 토종보다 빨리 자라 숲을 점령한다.
참오동과 가죽나무*Ailanthus altissima*(영어 일반명은 'Tree of Heaven') 동맹
군은 바람에 날리는 씨앗을 수천 개씩 만들어내어 재빨리 퍼져 나
간다. 도로 가장자리와 벌목된 숲을 유달리 좋아하지만, 작은 소란
뒤에 무주공산이 생기면 여느 개척자처럼 언제든 뛰어들 준비가 되
어 있다.

참나무, 히코리, 호두나무, 백합나무 같은 토종은 햇빛을 제대로
받아야 자랄 수 있기 때문에, 빠르게 생장하는 침입자들이 있으면
재생에 애를 먹는다. 참오동과 가죽나무가 틈새에서 싹을 틔우면 천
천히 생장하는 토종은 숨 막혀 죽는다. 산불이나 벌목, 주택 개발 때
문에 심하게 손상된 숲에서는 외래종 나무가 토종의 생태적 다양성
을 금세 훼손할 수 있다.

\*\*\*

곁가지 연구는 현실과 무관한 극히 전문적인 연구 분야처럼 보이
지만, 그것은 터무니없는 착각이다. 눈비늘 흉터의 개수를 헤아리고
연간 생장 길이를 재는 것은 토종 나무와 외래종 나무의 투쟁을 목
격할 뿐 아니라 전 세계 대기의 장부를 읽는 것과 같다. 곁가지는 해
마다 몇 센티미터씩 자라는데, 모든 나무의 모든 곁가지가 이만큼씩
자라므로 나무는 세계 최대의 탄소 저장고다.

곁가지, 잎, 굵어지는 줄기, 뻗어 나가는 뿌리 등 모든 종류의 생장을 감안하면 만다라는 올해 공기 중에서 10~20킬로그램의 탄소를 포집했을 것이다. 분량으로 치면 소형차 크기와 맞먹는다. 전 세계 지표면으로 보자면, 숲은 대기보다 두 배나 많은 탄소를 저장하고 있으며 그 무게는 1000조 톤을 넘는다. 이 어마어마한 저장고는 재난을 막아주는 완충 장치 역할을 한다. 숲이 없어지면 이 탄소는 대부분 이산화탄소 형태로 공기 중에 배출될 것이고, 그러면 엄청난 온실 효과가 일어나 우리는 통구이가 될 것이다.

우리는 석유와 석탄을 태우면서, 오래도록 보관되어 있던 탄소를 대기 중에 돌려보냈다. 하지만 숲은 기후 변화의 전면 공격으로부터 우리를 지켜주었다. 연소된 탄소의 절반을 숲과 바다가 흡수했기 때문이다. 그런데 요즘 들어 이 같은 숲의 완충 효과가 감소했다. 점점 더 많은 화석 연료를 태우고 있는 상황에서, 나무가 대기 중의 탄소를 빨아들이는 양에는 한계가 있기 때문이다. 그럼에도 숲은 우리의 방종이 가져올 끔찍한 결과로부터 여전히 우리를 보호한다. 따라서 곁가지와 눈비늘 흉터를 연구하는 것은 미래의 안녕을 연구하는 것이다.

# 낙엽

　낙엽층 표면에 뛰어들려는 듯 만다라 가장자리에 엎드려본다. 코 아래 붉은참나무[red oak] 잎이 바삭바삭하다. 햇볕과 바람이 잎을 말려준 덕에 균류와 세균이 감히 넘보지 못했다. 낙엽층 표면의 여느 잎처럼 1년 가까이 이 상태로 있다가 이듬해 여름비에 바스러질 것이다. 이 표면의 잎들이 껍질처럼 가려준 덕에 아래에서는 멋진 드라마가 펼쳐진다. 표면의 잎들을 방패 삼아, 아래의 축축하고 캄캄한 낙엽 세계에서는 가을의 나머지 허물이 분쇄되고 있다. 땅은 숨 쉴 때의 배腹처럼 해마다 10월이면 빠른 들숨으로 부풀었다가 생명력을 숲의 몸에 채우면서 내려앉는다.

　붉은참나무 잎 밑에 있는 다른 잎들은 축축하며 뒤죽박죽으로 쌓여 있다. 단풍나무와 히코리 잎 석장으로 이루어진 젖은 샌드위치

하나를 끄집어 올린다. 벌어진 틈에서 냄새가 파도친다. 처음에는 분해 과정에서 생긴 찌릿한 곰팡내가, 그 다음에는 싱싱한 버섯의 은은하고 상쾌한 냄새가 밀려온다. 바탕이 되는 냄새는 깊고 풍부한 흙냄새다. 건강한 흙이라는 증거다. 흙 속의 미생물 공동체를 '보는' 가장 좋은 방법은 냄새를 맡는 것이다. 눈의 빛 수용체와 수정체는 세균, 원생동물, 상당수 균류가 방출하는 광자를 판독하기에는 너무 크지만, 코는 미시 세계에서 흘러 나오는 분자를 감지할 수 있어서 눈으로 보지 못하는 것을 엿볼 수 있다.

엿보는 것은 우리가 할 수 있는 최선이다. 낙엽 아래의 흙 반 움큼에는 10억 마리의 미생물이 살고 있지만 실험실에서 배양하고 연구한 것은 1퍼센트에 불과하다. 나머지 99퍼센트는 상호 의존 관계가 너무 깊고 이 관계를 모방하거나 복제할 방법이 없기 때문에, 배양하고 연구하려고 분리하면 죽는다. 그래서 흙의 미생물 공동체는 커다란 미스터리로 남아 있으며, 대부분의 미생물은 명명되거나 알려지지 않은 채 살아간다.

이 미스터리의 가장자리를 긁어내면 무지의 덩어리가 벗겨지면서 보석이 떨어져 나온다. 내 코에 와 닿은 흙냄새의 정체는 가장 빛나는 보석 방선균이다. 방선균은 반#군체를 이루는 특이한 세균이며, 최고의 항생제 원료이기도 하다. 디기탈리스, 버드나무, 조팝나무spirea처럼, 방선균의 약용 화학 물질도 원래는 다른 종과 투쟁하는 무기, 즉 경쟁자나 적을 이기거나 죽이려고 분비하는 항생 물질이다. 이 투쟁을 인간에게 이롭게 활용하는 학문을 의진균학medicinal mycology이라

한다.

　방선균은 항생 물질을 만드는 것 말고도 흙 생태계에서 방대한 역할을 수행한다. 방선균의 식습관은 동물계의 모든 식습관을 합친 것만큼 다양하다. 어떤 방선균은 동물에 기생하고, 또 어떤 방선균은 식물 뿌리에 달라붙어 뿌리를 갉아 먹으면서 더 해로운 세균과 균류를 물리쳐준다. 뿌리에 사는 방선균 중 일부는 숙주를 배반하고 지하의 암살자가 되어 식물을 죽이기도 한다. 또한 방선균은 큰 생물의 사체를 뒤덮어 부식질(기름진 흙에 들어 있는 마법의 검은 성분)로 분해한다. 방선균은 어디에나 있지만 우리는 그 존재를 좀처럼 알아차리지 못한다. 다만 방선균이 얼마나 중요한가를 직관적으로 이해하는 것 같기는 하다. 우리의 뇌는 방선균의 독특한 '흙냄새'를 좋아하고 이 향기를 건강의 신호로 여기도록 프로그래밍 되어 있다. 멸균된 흙, 또는 너무 축축하거나 바짝 말라서 방선균이 살지 못하는 흙에서 나는 냄새는 고약하게 느껴진다. 오랫동안 수렵·채집과 농업을 하면서 인간의 코는 기름진 땅을 인식하도록 진화했으며, 인류는 자신의 생태적 지위(개개의 종이 생태계에서 차지하는 위치나 구실_옮긴이)를 규정하는 토양 미생물과 잠재의식 차원에서 관계를 맺었다.

　지구의 배에서 솟아오르는 복잡한 냄새에는, 콕 집어내기는 힘들지만 미생물 공동체의 또 다른 구성원들이 숨어 있다. 균류의 홀씨는 쓴 곰팡내를 내며, 낙엽의 잔해에서는 분해 세균이 달콤한 향기를 내뿜는다. 혐기성 미생물이 숨어 있는 젖은 흙에서는 메탄가스가 살포시 올라온다. 우리 코에 감지되지 않는 미생물도 많다. 세균은 대기 중의 질소를 잡아들여 생물학적 순환에 참여시킨다. 죽은 생물에게서 질소를 빼내어 대기에 돌려보내는 세균도 있다. 원생생물은 썩어가는 낙엽을 덮은 균류와 세균을 먹고 산다. 이 비밀스러운 미생물 세계는 10억 년 이상 존재했다. 특히 세균은 30억 년 전에 최초의 생명이 탄생한 뒤로, 생물을 먹여 살리는 생화학적 솜씨를 발휘하고 있다. 그러니 내 코에 들어온 이 냄새는 넓고도 깊고, 복잡하고도 오랜, 감추어진 세계에서 온 것이다.

미생물은 눈에 보이지 않지만, 낙엽의 문을 열어 드러난 땅의 맨살에는 볼 것이 얼마든지 있다. 새하얀 균사가 검은 잎에 금을 그었고, 분홍색 노린재목 곤충이 감귤색 거미 둘레를 돌며 춤춘다. 희멀건 톡토기가 지난해에 썩은 시커먼 낙엽 부스러기를 뒤적거린다. 모든 것이 축소판이다. 흙에 묻힌 단풍나무 씨앗이 으리으리한 대저택처럼 동물들을 내려다본다. 이곳에서 가장 큰 생물은 (식물의 아주 작은 일부에 불과할) 잔뿌리$^{rootlet}$다. 굵기는 핀 하나 정도밖에 안 되지만, 낙엽 밑의 흙을 지배하는 것은 이 잔뿌리다.

잔뿌리는 매끄러운 연노랑 선으로, 촘촘한 털을 사방으로 뻗었다. 낱낱의 털은 뿌리 표면이 미세하게 늘어난 것이다. 즉, 식물 세포에서 돋아난 일종의 섬모다. 이 털은 모래 입자를 헤집고 다니다가 흙에 달라붙은 수막$^{水膜}$으로 미끄러져 들어간다. 이 털 덕분에 뿌리의 겉넓이가 부쩍 넓어져 물과 영양소를 훨씬 많이 흡수할 수 있다. 뿌리를 뽑거나 옮겨 심느라 뿌리털이 흙과 분리되었을 때, 따로 물을 주지 않으면 식물은 시들어 죽는다. 뿌리털은 식물에 없어서는 안 될 필수 요소다.

뿌리털은 흙에서 물과 (용해된) 영양소를 빨아들여 위로 올려보내어 잎의 갈증을 달래고 식물의 생장에 필요한 무기질을 공급한다. 이 상승 운동에 필요한 에너지는 대부분 햇볕에 수분이 증산할 때 생기며 물관 속 물기둥을 타고 아래로 전달된다. 하지만 뿌리털은 우물의 펌프처럼 단순히 흙에 박은 파이프 끝이 아니며, 흙과 물리적·생물학적 상호 관계를 맺고 있다.

뿌리가 흙에 주는 선물 중에서 가장 단순한 것은 뿌리털이 진흙 입자에 달라붙은 영양 물질을 떼어내려고 방출하는 수소 이온이다. 진흙 덩어리는 음전하를 띠고 있어서, 칼슘이나 마그네슘처럼 양전하를 띤 무기질이 표면에 달라붙는다. 이렇게 끌어당기는 힘 덕분에 비가 와도 무기질이 씻겨 내려가지 않지만, 식물이 뿌리로 물을 빨아들이면서 무기질을 함께 흡수하지도 못한다. 뿌리털이 내놓은 해법은 양전하를 띤 수소 이온으로 진흙 입자를 흠뻑 적시는 것이다. 이렇게 하면 달라붙은 무기질 이온의 일부가 진흙 표면에서 떨어져 나온다. 이 무기질은 진흙을 둘러싼 수막을 떠다니다가 물의 흐름을 따라 뿌리털에 흡수된다. 가장 유용한 무기질이 가장 쉽게 떨어져 나오기 때문에, 뿌리털은 수소 이온을 조금만 방출하고서도 원하는 것을 얻을 수 있다. 수소 이온이 대량으로 스며들면—이를테면 산성비가 내릴 때—알루미늄 같은 유독 원소가 방출된다.

뿌리는 흙에 유기물도 많이 공급한다. 위쪽에서 분해되는 잎과 달리, 뿌리의 선물은 쓰다 버리는 폐기물이 아니라 적극적으로 분비하는 물질이다. 죽은 뿌리가 흙을 기름지게 하는 것은 분명하지만, 죽음이 가져다주는 선물은 산 뿌리가 흙에 주입하는 당, 지방, 단백질 혼합물에 비하면 새 발의 피다. 뿌리를 둘러싼 이 젤라틴 덮개는 (특히 뿌리털 근처에서) 열심히 생물학적 활동을 벌인다. 흙의 생명은 점심시간 샌드위치 가게처럼 대부분 좁은 근권根圈(root zone 또는 rhizosphere. 생장하는 뿌리가 물질을 섭취하고 저장함으로써, 결과적으로 구성 생물의 비율이 달라지는 등 다양한 변화를 일으키는 토양 환경_옮긴이)에서 북적거리며 모여 있다. 근권은 미생물 밀도가 여느 흙보다 100배나 높다. 원생생물이 밀집하여 미생물을 잡아먹고, 선형동물과 미세 곤충이 그 사이를 비집고 지나가고, 균류는 이 살아 있는 죽에 덩굴손을 집어넣는다.

근권의 생태는 대부분 미스터리에 싸여 있으며, 종잇장처럼 섬세한 탓에 연구하기가 힘들다. 식물이 흙 속 생명을 자극하는 것은 분명한데, 그 대가로 대체 무엇을 받는 것일까? 근권의 생물학적 다양성은 뿌리를 질병으로부터 보호하는지도 모른다. 다채로운 숲이 헐벗은 들판보다 잡초의 침입을 덜 받는 것처럼 말이다. 하지만 이것은 추측일 뿐이다. 우리는 어두운 밀림 입구에 선 탐험가다. 흙 속의 기묘한 형태를 엿보며 가장 신기한 몇몇 것들에 이름을 붙이지만 이해는 거의 하지 못한다.

*　*　*

근권의 밀림은 어두침침하지만, 이곳에 존재하는 한 가지 관계만
은 너무나 중요해서 아무리 급한 탐험가라도 그 덩굴에 발이 걸려
넘어져 땅바닥을 보았다면 어안이 벙벙한 채 고개를 쳐들 것이다. 낙
엽을 들추면, 식물과 놀라운 관계를 맺고 있는 동반자들이 보인다.
마치 땅속 거미줄처럼 흙을 뒤덮은 균사다. 어떤 것은 거무죽죽한 회
색인데, 마구잡이로 뻗어 나가며 걸리적거리는 것을 모조리 덮어버
린다. 또 어떤 것은 하얀 실을 하늘하늘 늘어뜨리며 갈라졌다가는
삼각주처럼 다시 만난다. 균사는 굵기가 뿌리털보다 열 배나 가늘다.
그 덕분에 미세한 흙 입자 사이에 비집고 들어가 뿌리보다 훨씬 효
과적으로 땅속에 침투한다. 흙 한 자밤에 들어 있는 뿌리털은 몇 센
티미터밖에 안 되지만, 균사는 30미터나 들어 있어 모래와 미사 알
갱이를 하나하나 감싼다. 이러한 균류는 대체로 혼자서 일하며 잎과
죽은 생물의 썩어가는 잔해를 소화하지만, 일부는 근권에 합류하여
뿌리와 대화하기 시작한다. 이 대화로 오래고도 꼭 필요한 관계가 맺
어진다.

균류와 뿌리는 화학 신호를 주고받으며 인사를 나누는데, 분위기
가 우호적이면 균류가 균사를 뻗어 뿌리를 움켜잡는다. 식물은, 어
떤 경우는 균류가 눌러앉도록 작은 잔뿌리를 내어주기도 하고 또 어
떤 경우는 균류가 뿌리의 세포벽을 뚫고 세포 안으로 들어오도록 허
락하기도 한다. 뿌리 세포 속에 들어온 균사는 마치 뿌리의 축소판

처럼 여러 갈래로 갈라진다. 그런데 이것은 병리학적 과정 아니던가? 인간은 세포가 이런 식으로 균류에 감염되면 병에 걸릴 테지만, 식물 세포에 침투하는 균사는 뿌리에게 해를 입히지 않으며 오히려 이롭다. 식물은 균류에게 당과 복합 분자를 공급하고, 균류는 그 보답으로 인을 비롯한 무기질을 보내준다. 둘의 결합은 두 계$^界$의 능력에 바탕을 둔다. 식물은 공기와 햇빛으로부터 당을 합성하고 균류는 흙의 작은 틈에서 무기질을 캐낸다.

균근$^{mycorrhizal}$ 관계는 프로이센 국왕이 송로버섯$^{truffle}$을 양식하려는 과정에서 처음으로 발견되었다. 왕명을 받은 생물학자 프랑크 교수는 이 귀중한 균류를 인위적으로 재배하는 데는 실패했지만, 송로버섯을 만드는 땅속 균류 그물망이 나무뿌리와 연결되어 있음을 알아냈다. 처음에는 균류가 뿌리에 기생하는 줄 알았지만, 나중에 균류가 나무에 영양을 공급하고 성장을 촉진하는 '유모' 역할을 하고 있음을 밝혀냈다.

식물계를 누비며 현미경으로 뿌리 표본을 들여다보던 식물학자와 균류학자는 거의 모든 식물의 뿌리가 균근 균류에 덮이거나 감싸여 있음을 발견했다. 식물은 대체로 균류가 없으면 살지 못한다. 살기는 살아도, 균류와 뿌리를 섞지 못하면 생장이 느려지고 허약해지는 것들도 있다. 대부분의 식물에게 균류는 흙에서 양분을 흡수하는 주된 표면이다. 뿌리는 자신과 균류를 연결하는 장치에 불과하다. 따라서 식물은 협력의 본보기다. 광합성이 가능한 것은 잎에 들어 있는 고세균 덕이고, 호흡이 가능한 것은 내부의 조력자 덕분이다. 뿌리는 이로운 균류의 땅속 그물망을 연결한다.

최근 실험에서는 균근 관계가 여기서 한 발 더 나갔음을 밝혀냈다. 식물생리학자들이 식물에 방사능 원자를 주입하여 숲 생태계 내의 물질 흐름을 추적했는데, 균류가 식물 사이의 도관導管 역할을 한다는 사실이 드러났다. 균근은 식물 뿌리를 닥치는 대로 연결한다. 식물은 겉보기에는 독립되어 있는 것 같지만 실제로는 땅속의 배우자 균류와 물리적으로 연결되어 있다. 만다라의 단풍나무가 대기 중에서 탄소를 뽑아내어 당으로 변환하면 이 당은 뿌리로 운반되어 균류에게 공급된다. 그러면 균류는 이 당을 자신이 쓰기도 하고 히코리나 단풍나무, 미국생강나무 따위에게 전달하기도 한다. 그러므로 식물 공동체에서 개별성이라는 것은 대부분 환상이다.

생태학은 땅속 그물망에 대해 밝혀진 사실을 아직 완전히 소화하지 못했다. 우리가 아는 숲은 여전히 빛과 영양 물질을 차지하려는 냉혹한 경쟁이 지배하는 곳이다. 균근의 자원 공유는 땅 위의 투쟁을 어떻게 변화시킬까? 빛을 차지하려는 경쟁은 과연 엄연한 현실일까? 어떤 식물이 균류를 양의 탈을 쓴 사기꾼 늑대로 활용하여 다른 식물을 숙주로 삼거나, 균류 때문에 식물들의 차이점이 줄고 비슷해지지는 않을까?

위의 질문에 대한 대답이 무엇이든, 자연계를 약육강식의 무자비한 전쟁터로 바라보는 낡은 시각을 바꿔야 한다는 것은 분명하다. 식물을 나눔과 경쟁의 두 측면에서 볼 수 있도록, 숲에 대한 새로운 비유가 필요하다. 가장 가까운 예는 사상계일 것이다. 사상가들은 개인적으로는 지혜를, 때로는 명성을 차지하려고 투쟁하지만, 이들은 공유된 지식 자원을 재료 삼아 사상을 전개하고 이러한 사상은 다시 공유된 지식 자원을 풍성하게 하므로 결과적으로 지적 '경쟁자'들도 함께 발전하게 된다. 우리의 마음은 나무와 같다. 문화라는 균류로부터 영양을 공급받지 못하면 성장이 지체될 수밖에 없다.

만다라를 떠받치는 균류와 식물의 협력 관계는 식물이 처음으로 뭍에 조심스러운 발걸음을 내디디던 시절로 거슬러 올라가는 오래된 혼인 관계다. 최초의 육상식물은 뿌리도, 줄기도, 진짜 잎도 없이 옆으로 퍼지기만 하는 끈에 불과했다. 하지만 균근 균류가 세포에 침투하면서 식물은 새로운 세상에 들어섰다. 초기 식물의 섬세한 화석에는 이러한 협력 관계의 증거가 새겨져 있다. 이 화석들은 식물의 역사를 새로 썼다. 우리는 뿌리야말로 육상식물 최초의 부위이자 가장 기본적인 부위라고 생각했는데, 이것은 나중에 진화적으로 끼워 맞춘 추정임이 드러났다. 식물 최초의 지하 징발관은 균류였다. 뿌리는 흙에서 영양 물질을 직접 찾고 흡수하기 위해서가 아니라 균류를 찾아 끌어들이기 위해 발달했을 것이다.

그리하여 협력은 진화의 정점에서 또 다른 보석을 얻는다.

생명의 역사에서 일어난 주요 변화는 대부분 식물과 균류의 결합 같은 합작 사업을 통해 이루어졌다. 큰 생물의 세포에는 어김없이 공생 세균이 들어가 살고 있을 뿐 아니라, 숙주가 된 생물 또한 공생 관계를 통해 형성되거나 변형된다. 육상식물, 지의류, 산호초 등은 모두 공생의 산물이다. 지구상에서 이 세 가지를 빼면 사실상 남는 것

322

이 없다. 만다라는 세균으로 덮인 돌 더미에 불과할 것이다. 인류의 역사에서도 이 패턴을 관찰할 수 있다. 인구의 급격한 증가를 가져온 농업 혁명이 가능했던 것은 인류가 밀, 옥수수, 쌀 같은 작물과 상호 의존 관계를 맺고 말, 염소, 소 같은 가축과 공동 운명체가 되었기 때문이다.

진화의 엔진에 불을 댕기는 것은 이기적 유전자이지만, 이 과정은 외로운 이기주의와 더불어 협력 행위를 통해 나타난다. 자연 경제에는 악덕 자본가 못지않게 많은 노동조합이 있고, 개인주의적 창업가 정신 못지않게 왕성한 연대가 있다.

나는 흙 속을 들여다보면서 진화와 생태를 사고하는 새로운 관점을 엿보았다. 아니, 이것을 '새롭다'라고 말할 수 있을까? 토양학자들은 우리 문화와 언어에 이미 담겨 있던 지식을 재발견하고 확장하는 것에 불과한지도 모른다. 흙의 생명에 대해 더 많은 것을 알수록 '뿌리', '토대' 같은 언어적 상징의 의미가 더 분명해진다. 이 단어들은 단순히 물리적 연결이 아니라 환경과의 호혜 관계, 다른 공동체 구성원과의 상호 의존, 뿌리가 주변에 미치는 긍정적 영향을 두루 일컫기 때문이다. 이 모든 관계가 생명의 역사에 아주 깊숙이 뿌리 내린 만큼, 개별성의 환상은 설 자리가 없으며 홀로 존재하는 것은 불가능하다.

# 땅속
# 동물

동물계에서 우리가 매일 마주치는 집단은 척추동물과 곤충 두 가지다. 생명나무의 두 가지[※]는 동물을 바라보는 문화적 관점의 대부분을 차지하지만, 동물의 구조적 다양성 측면에서 보면 극히 일부에 불과하다. 생물학에서는 동물계를 35개의 집단(문[門])으로 나누는데, 각각의 문은 신체 구조의 특징에 따라 정의된다. 척추동물과 곤충은 35개 문 가운데 두 아문[亞門]에 해당한다.

새와 벌은 우리의 상상력을 사로잡는 반면에 선형동물이나 편형동물 같은 나머지 동물은 의식의 어두침침한 뒷방에 처박혀 있는 이유는 무엇일까? 간단한 대답은 선형동물을 만날 일이 별로 없다는 것이다. (어쩌면, 그런 줄로만 알고 있기 때문일 수도 있다.) 더 심층적으로 대답하려면 동물계의 대부분이 우리에게서 감춰져 있는 이

유를 설명해야 한다. 우리는 밖에서 많은 시간을 보낸다. 그런데도 이웃과 마주치지 않는 이유는 무엇일까?

우리가 풍부한 경험을 누리지 못하는 이유는, 서식 가능한 면적 중에서도 매우 특이한 구석에서만 살아가기 때문이다. 우리가 마주치는 동물은 이 유별난 틈새에 서식하는 극소수에 지나지 않는다.

우리가 동물의 다양성으로부터 소외되는 첫 번째 이유는 크기다. 우리는 대다수 생물보다 수만 배 크기 때문에, 우리 주변과 몸 위를 기어다니는 릴리퍼트(『걸리버 여행기』에 등장하는 소인국 섬 이름_옮긴이) 주민을 감지할 만큼 감각이 예민하지 못하다. 세균, 원생생물, 진드기, 선형동물은 우리 몸이라는 산에 보금자리를 마련하지만, 척도의 차원이 달라서 우리 눈에 보이지 않는다. 경험주의자에게는 악몽 같은 상황이다. 지각을 훌쩍 뛰어넘는 실재가 버젓이 존재하니 말이다. 우리의 감각은 수천 년 동안 우리를 속여왔다. 유리 다루는 법을 익혀 맑고 매끄러운 렌즈를 제작할 수 있게 된 뒤에야 우리는 현미경을 들여다볼 수 있게 되었고 마침내 우리가 얼마나 무지했는지 깨달았다.

우리가 뭍에서 산다는 것 또한 동물계의 나머지 구성원과 동떨어질 수밖에 없는 요인이다. 이 때문에 거인으로서의 불리함이 가중된다. 동물계의 큰 가지 중에서 열에 아홉은 물에서—즉, 바다, 강이나 호수 같은 민물, 지하수, 동물의 축축한 체내에서—발견된다. 물을 떠난 예외로는 육상 절지동물(대부분 곤충)과 뭍으로 올라온 소수의 척추동물(대다수 척추동물 종은 어류이므로, 척추동물에게도 육상 생활

은 드문 일이다)이 있을 뿐이다. 진화는 우리를 젖은 굴에서 *끄집어냈*
으며 우리의 친척들은 뒤에 남았다. 그리하여 우리의 세상에는 극단
적인 생물이 살게 되었으며 우리는 생명의 진정한 다양성을 제대로
인식하지 못한다.

흙 속으로의 첫 다이빙 이후 나는 기묘한 생태적 은둔에서 벗어나
지표면 아래에 숨겨진 보물을 엿볼 수 있었다. 호기심이 동하여 더
깊이 파보기로 한다. 만다라 가장자리의 세 지점에서 작은 잎 덩어리
를 벗겨내고 낙엽층에 작은 구멍을 내어 돋보기로 살펴본 뒤에 잎을
다시 덮는다. 땅속은 땅 위와 놀랄 만큼 다르다. 땅 위는 곁을 지나
가는 박새 말고는 숲 속에 나 혼자뿐이다. 하지만 낙엽층 표면에서 1
센티미터만 내려가면 온갖 동물이 북적댄다.

내 시야에 들어온 가장 큰 동물은 떨어진 참나무 잎의 오목한 부
분에 웅크린 도롱뇽이다. 크기는 엄지손가락 손톱만 하지만, 딴 동물
보다 몇백 배는 크다. 근시인 고래가 보았다면 잔챙이 물고기 가운데
있는 악어처럼 보였을 것이다.

돋보기에 눈을 바짝 갖다대자 도롱뇽 뒤로 균사와 낙엽 위에서
번득이는 움직임과 미세한 떨림이 감지된다. 아플 정도로 눈에 힘을
주어보지만 도무지 정체를 모르겠다. 지각의 벽이 앞을 막아섰다. 다
행히 벽 앞쪽에도 볼 것은 많다. 가장 흔한 것은 톡토기다. 만다라가
여느 육상 생태계와 비슷하다면 만다라 안에 살고 있는 톡토기는 10
만 마리에 이를 것이다. 그러니 낙엽을 들출 때마다 적어도 한 마리
씩 눈에 띄는 것은 놀랄 일이 아니다. 맨눈으로 보면 특징 없는 반점

같지만, 돋보기를 들이대면 대포처럼 생긴 몸통에 땅딸막한 다리 여섯 개가 삐죽 나와 있는 것이 보인다. 내가 관찰한 녀석들은 죄다 희멀겋고 축축한데다 눈이 없다. 이 움직이는 젤리는 톡토기 중에서도 어리톡토기과<sup>onychiurid</sup>에 속한다. 색소가 없고 눈이 먼 것은 땅 속 환경에 맞게 진화했기 때문이다. 녀석들은 여느 톡토기와 달리 땅 위로 올라오는 법이 없다. 어리톡토기는 도약기<sup>furca</sup>가 퇴화하여 이름과 달리 톡톡 튀지도 못한다. 흙의 틈새에서 일생을 보내기 때문에, 배에 용수철을 달고 다닐 필요가 없다. 포식자를 만나면 팔짝 뛰어서 달아나는 게 아니라 피부 샘에서 유독 화학 물질을 분비한다. 그러나 포식성 진드기와 여느 토양 육식동물이야 화학 물질로 물리칠 수 있다지만 굴뚝새와 칠면조처럼 크고 드문 천적의 공격에는 별 효과가 없을 것이다.

10만 마리의 톡토기는 엄청난 양의 똥을 싸댄다. 만다라에 들어 있는 톡토기 알똥은 100만 개에 이르는데, 하나하나가 균류나 식물을 분해한 작은 두엄이다. 반면에 세균과 균류의 홀씨는 소화관을 무사히 통과하기 때문에, 톡토기는 미생물 공동체의 배달부이자 최고의 두엄 생산자라는 두 가지 임무를 수행한다. 소화관의 반대쪽 끝에서도 중요한 임무가 이루어진다. 아직 명확하게 밝혀지지는 않았지만, 톡토기는 균류와 식물 뿌리의 균근 관계를 한층 돈독하게 해주는 듯하다. 톡토기는 균사를 먹음으로써 어떤 균류를 자극하고 어떤 균류는 억제한다. 목초지에서 풀을 뜯는 소처럼, 웃자란 부분을 끊임없이 뜯어 먹고 똥으로 땅을 기름지게 하여 균류의 생장을 조절하는 것이다.

흙 생태계에서 주된 위치를 차지하는 톡토기이지만, 안타깝게도 분류학에서는 그에 걸맞은 대접을 받지 못하고 있다. 톡토기는 다리가 여섯 개이지만, 구기口器가 특이하고—머리에 달린, 뒤집을 수 있는 주머니에 들어 있다—DNA가 고유한 것으로 보건대 곤충의 자매 집단에 속한다. 곤충과 기타 무척추동물의 중간에 놓인 탓에, 톡토기를 연구하는 생물학자가 드물며 톡토기가 어떻게 사는지도 거의 알려져 있지 않다. 하지만 톡토기야말로 땅 위 곤충을 낳은 진화적 토양이다.

톡토기는 내가 관찰한 흙에서 개체 수로는 가장 많지만, 크기가 작아서 무게로 따지면 5퍼센트가 채 안 된다. 생태적 중요성에 비해 종 다양성도 빈약하다. 지구상의 톡토기는 6000종인 데 반해 곤충은 100만 종이나 된다(파리만 해도 10만 종이 넘는다). 그래서 만다라에서 눈에 띄는 톡토기는 전부 같은 종류로 보인다. 딴 동물은 분류학적으로 더 다양하기에 마주칠 때마다 종이 다르다.

톡토기 다음으로 많이 보이는 동물은 거미, 각다귀, 노래기 같은 절지동물이다. 절지동물의 갑옷은 공학자들의 감탄을 자아낼 만큼 다양하게 변형되었다. 어떤 것은 납작해져 파리의 날개가 되었고 또 어떤 것은 뾰족해져 거미의 독니가 되었다. 마디다리는 실을 자아내는 협각, 버섯을 씹어 먹는 구기, 오만 지형을 주파하는 장화로 변신했다. 몸 형태의 다양함으로 보자면 절지동물은 타의 추종을 불허하지만, 이 모든 형태는 동일한 기본 설계를 바탕으로 삼는다. 절지동물은 몸통 표면이 마디로 나뉘어 있으며, 몸이 자랄 때마다 주기적으로 이 허물을 벗는다.

절지동물이 만다라의 대표적 동물 문이기는 하지만 유일한 문은 아니다. 흙 속에서 작은 달팽이가 낙엽을 뜯어 먹는다. 어떤 녀석은 만다라 지표면에 사는 커다란 달팽이의 유생 단계이지만, 또 어떤 녀석은 낙엽층의 축축한 품속에서 일생을 보낸다. 달팽이 껍데기는 뛰어난 갑옷이기는 하지만, 온몸을 감싼 절지동물의 판갑옷보다는 단순하고 용도가 제한적이다. 달팽이는 허물을 벗지 않기 때문에, 온몸을 껍데기에 집어넣을 수 없다. 그래서 껍데기 입구(각구殼口)를 통해 공격하면 속수무책이다. 만다라의 달팽이 중 상당수는 껍데기의 주둥이 부분에 이빨 모양의 돌기(내순치內脣齒)를 만들어서 입구를 방어한다. 입구를 하도 빡빡하게 막아서, 먹이를 먹으려고 몸통을 껍데기 밖으로 내밀기 힘든 경우도 있다.

달팽이가 성공을 거둔 것은 혀를 기발하게 활용했기 때문이다. 달팽이는 세계 최고의 핥기 명수다. 지구상에서 달팽이의 혀가 닿지 않는 표면은 거의 없다. 달팽이의 혀, 즉 치설齒舌에는 이가 다닥다닥 나 있는데, 달팽이는 치설을 내밀었다 밀어넣었다 하면서 아래에 있는 것을 무엇이든 쓸고 지나간다. 치설은 입안으로 돌아올 때 뻣뻣한 주둥이 아랫부분을 지나면서 안쪽으로 말리는데 이때 이빨이 곤두선다. 이빨은 불도저 날(배토판排土板)처럼 아래의 표면을 긁어내어 먹이를 입안에 부어 넣는다. 컨베이어 벨트와 대패의 원리를 결합한 것이야말로 달팽이가 승승장구한 비결이다. 우리는 바위를 보면 헐벗었다는 생각밖에 안 들지만, 달팽이 눈에는 버터와 젤리의 막이 바위 표면을 덮고 있을 것이다.

땅속 다이빙을 계속 하다 보니 또 다른 신체 형태인 '벌레'(이 책에서는 비절지무척추동물인 연충蠕蟲_옮긴이)가 눈에 들어온다. 어떤 녀석은 마디가 나뉜 지렁이나, 지렁이의 작은 친척 물지렁이처럼 친숙하다. 하지만 친숙한 모양을 잠시 바라보다 이내 찢긴 잎 가장자리에 놓인 신기한 벌레에 눈길이 끌린다. 이 녀석은 돋보기로만 볼 수 있는데, 잎을 덮은 수막에 잠겨 있다. 내가 지켜보는 동안 고개를 쳐들어 허공에 대고 흔들더니 다시 물속에 잠긴다. 몸을 홱 비트는 동작을 보아하니 선형동물이 틀림없다. 선형동물은 지렁이나 물지렁이와 달리 마디가 없으며 머리와 꼬리가 뾰족하다. 만다라에 살고 있는 선형동물은 10억 마리가량 될 텐데, 대부분 아주 작아서 고배율 현미경이 있어야 관찰할 수 있다. 기생하는 녀석도 있고, 자유롭게 돌아다니면서 다른 동물을 잡아먹는 녀석도 있고, 식물과 균류를 먹는 녀석도 있다. 선형동물은 섭식 방식과 생태적 역할이 절지동물 다음으로 다양하다. 하지만 크기가 작고 물을 좋아하기 때문에 과학자들의 주목을 거의 받지 못했다. 선형동물을 연구하는 극소수 생물학자들이 자랑 삼아 말하길, 우주에서 모든 물질을 없애고 선형동물만 남겨도 지구는 원래의 형태를 유지할 것이라고 한다. 동물, 식물, 균류도, 히끄무레한 안개처럼 형태는 여전히 알아볼 수 있을 것이다. 선형동물은 어떤 환경에도 서식할 수 있도록 고도로 분화했기에, 서식처(동물, 식물, 균류)의 형태가 남을 테니 말이다. 벌레를 보면 그 사람을 알 수 있다고나 할까.

*　*　*

만다라의 겉흙을 뒤지는 것만으로 동물원에 있는 모든 동물을 합
친 것보다 더 많은 동물 신체 구조를 관찰할 수 있다. 수많은 동물
이 발밑에서 기어가고 꿈틀거리고 몸을 뒤튼다. 하지만 만다라 위쪽
에서 움직이는 것은 나 혼자뿐이다. 따뜻하고 축축한 흙은 온갖 동
물의 보금자리가 되지만, 아무리 여건이 좋다 해도 흙이 제대로 공
급되지 않으면 무용지물이다. 흙의 주요 식량 공급원은, 죽음이다. 모
든 육상동물, 잎, 먼지 입자, 배설물, 나무줄기, 버섯 갓 등은 언젠가
흙으로 돌아갈 운명이다. 암흑의 지하 세계를 거쳐 다른 생물의 먹
이가 되는 것은 우리 모두의 운명이다. 만물을 포괄하는 흙의 독점
은 인간의 경제에서 유례를 찾을 수 없다. 어떤 경제 부문이 딴 부문
보다 힘이 셀 수는 있지만, 한 산업이 나머지 '모든' 산업 활동을 동
력으로 삼고 그로부터 이익을 얻는 경우는 어디에도 없다. 은행이 비
슷하지만, 현금을 주고받으면 은행마저도 거치지 않는다. 하지만 자
연에서는 이사야(구약성서에 나오는 유대교 선지자_옮긴이)의 예언을 벗
어날 도리가 없다. "그들의 뿌리가 썩겠고 꽃이 티끌처럼 날리리니
……." 분해자와 동료가 다양하고 활발한 활동으로 흙을 채운다. 그
러므로 땅 위 세계가 지배한다는 것은 환상이다. 지구상에서 이루어
지는 활동의 (적어도) 절반은 땅 밑에서 이루어진다.

결국, 크고 뭍에 사는 우리는 동물의 다양성을 보지 못할 뿐 아니라 생물 생리의 참된 본성 또한 알지 못한다. 우리는 생명의 살갗 표면에 달린 커다란 장신구에 불과하다. 나머지 몸을 구성하는 수많은 미세한 생물들에 대해서는 어렴풋이 알 뿐이다. 만다라의 표면 아래를 엿보는 것은 살갗을 살짝 눌러 맥박을 느끼는 것과 같다.

# 우듬지

한낮이다. 하늘은 맑지만, 만다라에는 햇빛이 전혀 들지 않는다. 이곳은 비탈이 북동쪽으로 기운 탓에(북동쪽이 낮다_옮긴이) 지는 해를 등지고 있어서 가파른 오르막이 햇빛을 막는다. 비스듬한 빛이 절벽을 밝히고 우듬지(나무의 꼭대기 줄기_옮긴이)를 비추니, 지면에서 3.6미터를 경계로 나무의 빛과 어두움이 갈린다. 경계선은 날마다 낮아지다가, 2월이 되어 남중 고도가 높아지면 오랜만에 상봉한 햇빛이 땅바닥에 입을 맞출 것이다.

비탈 아래 50미터 지점에서 회색다람쥐 네 마리가 카리아 오바타 히코리 고목<sup>枯木</sup>의 위쪽 밝은 가지에서 어슬렁거린다. 한 시간째 지켜보고 있는데, 대개는 다리를 축 늘어뜨린 채 햇볕을 쬔다. 사이가 좋아 보인다. 이따금 뒷다리나 꼬리의 털을 서로 깨물어준다. 가끔 한 녀석이 일광욕을 중단하고 균류로 덮인 죽은 가지를 씹다가 슬그머니 동료들에게 돌아와 앉는다.

율서정적栗鼠靜寂의 장면을 보고 있자니 알 수 없는 기쁨이 차오른다. 지금까지는 다람쥐가 실랑이 벌이는 장면을 주로 보고 들었기에 오늘의 한가로운 풍경이 더욱 감미로운가 보다. 하지만 이것은 단순한 기쁨이 아니다. 과도한 훈련으로 피폐해진 정신이 짐을 던 심정에 가깝다. 야생동물이 자신의 세계에서 서로 놀고 장난치는 장면은 매우 직접적이고 현실적이지만, 동물과 생태를 다루는 교과서와 학술 논문에서는 이러한 현실이 송두리째 누락되었다. 이곳에 그 진실이 버젓이 드러나 있다. 진실은 어처구니없을 정도로 단순하다.

이 통찰은 과학이 틀렸거나 나쁘다는 차원이 아니다. 과학을 제대로 하면 오히려 세계와의 친밀감이 더욱 깊어진다. 하지만 과학적 사고방식에만 치중하는 것은 위험하다. 숲을 도표로, 동물을 기계로, 자연 활동을 복잡한 곡선으로 단순화할 우려가 있다. 오늘 목격한 다람쥐의 망중한은 그런 편협한 시각을 거부한다. 자연은 기계가 아니다. 동물에게도 느낌이 있다. 동물은 살아 있다. 동물은 우리의 사촌이다. 친척이라는 말에서 알 수 있듯 인간과 동물은 경험을 공유한다.

동물도 일광욕을 즐기지만, 현대 생물학 교육 과정에서는 이런 사실을 전혀 언급하지 않는다.

슬프게도 현대 과학은 인간 아닌 존재가 무엇을 경험하는지 볼 수도, 느낄 수도 없으며, 보려 들지도, 느끼려 들지도 않는다. 물론 '객관성'이라는, 과학의 한 수‡는 자연을 부분적으로 이해하고 문화적 편견에서 벗어나는 데는 유용할 수 있다. 빅토리아 시대와 이전 시대의 자연학자들은 모든 자연 현상을, 자신의 문화적 가치를 정당화하는 비유로 여겼는데, 현대 과학은 이에 대한 반작용으로 동물 행동을 분석할 때 감정을 배제하고자 했다. 하지만 수는 돌파구를 열 때나 필요한 것이지 전체 상황을 일관되게 바라보는 수단은 되지 못한다. 과학의 객관성은 낡은 통념을 버리는 대신 새로운 통념에 사로잡혔다. 학문적 엄밀성이라는 허울을 쓴 채 오만하고 냉담하게 세상을 내려다본다. 과학적 방법의 편협한 범위를 세상의 진짜 범위라고 착각하면 호된 꼴을 당할 수 있다. 자연을 순서도로 간주하거나 동물을 기계로 묘사하는 것이 유용하거나 편리할지는 모르지만, 이런 유용성만 가지고 우리의 제한된 통념이 세상의 형태를 반영한다고 착각해서는 안 된다.

편협하게 적용되는 과학의 오만이 산업 경제의 필요에 이바지하는 것은 우연이 아니다. 기계는 사고 팔고 버릴 수 있지만, 즐거움을 누릴 줄 아는 사촌은 사고 팔고 버릴 수 없다. 이틀 전 성탄절 전날에 미국 산림국에서는 통가스 국립 산림지의 오래된 숲 30만 에이커에 대한 상업적 벌목을 허용했다. 10억 제곱미터가 넘는 만다라가 사라지게 된 것이다. 순서도의 화살표와 목재의 수량 곡선이 이동했다. 현대의 산림 과학은 전 세계적 상품 시장과 긴밀하게 통합되었다. 둘의 언어와 가치관은 번역이 필요하지 않았다.

과학적 모형과 기계 비유는 쓸모가 있지만 한계 또한 존재한다. 우리가 알아야 할 모든 것을 알려주지는 못하기 때문이다. 우리가 자연에 갖다 붙이는 이론 바깥에는 무엇이 놓여 있을까? 올 한 해, 나는 과학적 도구를 내려놓고 듣고자 애썼다. 가설을 세우지 않고, 자료 추출 체계를 구성하지 않고, 학생들에게 답을 전달할 수업 계획을 짜지 않고, 기계와 관찰 장비를 동원하지 않고 자연에 다가가고자 했다. 나는 과학이 얼마나 풍성한지, 하지만 동시에 규모와 정신 면에서 얼마나 빈약한지 깨달았다. 미래 과학자를 길러내는 공식 과정에 귀 기울이기 훈련이 빠져 있다는 것은 안타까운 일이다. 귀 기울이지 못하는 과학은 불필요한 실패를 겪기 마련이다. 이 때문에 우리는 정신이 더욱 메마르고, 아마도 더욱 해로운 존재가 될 것이다. 귀 기울이는 문화는 숲에 어떤 성탄절 선물을 줄까?

볕을 쬐는 다람쥐를 보면서 내 머릿속을 스쳐 간 깨달음은 무엇이었는가? 과학에서 돌아서라는 가르침은 아니었다. 동물에 대해 알면 동물에 대한 경험이 더 풍성해지며, 과학은 동물을 깊이 이해하는 효과적인 방법이다. 내가 깨달은 사실은 모든 이야기가 조금씩 허구로 싸여 있다는 것이다. 통념을 단순화한 허구, 문화적 근시안의 허구, 이야기꾼의 자부심으로 인한 허구 말이다. 나는 이야기를 마음껏 즐기되, 이야기를 세상의 찬란하고 말로 표현할 수 없는 본성과 혼동하지 않는 법을 배웠다.

# 관찰

　골짜기 맞은편에서 서쪽을 바라보는 비탈에 늦은 오후의 햇빛이 비친다. 다닥다닥 붙은 나무들의 껍질에서 붉은 기가 도는 빛이 반사되어, 숲은 자줏빛과 잿빛을 발한다. 해가 뉘엿뉘엿 넘어가면서 한 줄기 그림자가 비탈을 따라 올라가며 따스한 반사광을 덮고 숲을 어둑한 갈색으로 물들인다. 해가 더 떨어지자 햇살이 산 위 하늘을 향한다. 지평선에서 진홍색 아지랑이가 피어오르고 하늘의 푸른빛이 처음에는 물기 어린 자줏빛으로, 다음에는 잿빛으로 바뀐다.

　열흘 전 동지에도 지금과 똑같은 해넘이를 관찰했다. 맞은편 숲 비탈에서 빛과 어둠의 경계선이 상승하는 광경이 눈길을 사로잡았다. 경계선이 산을 타고 올라가다가 그림자가 정상에 닿으면 빛나던 햇빛이 일순간에 사라질 터였다. 그림자의 선이 지평선과 맞닿은 바로 그 순간, 동쪽 숲 비탈에 숨은 코요테가 정적을 깨뜨리며 울음소리를 내기 시작했다. 30초가량 깽깽거리고 울부짖더니 다시 입을 다물었다. 코요테의 합창은 우연의 일치라고 보기에는 해가 비탈 뒤로 넘어가는 순간과 너무도 절묘하게 맞아떨어졌다. 코요테와 인간은 산 위에서 펼쳐지는 찬란한 장관을 함께 바라보며 해넘이에 함께 감동했는지도 모르겠다. 코요테의 울음소리는 햇빛과 달 모양에 예민하다고 알려져 있다. 따라서 이따금 지는 해를 바라보며 울부짖는다고 생각하는 것이 비합리적인 것만은 아니다.

오늘 저녁은 코요테가 조용하다. 다른 곳으로 갔는지도 모르겠다. 나는 코요테 없이 빛의 변화를 관찰한다. 하지만 숲은 고요하지 않다. 특히 새들이 요란하다. 낮 기온이 영상으로 올라가서 기운을 차렸나 보다. 어둠이 짙게 깔리고, 굴뚝새와 딱따구리가 재잘거리며 나뭇가지에 앉는다. 해가 지평선 너머로 떨어지고 수다쟁이 새들도 입을 다물었을 무렵, 비탈 바로 아래 나무 높은 가지에서 아메리카올빼미barred owl 한 마리가 소리 높여 우짖는다. 여남은 번 연거푸 고함을 지른다. 올빼미의 짝짓기 계절인 이 겨울에 짝을 부르는 소리인 듯하다.

올빼미 소리도 그치자 숲은 어느 때보다 깊은 침묵에 빠져든다. 새도, 곤충도 잠잠하다. 바람도 잦아들었다. 인간이 내는 소리(멀리서 들리는 비행기 소리와 자동차 소리)가 아득히 멀어진다. 들리는 것이라고는 동쪽의 잔잔한 개울물 소리뿐, 묘한 적막 속에서 10분이 흐른다. 그러다 바람이 빨라져 우듬지에서 서걱서걱 잎이 부딪힌다. 하늘

높이 비행기가 굉음을 내뿜고 먼 농장에서 들려오는 먹먹한 해머 소리가 계곡을 울린다. 주위가 고요하니 소리가 더욱 또렷이 들린다.

지평선은 제 색과 빛을 쏟아 버리고 검푸르게 변한다. 4분의 3 크기의 불룩한 달이 낮은 하늘에서 빛난다. 숲이 어둠에 잠기면서 눈이 힘을 잃는다.

캄캄한 하늘에 별들이 하나둘 불을 켠다. 낮의 원기가 이우니 몸과 마음이 편해진다. 그 순간—폭!—칼날에 찔린 듯 섬뜩하다. 공포. 코요테들이 정적을 찢어발긴다. 가까이에 있다. 어느 때보다 가까이에. 미치광이 같은 울음소리가 고작 몇 미터 바깥에서 들린다. 깽깽거리는 소리와 삑 하는 휘파람 소리가 차츰 커지고 목구멍 깊숙이에서 컹컹 짖는 소리가 낮게 깔린다. 마음이 돌변한다. 칼날이 모든 생각을 하나로 모은다. 코요테가 나를 물어뜯겠지. 제길, 소리가 왜 이렇게 큰 거야.

이 모든 과정이 단 몇 초 만에 지나갔다. 이제 제정신을 차린다. 코요테의 합창이 끝나자 칼날이 쑥 빠졌다. 코요테가 나를 공격할 가능성은 전혀 없다. 오히려 녀석들이 내 냄새를 맡지 못한 것이 다행이다. 안 그러면 이렇게 가까이 다가오지 않았을 테니까. 두려움은 금세 사라진다. 하지만 내 몸은 잠시나마 태곳적 가르침을 떠올렸다. 먹잇감으로 살아온 수억 년의 압축된 기억이 머릿속에서 또렷하게 분출한다.

코요테의 합창이 골짜기 아래로 수킬로미터를 내려가니 먼 곳의 헛간과 논밭에서 개들이 대답이라도 하듯 짖어댄다. 개의 마음도 오랜 세월의 선택을 통해 형성되었다. 농업을 하던 선조들은 늑대 같은 야생 친척들의 울음소리가 들리면 줄기차게 짖어대도록 선택에 영향을 미쳤다. 농장의 개들이 소란스럽게 짖어대면 코요테나 늑대가 감히 접근하지 못한다. 연약한 가축을 보호하는 소리 방패인 셈이다. 따라서 인간과 야생 갯과 동물, 가축화된 개는 소리의 진화적 그물 속에서 엉켜 살아간다. 숲 밖에서는 구급차의 사이렌 소리가 초랑超狼 ('초인über-mensch'에 빗댄 'über-wolf'_옮긴이)의 울음소리를 흉내 내어 인간의 깊숙한 두려움을 자극함으로써 이목을 집중시킨다. 개들은 사이렌 소리가 늑대 울음소리인 줄 알고 구급차를 향해 짖어댄다. 숲은 문명 속까지 우리를 따라와 우리 정신에 박혔다.

코요테 울음소리는 시작할 때처럼 불현듯 멈춘다. 어두워서 앞이 보이지 않고 코요테는 발소리를 내지 않으니 녀석들이 떠났는지, 어디로 갔는지 알 도리가 없다. 아마도 자기네도 인간이 두려워 멀찍이서 나를 둘러쌌다가, 작은 동물을 사냥하러 살금살금 도망쳤을 것이다.

\*\*\*

만다라는 다시 적막하다. 지금 이 순간에 집중하니 고향에 돌아온 듯 낯익은 기분이다. 만다라를 찾아와 총 수백 시간에 걸쳐 가만히 앉아 있으면서 나는 감각과 지성, 감정을 숲과 갈라놓은 장벽을 한 꺼풀 벗겨냈다. 예전에 몰랐던 방식으로 순간을 경험한다.

이런 소속감을 느끼고 있지만 나와 만다라의 관계가 단순하지만은 않다. 아주 가까이 느껴지는 동시에 닿을 수 없을 만큼 멀게 느껴지기 때문이다. 만다라에 대해 알수록 숲과 나의 생태적·진화적 근친성을 더욱 뚜렷이 볼 수 있었다. 이 지식은 내 몸에 엮여 나를 새롭게 만든다. 더 정확히 표현하자면, 내가 어떻게 만들어졌는가를 보는 능력을 일깨운다.

동시에 이에 못지않은 타자 감각이 자라났다. 숲을 관찰하는 동안 나의 무지가 얼마나 큰가 하는 깨달음이 나를 짓눌렀다. 만다라의 생물을 분류하고 명명하는 단순한 작업조차 버거웠다. 이들의 생활상을 이해하고 단편적 관계나마 이해하는 것은 불가능에 가깝다. 관찰 경험이 많아질수록, 만다라를 이해하고 가장 기본적인 성질을 파악하겠다는 희망이 점점 멀어졌다.

하지만 이러한 단절의 느낌은 무지에 대한 인식의 제고에 머물지 않는다. 마음속 깊숙한 곳에서, 내가 이곳에서 불필요한 존재임을, 인류 전체가 그러함을 깨달았다. 깨달으니 외롭다. 내가 숲과 무관한 존재라는 사실이 아프다.

그럼에도 만다라의 생명이 독립적이라는 사실에 말로 형언할 수 없는, 하지만 강렬한 기쁨이 벅차오른다. 몇 주 전에 숲을 걸을 때 이 기쁨을 처음 맛보았다. 털북숭이딱따구리 한 마리가 나무줄기에 내려앉아 느릿하게 노래 불렀다. 이 새의 타자성을 느꼈을 때 한 대 얻어맞은 기분이었다. 녀석과 비슷한 종들은 인류가 등장하기 전 수백만 년 동안 이런 노래를 불렀다. 녀석의 일상은 나무껍질 조각, 숨어 있는 딱정벌레, 이웃 딱따구리의 소리 등으로 가득 차 있었다. 나 자신의 세계와 평행하게 전개되는 또 다른 세계였다. 이 만다라 한 곳에만도 수백만 개의 평행 세계가 존재한다.

단절의 충격은 어떤 점에서 내게 안도감을 선사했다. 세상은 나를, 또는 인류를 중심으로 돌아가지 않는다. 자연계의 인과적 중심이 만들어지는 데 인간은 전혀 기여하지 않았다. 생명은 우리를 초월한다. 인류가 세상의 중심이 아니므로 우리는 바깥으로 눈을 돌려야 한다. 딱따구리가 날아오르는 모습을 보며 겸손함과 뿌듯함을 느꼈다.

그리하여 나는 이 만다라에서 이방인이자 구성원으로서 관찰을 계속한다. 밝은 달이 숲을 은은한 은빛으로 비춘다. 눈이 어둠에 익숙해지자 낙엽의 원을 가로지르는 내 달그림자가 보인다.

후기

현대의 자연 애호가는 우리 문화가 자연으로부터 자꾸만 멀어진다고 개탄한다. 이 불만에 (적어도 부분적으로는) 공감한다. 1학년 학생들에게 기업 상표 스무 개와 우리 지역의 흔한 생물 스무 종을 맞혀보라고 했더니 기업 상표는 대부분 맞히면서 생물 종은 거의 하나도 못 맞혔다. 다른 사람도 마찬가지일 것이다.

하지만 우리의 개탄이 새로운 것은 아니다. 현대 생태학과 분류학의 아버지 칼 린네는 18세기 사람들에게 자신의 식물학적 능력을 이렇게 설명했다. "보는 눈은 드물고 이해하는 마음도 드물다. 관찰과 지식이 없어서 세상은 막대한 손실을 입는도다." 훗날 앨도 레오폴드는 1940년대의 시대상을 반영하여 이렇게 썼다. "진짜 현대적인 것은 많은 중개자와 물리적 장치를 사이에 두고 땅과 단절되어 있다. 땅과 필연적 관계를 맺지 않는 것이다. …… 현대인을 아무 일도 하지 않고 하루만 땅에서 빈둥거리게 해보라. 그곳이 골프장이거나 경치가 아름답지 않다면, 따분해 죽을 지경일 것이다." 유능한 자연 애호가라면 자신의 문화가 땅과의 마지막 연결 고리를 잃기 직전이라고 늘 느꼈을 법하다.

나는 린네와 레오폴드의 말에 공감하지만 어떤 면에서 지금 우리가 자연 애호가에게 유리한 시대를 살아가고 있다고도 생각한다. 생명 공동체에 대한 관심은 수십 년 전보다, 어쩌면 수백 년 전보다 더 폭넓고 뜨겁다. 국가적, 국제적 정치 담론에서 생태계의 운명에 대해 우려를 표명한다. 환경 운동, 환경 교육, 환경 과학 등은 본디 전혀 주목받지 못했으나, 한 사람의 수명보다 짧은 기간에 각광 받는 분야가 되었다. 한편 인간과 자연의 단절을 어떻게 치유할 것인가의 문제는 교육 개혁가들에게 인기 있는 주제가 되었다. 이 모든 관심은 새롭고도 고무적인 현상일 것이다. 린네와 레오폴드의 시절에는 대중도, 정부도 딴 종의 생태에 별 관심을 두지 않았다. 물론 우리 조상의 무관심이 일으킨 생태 위기 때문에 이제는 관심을 안 가질 수 없는 노릇이지만, 다른 형태의 생명에 대한 순수한 관심과 그들의 행복에 대한 이해심 또한 일정한 역할을 했다고 생각한다.

현대 세계에는 자연 애호가를 방해하는 걸림돌이 많지만, 요긴한 연장도 매우 다양하다. 18세기에 자연사의 고전 『셀본의 자연사Natural History of Selborne』을 쓴 길버트 화이트에게 정확한 휴대용 도감들, 꽃 사진과 개구리 울음소리를 검색할 수 있는 컴퓨터, 최신 학술 논문 데이터베이스가 있었다면 자연에 대한 그의 꼼꼼한 관찰이 훨씬 풍부해지고 지적인 고독감이 줄어들고 생태적 이해가 한층 깊어졌을 것이다. 물론 인공적 온라인 세계에서 호기심을 허투루 발산했을지도 모르지만, 여기서 중요한 사실은 자연사에 관심이 있는 사람이라면 이제 그 어느 때보다 유용한 도구를 활용할 수 있다는 것이다.

나도 숲 만다라를 탐사하면서 이런 도움을 받았다. 이 책이 다른 이들의 탐사 욕구를 자극했으면 좋겠다. 내가 오래된 숲의 작은 조각을 관찰할 수 있었던 것은 행운이었다. 이것은 흔치 않은 특권이다. 오래된 숲은 미국 동부에서 0.5퍼센트도 채 남지 않았기 때문이다. 하지만 지구 생태계를 들여다보는 창은 오래된 숲만이 아니다. 만다라를 관찰하면서 얻은 한 가지 소득은, 감탄을 자아내는 '태곳적' 장소를 찾아내는 것이 아니라 평범한 장소에 관심을 기울임으로써 그곳을 경이로운 곳으로 탈바꿈시킬 수 있음을 깨달았다는 것이다. 뒤뜰, 가로수, 하늘, 들판, 어린 숲, 교외의 참새 떼—무엇이든 만다라로 삼을 수 있다. 자연의 흔한 사물도 세심하게 관찰하면 오래된 숲 못지않은 결실을 가져다준다.

사람마다 배우는 방식이 다르기 때문에, 만다라를 관찰하는 법을 조언하는 것이 주제넘은 것인지도 모르겠다. 하지만 내 경험에서 얻은 두 가지 깨달음은 새로 관찰을 시작하려는 사람에게 도움이 될 듯하다. 첫 번째 조언은 기대를 내려놓으라는 것이다. 흥분, 아름다움, 폭력, 계몽, 신성함 등을 기대하면 사물을 있는 그대로 관찰하는 데 방해가 되며 마음이 조급해질 우려가 있다. 오로지 감각이 열정적으로 열리기만을 기대하기 바란다.

두 번째 조언은 명상 훈련법을 차용하여 '지금 이 순간'에 주의를 집중하라는 것이다. 우리는 끊임없이 주의가 분산된다. 가만히 제자리로 돌려놓으라. 소리의 특징, 장소의 느낌과 냄새, 복잡한 시각적 환경 등 세세한 감각 요소를 찾고 또 찾으라. 고된 연습은 아니지만,

능동적으로 의지를 발휘해야 할 것이다.

마음의 내면적 성질은 그 자체로 자연사의 훌륭한 스승이다. 이곳에서 우리는 '자연'이 별개의 장소가 아님을 배운다. 우리도 동물이다. 생태적으로 진화적으로 풍성한 환경에서 살아가는 영장류일 뿐이다. 주의를 기울이면 어느 때든 우리 안의 동물을 관찰할 수 있다. 과일과 고기와 설탕과 소금에 끌리는 입맛, 사회적 계층과 패거리와 동료에 대한 집착, 인간의 피부와 머리카락과 체형의 아름다움에 대한 매혹, 끊임없는 지적 호기심과 야심을 확인할 수 있다. 우리들 각자는 오래된 숲 못지않게 복잡하고 깊숙한, 저마다의 사연이 담긴 만다라에서 살아간다. 게다가 자신을 관찰하는 것과 세상을 관찰하는 것은 대립하는 활동이 아니다. 나는 숲을 관찰함으로써 자신을 더 또렷이 보게 되었다.

자신을 관찰함으로써 발견하게 되는 것 중 하나는 주위 세상에 대한 친밀감이다. 생명 공동체를 명명하고 이해하고 향유하려는 욕망은 인간성의 일부다. 살아 있는 만다라를 고요히 관찰하는 것은 이 유산을 재발견하고 계발하는 한 가지 방법이다.

감사의 글

만다라가 있는 땅은 테네시 주 시워니 대학 소유다. 수많은 세대에 걸쳐 이 땅을 돌본 사람들의 노고가 아니었다면 이 책을 쓸 수 없었을 것이다. 대학 동료들은 격려와 자극을 아끼지 않았다. 특히 낸시 버너, 존 에번스, 앤 프레이저, 존 프레이저, 데버러 맥그래스, 존 팔리사노, 짐 피터스, 브랜 포터, 조지 램서, 진 이트먼, 해리 이트먼, 커크 지글러는 이 책과 관련한 물음에 답해주었다. 또한 짐 피터스는 생태학과 윤리학 합동 수업을 하면서 과학의 본질에 대한 통찰력을 전해주었다. 나는 시드 브라운과 톰 워드와 대화를 나누면서 명상 훈련 경험을 확장하고 일관성을 기할 수 있었다. 듀퐁 도서관의 뛰어난 직원들과 방대한 문헌 덕에 즐겁게 연구할 수 있었다. 시워니 대학의 훌륭한 학생들은 내게 영감을 선사했으며 생물학과 자연사 연구의 미래에 대해 큰 희망을 안겨주었다.

현지 자연 애호가들과 숲을 걸으면서 우리 지역의 자연사에 대한 인식을 부쩍 넓힐 수 있었다. 특히 조지프 보들리, 샌퍼드 맥지, 데이비드 위더스는 다년간 많은 탁견을 전해주었다.

옥스퍼드 대학의 빌 해밀턴, 스티븐 커지, 베스 오카무라, 앤드루

포미안코프스키, 코넬 대학의 크리스 클라크, 스티브 엠런, 릭 해리슨, 로버트 존스턴, 에이미 머큔, 캐럴 맥패든, 보비 페카르스키, 컨 리브, 폴 셔먼, 데이비드 윙클러는 내가 공식 대학 교육을 받는 동안 남달리 귀하고 너그러운 멘토였다.

스털링 대학 와일드브랜치 글쓰기 워크숍의 동료 참가자들은 내가 저술가이자 자연학자로 성장하도록 힘을 보탰다. 특히 내게 조언해주고 예를 들어준 토니 크로스, 앨리슨 호손 데밍, 제니퍼 산, 홀리렌 스폴딩에게 감사한다.

존 개터, 진 해스컬, 조지 해스컬, 잭 매크레이는 초고를 읽고 편집상의 조언을 해주었다. '9월 21일—약' 장의 수정본은 잡지 《홀 터레인Whole Terrain》에 실렸으며 애니 제이컵스와 편집부의 손을 거쳐 다듬어졌다. 헨리 해먼은 이 책이 틀을 갖춰가는 중요한 시기에 시간과 통찰력과 인맥을 아낌없이 베풀어주었다.

앨리스 마텔은 비범한 저작권 대리인이다. 선견지명을 갖춘 조언으로 내게 용기를 북돋아주었으며 뛰어난 업무 능력으로 이번 기획을 성사시켰다. 케빈 더턴은 통찰력 넘치는 편집 방향을 제시하여 원고에 일관성과 활력을 불어넣었다. 더턴은 책의 목동이자 대사이자 대변인으로 뛰어난 활약을 펼쳤다.

나는 수많은 자연 연구자에게 막대한 지적 빚을 졌다. 이들의 과학 연구 덕에 생물학에 대한 이해가 깊어졌다. 이 책이 그들의 중요한 업적을 드높이는 계기가 되기 바란다. 하지만 만다라에서의 경험과 직접 관계가 있거나 생물학 개념을 설명하는 데 필요한 문헌에 치중하느라 이들의 연구 상당수를 논의에서 누락할 수밖에 없었다. 세부 내용을 걸러내는 것은 (특히 과학에서는) 위험한 행동이므로, 독자들은 이 책의 참고 문헌과 그 밖의 자료를 참고하여 이 책에서 논의한 주제들을 더 깊이 파고들기 바란다.

세라 밴스는 넓은 아량과 탁견으로 이번 기획을 지원했다. 그녀의 과학적 비평, 편집상의 조언, 원고 준비와 관련한 실용적 지원 덕에 이 책을 쓸 수 있었을 뿐 아니라 수준을 부쩍 높일 수 있었다.

이 책은 숲의 뭇 생명에게 보내는 찬사다. 따라서 저작권 수입의 절반 이상을 숲 보존 사업에 기부하기로 했다.

참고 문헌

■ 머리말

Bentley, G. E., ed. 2005. *William Blake: Selected Poems*. London: Penguin.

■ 1월 1일 결혼

Giles, H. A., trans. and ed. 1926. *Chuang Tzŭ*. 2nd ed., reprint 1980. London: Unwin Paperbacks.

Hale, M. E. 1983. *The Biology of Lichens*. 3rd ed. London: Edward Arnold.

Hanelt, B., and J. Janovy. 1999. "The life cycle of a horsehair worm, *Gordius robustus* (Nematomorpha: Gordioidea)." *Journal of Parasitology* 85: 139-41.

Hanelt, B., L. E. Grother, and J. Janovy. 2001. "Physid snails as sentinels of freshwater nematomorphs." *Journal of Parasitology* 87: 1049-53.

Nash, T. H., III, ed. 1996. *Lichen Biology*. Cambridge: Cambridge University Press.

Purvis, W. 2000. *Lichens*. Washington, DC: Smithsonian Institution Press.

Rivera, M. C., and J. A. Lake. 2004. "The ring of life provides evidence for a genome fusion origin of eukaryotes." *Nature* 431:152-55.

Thomas, F., A. Schmidt-Rhaesa, G. Martin, C. Manu, P. Durand, and F. Renaud. 2002. "Do hairworms (Nematomorpha) manipulate the water seeking behaviour of their terrestrial hosts?" *Journal of Evolutionary Biology* 15: 356-61.

■ 1월 17일 케플러의 선물

Kepler, J. 1966. *The Six-Cornered Snowflake*. 1661. Translation and commentary by C. Hardie, B. J. Mason, and L. L. Whyte. Oxford: Clarendon Press.

Libbrecht, K. G. 1999. "A Snow Crystal Primer." Pasadena: California Institute of Technology. www.its.caltech.edu/~atomic/snowcrystals/primer/primer.htm.

Meinel, C. 1988. "Early seventeenth-century atomism: theory, epistemology, and the insufficiency of experiment." *Isis* 79: 68-103.

■ 1월 21일 실험

Cimprich, D. A., and T. C. Grubb. 1994. "Consequences for Carolina Chickadees of foraging with Tufted Titmice in winter." *Ecology* 75: 1615-25.

Cooper, S. J., and D. L. Swanson. 1994. "Seasonal acclimatization of thermoregulation in the Black-capped Chickadee." *Condor* 96: 638-46.

Doherty, P. F., J. B. Williams, and T. C. Grubb. 2001. "Field metabolism and water flux of Carolina Chickadees during breeding and nonbreeding seasons: A test of the 'peak-demand' and 'reallocation' hypotheses." *Condor* 103: 370-75.

Gill, F. B. 2007. *Ornithology*. 3rd ed. New York: W. H. Freeman.

Grubb, T. C., Jr., and V. V. Pravasudov. 1994. "Tufted Titmouse (*Baeolophus bicolor*)," The Birds of North America Online (A. Poole, ed.). Ithaca, NY: Cornell Lab of Ornithology; doi:10.2173/bna.86.

Honkavaara, J., M. Koivula, E. Korpimäki, H. Siitari, and J. Viitala. 2002. "Ultraviolet vision and foraging in terrestrial vertebrates." *Oikos* 98: 505-11.

Karasov, W. H., M. C. Brittingham, and S. A. Temple. 1992. "Daily energy and expenditure by Black-capped Chickadees (*Parus atricapillus*) in winter." *Auk* 109: 393-95.

Marchand, P. J. 1991. *Life in the Cold*. 2nd ed. Hanover, NH: University Press of New England.

Mostrom, A. M., R. L. Curry, and B. Lohr. 2002. "Carolina Chickadee (*Poecile carolinensis*)." The Birds of North America Online. doi:10.2173/bna.636.

Norberg, R. A. 1978. "Energy content of some spiders and insects on branches of spruce (*Picea abies*) in winter: prey of certain passerine birds." *Oikos* 31: 222-29.

Pravosudov, V. V., T. C. Grubb, P. F. Doherty, C. L. Bronson, E. V. Pravosudova, and A. S. Dolby. 1999. "Social dominance and energy reserves in wintering woodland birds." *Condor* 101: 880-84.

Saarela, S., B. Klapper, and G. Heldmaier. 1995. "Daily rhythm of oxygen-consumption and thermoregulatory responses in some European winter-acclimatized or summer-acclimatized finches at different ambient-temperatures." *Journal of Comparative Physiology B: Biochemical, Systems, and Environmental Physiology* 165: 366-76.

Swanson, D. L., and E. T. Liknes. 2006. "A comparative analysis of thermogenic capacity and cold tolerance in small birds." *Journal of Experimental Biology* 209: 466-74.

Whittow, G. C., ed. 2000. *Sturkie's Avian Physiology.* 5th ed. San Diego: Academic Press.

■ 1월 30일 겨울 식물

Fenner, M., and K. Thompson. 2005. *The Ecology of Seeds.* Cambridge: Cambridge University Press.

Lambers, H., F. S. Chapin, and T. L. Pons. 1998. *Plant Physiological Ecology.* Berlin: Springer-Verlag.

Sakai, A., and W. Larcher. 1987. *Frost Survival of Plants: Responses and Adaptation to Freezing Stress.* Berlin: Springer-Verlag.

Taiz, L., and E. Zeiger. 2002. *Plant Physiology.* 3rd ed. Sunderland, MA: Sinauer Associates. 한국어판은 『식물생리학』(라이프사이언스, 2013) 5판.

■ 2월 2일 발자국

Allen, J. A. 1877. *History of the American Bison.* Washington, DC: U.S. Department of the Interior.

Barlow, C. 2001. "Anachronistic fruits and the ghosts who haunt them." *Arnoldia* 61: 14-21.

Clarke, R. T. J., and T. Bauchop, eds. 1977. *Microbial Ecology of the Gut.* New York: Academic Press.

Delcourt, H. R., and P. A. Delcourt. 2000. "Eastern deciduous forests." In *North American Terrestrial Vegetation*, 2nd ed., edited by M. G. Barbour and W. D. Billings, 357-95. Cambridge: Cambridge University Press.

Gill, J. L., J. W. Williams, S. T. Jackson, K. B. Lininger, and G. S. Robinson. 2009. "Pleistocene megafaunal collapse, novel plant communities, and enhanced fire regimes in North America." *Science* 326: 1100-1103.

Graham, R. W. 2003. "Pleistocene tapir from Hill Top Cave, Trigg County, Kentucky, and a review of Plio-Pleistocene tapirs of North America and their paleoecology." In *Ice Age Cave Faunas of North America*, edited by B. W. Schubert, J. I. Mead, and R. W. Graham, 87-118. Bloomington: Indiana University Press.

Harriot, T. 1588. *A Briefe and True Report of the New Found Land of Virginia.* Reprint, 1972. New York: Dover Publications.

Hicks, D. J., and B. F. Chabot. 1985. "Deciduous forest." In *Physiological Ecology of North American Plant Communities*, edited by B. F. Chabot and H. A.

Mooney, 257-77. New York: Chapman and Hall.

Hobson, P. N., ed. 1988. *The Rumen Microbial Ecosystem*. Barking, UK: Elsevier Science Publishers.

Lange, I. M. 2002. *Ice Age Mammals of North America: A Guide to the Big, the Hairy, and the Bizarre*. Missoula, MT: Mountain Press.

Martin, P. S., and R. G. Klein. 1984. *Quaternary Extinctions*. Tucson: University of Arizona Press.

McDonald, H. G. 2003. "Sloth remains from North American caves and associated karst features." In *Ice Age Cave Faunas of North America*, edited by B. W. Schubert, J. I. Mead, and R. W. Graham, 1-16. Bloomington: Indiana University Press.

Salley, A. S., ed. 1911. *Narratives of Early Carolina, 1650-1708*. New York: Scribner's Sons.

### ■ 2월 16일 이끼

Bateman, R. M., P. R. Crane, W. A. DiMichele, P. R. Kendrick, N. P. Rowe, T. Speck, and W. E. Stein. 1998. "Early evolution of land plants: phylogeny, physiology, and ecology of the primary terrestrial radiation." *Annual Review of Ecology and Systematics* 29: 263-92.

Conrad, H. S. 1956. *How to Know the Mosses and Liverworts*. Dubuque, IA: W. C. Brown.

Goffinet, B., and A. J. Shaw, eds. 2009. *Bryophyte Biology*. 2nd ed. Cambridge: Cambridge University Press.

Qiu, Y.-L., L. Li, B. Wang, Z. Chen, V. Knoop, M. Groth-Malonek, O. Dombrovska, J. Lee, L. Kent, J. Rest, G. F. Estabrook, T. A. Hendry, D. W. Taylor, C. M. Testa, M. Ambros, B. Crandall-Stotler, R. J. Duff, M. Stech, W. Frey, D. Quandt, and C. C. Davis. 2006. "The deepest divergences in land plants inferred from phylogenomic evidence." *Proceedings of the National Academy of Sciences, USA* 103: 15511-16.

Qiu Y.-L., L. B. Li, B. Wang, Z. D. Chen, O. Dombrovska, J. J. Lee, L. Kent, R. Q. Li, R. W. Jobson, T. A. Hendry, D. W. Taylor, C. M. Testa, and M. Ambros. 2007. "A nonflowering land plant phylogeny inferred from nucleotide sequences of seven chloroplast, mitochondrial, and nuclear genes." *International Journal of Plant Sciences* 168: 691-708.

Richardson, D. H. S. 1981. *The Biology of Mosses*. New York: John Wiley and Sons.

■ 2월 28일 도롱뇽

Duellman, W. E., and L. Trueb. 1994. *Biology of Amphibians.* Baltimore: Johns Hopkins University Press.

Milanovich, J. R., W. E. Peterman, N. P. Nibbelink, and J. C. Maerz. 2010. "Projected loss of a salamander diversity hotspot as a consequence of projected global climate change." *PLoS ONE* 5: e12189. doi:10.1371/journal.pone.0012189.

Petranka, J. W. 1998. *Salamanders of the United States and Canada.* Washington, DC: Smithsonian Institution Press.

Petranka, J. W., M. E. Eldridge, and K. E. Haley. 1993. "Effects of timber harvesting on Southern Appalachian salamanders." *Conservation Biology* 7: 363-70.

Ruben, J. A., and A. J. Boucot. 1989. "The origin of the lungless salamanders (Amphibia: Plethodontidae)." *American Naturalist* 134: 161-69.

Stebbins, R. C., and N. W. Cohen. 1995. *A Natural History of Amphibians.* Princeton, NJ: Princeton University Press.

Vieites, D. R., M.-S. Min, and D. B. Wake. 2007. "Rapid diversification and dispersal during periods of global warming by plethodontid salamanders." *Proceedings of the National Academy of Sciences, USA* 104: 19903-7.


■ 3월 13일 노루귀

Bennett, B. C. 2007. "Doctrine of Signatures: an explanation of medicinal plant discovery or dissemination of knowledge?" *Economic Botany* 61: 246-55.

Hartman, F. 1929. *The Life and Doctrine of Jacob Boehme.* New York: Macoy.

McGrew, R. E. 1985. *Encyclopedia of Medical History.* New York: McGraw-Hill.


■ 3월 13일 달팽이

Chase, R. 2002. *Behavior and Its Neural Control in Gastropod Molluscs.* Oxford: Oxford University Press.


■ 3월 25일 봄 한철살이 식물

Choe, J. C., and B. J. Crespi. 1997. *The Evolution of Social Behavior in Insects and Arachnids.* Cambridge: Cambridge University Press.

Curran, C. H. 1965. *The Families and Genera of North American* Diptera. Woodhaven, NY: Henry Tripp.

Motten, A. F. 1986. "Pollination ecology of the spring wildflower community of a temperate deciduous forest." *Ecological Monographs* 56: 21-42.

Sun, G., Q. Ji, D. L. Dilcher, S. Zheng, K. C. Nixon, and X. Wang. 2002. "Archaefructaceae, a new basal Angiosperm family." *Science* 296: 899-904.

Wilson, D. E., and S. Ruff. 1999. *The Smithsonian Book of North American Mammals.* Washington, DC: Smithsonian Institution Press.

■ 4월 2일 전기톱

Duffy, D. C., and A. J. Meier. 1992. "Do Appalachian herbaceous understories ever recover from clear-cutting?" *Conservation Biology* 6: 196-201.

Haskell, D. G., J. P. Evans, and N. W. Pelkey. 2006. "Depauperate avifauna in plantations compared to forests and exurban areas." *PLoS ONE* 1: e63. doi:10.1371/journal.pone.0000063.

Meier, A. J., S. P. Bratton, and D. C. Duffy. 1995. "Possible ecological mechanisms for loss of vernal-herb diversity in logged eastern deciduous forests." *Ecological Applications* 5: 935-46.

Perez-Garcia, J., B. Lippke, J. Comnick, and C. Manriquez. 2005. "An assessment of carbon pools, storage, and wood products market substitution using life-cycle analysis results." *Wood and Fiber Science* 37: 140-48.

Prestemon, J. P., and R. C. Abt. 2002. "Timber products supply and demand." Chap. 13 in *Southern Forest Resource Assessment*, edited by D. N. Wear and J. G. Greis. General Technical Report SRS-53, U.S. Department of Agriculture. Asheville, NC: Forest Service, Southern Research Station.

Scharai-Rad, M., and J. Welling. 2002. "Environmental and energy balances of wood products and substitutes." Rome: Food and Agriculture Organization of the United Nations. www.fao.org/docrep/004/y3609e/y3609e00.HTM.

Yarnell, S. 1998. *The Southern Appalachians: A History of the Landscape.* General Technical Report SRS-18, U.S. Department of Agriculture. Asheville, NC: Forest Service, Southern Research Station.

■ 4월 2일 꽃

Fenster, C. B., W. S. Armbruster, P. Wilson, M. R. Dudash, and J. D. Thomson. 2004. "Pollination syndromes and floral specialization." *Annual Review of Ecology, Evolution, and Systematics* 35: 375-403.

Fosket, D. E. 1994. *Plant Growth and Development: A Molecular Approach.* San

Diego: Academic Press.

Snow, A. A., and T. P. Spira. 1991. "Pollen vigor and the potential for sexual selection in plants." *Nature* 352: 796-97.

Walsh, N. E., and D. Charlesworth. 1992. "Evolutionary interpretations of differences in pollen-tube growth-rates." *Quarterly Review of Biology* 67: 19-37.

■ 4월 8일 물관

Ennos, R. 2001. *Trees.* Washington, DC: Smithsonian Institution Press.

Hacke, U. G., and J. S. Sperry. 2001. "Functional and ecological xylem anatomy." *Perspectives in Plant Ecology, Evolution and Systematics* 4: 97-115.

Sperry, J. S., J. R. Donnelly, and M. T. Tyree. 1988. "Seasonal occurrence of xylem embolism in sugar maple (*Acer saccharum*)." *American Journal of Botany* 75: 1212-18.

Tyree, M. T., and M. H. Zimmermann. 2002. *Xylem Structure and the Ascent of Sap.* 2nd ed. Berlin: Springer-Verlag.

■ 4월 14일 나방

Smedley, S. R., and T. Eisner. 1996. "Sodium: a male moth's gift to its offspring." *Proceedings of the National Academy of Sciences, USA* 93: 809-13.

Young, M. 1997. *The Natural History of Moths.* London: T. and A. D. Poyser.

■ 4월 16일 해오름의 새들

Pedrotti, F. L., L. S. Pedrotti, and L. M. Pedrotti. 2007. *Introduction to Optics.* 3rd ed. Upper Saddle River, NJ: Pearson Prentice Hall.

Wiley, R. H., and D. G. Richards. 1978. "Physical constraints on acoustic communication in the atmosphere: implications for the evolution of animal vocalizations." *Behavioral Ecology and Sociobiology* 3: 69-94.

■ 4월 22일 걷는 씨앗

Beattie, A., and D. C. Culver. 1981. "The guild of myrmecochores in a herbaceous flora of West Virginia forests." *Ecology* 62: 107-15.

Cain, M. L., H. Damman, and A. Muir. 1998. "Seed dispersal and the holocene migration of woodland herbs." *Ecological Monographs* 68: 325-47.

Clark, J. S. 1998. "Why trees migrate so fast: confronting theory with dispersal biology and the paleorecord." *American Naturalist* 152: 204-24.

Ness, J. H. 2004. "Forest edges and fire ants alter the seed shadow of an ant-dispersed plant." *Oecologia* 138: 448-54.

Smith, B. H., P. D. Forman, and A. E. Boyd. 1989. "Spatial patterns of seed dispersal and predation of two myrmecochorous forest herbs." *Ecology* 70: 1649-56.

Vellend, M., Myers, J. A., Gardescu, S., and P. L. Marks. 2003. "Dispersal of *Trillium* seeds by deer: implications for long-distance migration of forest herbs." *Ecology* 84: 1067-72.

■ 4월 29일 지진

U.S. Geological Survey, Earthquake Hazards Program. "Magnitude 4.6 Alabama." http://neic.usgs.gov/neis/eq_depot/2003/eq_030429/.

■ 5월 7일 바람

Ennos, A. R. 1997. "Wind as an ecological factor." *Trends in Ecology and Evolution* 12: 108-11.

Vogel, S. 1989. "Drag and reconfiguration of broad leaves in high winds." *Journal of Experimental Botany* 40: 941-48.

■ 5월 18일 약탈하는 채식주의자

Ananthakrishnan, T. N., and A. Raman. 1993. *Chemical Ecology of Phytophagous Insects*. New York: International Science Publisher.

Chown, S. L., and S. W. Nicolson. 2004. *Insect Physiological Ecology*. Oxford: Oxford University Press.

Hartley, S. E., and C. G. Jones. 2009. "Plant chemistry and herbivory, or why the world is green." In *Plant Ecology*, edited by M. J. Crawley. 2nd ed. Oxford: Blackwell Publishing.

Nation, J. L. 2008. *Insect Physiology and Biochemistry*. Boca Raton, FL: CRC Press.

Waldbauer, G. 1993. *What Good Are Bugs?: Insects in the Web of Life*. Cambridge, MA: Harvard University Press.

■ 5월 25일 물결

Clements, A. N. 1992. *The Biology of Mosquitoes: Development, Nutrition, and Reproduction*. London: Chapman and Hall.

Hames, R. S., K. V. Rosenberg, J. D. Lowe, S. E. Barker, and A. A. Dhondt. 2002. "Adverse effects of acid rain on the distribution of Wood Thrush *Hylocichla mustelina* in *North America.*" *Proceedings of the National Academy of Sciences, USA* 99: 11235-40.

Spielman, A., and M. D'Antonio. 2001. *Mosquito: A Natural History of Our Most Persistent and Deadly Foe.* New York: Hyperion.

Whittow, G. C., ed. 2000. *Sturkie's Avian Physiology.* 5th ed. San Diego: Academic Press.

- 6월 2일 탐구

Klompen, H., and D. Grimaldi. 2001. "First Mesozoic record of a parasitiform mite: a larval Argasid tick in Cretaceous amber (Acari: Ixodida: Argasidae)." *Annals of the Entomological Society of America* 94: 10-15.

Sonenshine, D. E. 1991. *Biology of Ticks.* Oxford: Oxford University Press.

- 6월 10일 양치식물

Schneider, H., E. Schuettpelz, K. M. Pryer, R. Cranfill, S. Magallon, and R. Lupia. 2004. "Ferns diversified in the shadow of angiosperms." *Nature* 428: 553-57.

Smith, A. R., K. M. Pryer, E. Schuettpelz, P. Korall, H. Schneider, and P. G. Wolf. 2006. "A classification for extant ferns." *Taxon* 55:705-31.

- 6월 20일 얽힘

Haase, M., and A. Karlsson. 2004. "Mate choice in a hermaphrodite: you won't score with a spermatophore." *Animal Behaviour* 67: 287-91.

Locher, R., and B. Baur. 2000. "Mating frequency and resource allocation to male and female function in the simultaneous hermaphrodite land snail *Arianta arbustorum.*" *Journal of Evolutionary Biology* 13: 607-14.

Rogers, D. W., and R. Chase. 2002. "Determinants of paternity in the garden snail *Helix aspersa.*" *Behavioral Ecology and Sociobiology* 52: 289-95.

Webster, J. P., J. I. Hoffman, and M. A. Berdoy. 2003. "Parasite infection, host resistance and mate choice: battle of the genders in a simultaneous hermaphrodite." *Proceedings of the Royal Society, Series B: Biological Sciences* 270: 1481-85.

■ 7월 2일 균류

Hurst, L. D. 1996. "Why are there only two sexes?" *Proceedings of the Royal Society, Series B: Biological Sciences* 263: 415-22.

Webster, J., and R. W. S. Weber. 2007. *Introduction to Fungi*. 3rd ed. Cambridge: Cambridge University Press.

Whitfield, J. 2004. "Everything you always wanted to know about sexes." *PLoS Biol* 2(6): e183. doi:10.1371/journal.pbio.0020183.

Xu, J. 2005. "The inheritance of organelle genes and genomes: patterns and mechanisms." *Genome* 48: 951-58.

Yan, Z., and J. Xu. 2003. "Mitochondria are inherited from the MATa parent in crosses of the Basidiomycete fungus *Cryptococcus neoformans*." *Genetics* 163: 1315-25.


■ 7월 13일 반딧불이

Eisner, T., M. A. Goetz, D. E. Hill, S. R. Smedley, and J. Meinwald. 1997. "Firefly 'femmes fatales' acquire defensive steroids (lucibufagins) from their firefly prey." *Proceedings of the National Academy of Sciences, USA* 94: 9723-28.


■ 7월 27일 양달

Heinrich, B. 1996. *The Thermal Warriors: Strategies of Insect Survival*. Cambridge, MA: Harvard University Press.

Hull, J. C. 2002. "Photosynthetic induction dynamics to sunflecks of four deciduous forest understory herbs with different phenologies." *International Journal of Plant Sciences* 163: 913-24.

Williams, W. E., H. L. Gorton, and S. M. Witiak. 2003. "Chloroplast movements in the field." *Plant Cell and Environment:* 2005-14.


■ 8월 1일 영원과 코요테

Brodie, E. D. 1968. "Investigations on the skin toxin of the Red-Spotted Newt, *Notophthalmus viridescens viridescens*." *American Midland Naturalist* 80:276-80.

Hampton, B. 1997. *The Great American Wolf*. New York: Henry Holt and Company.

Parker, G. 1995. *Eastern Coyote: The Story of Its Success*. Halifax, Nova Scotia: Nimbus Publishing.

- 8월 8일 방귀버섯

Hibbett, D. S., E. M. Pine, E. Langer, G. Langer, and M. J. Donoghue. 1997. "Evolution of gilled mushrooms and puffballs inferred from ribosomal DNA sequences." *Proceedings of the National Academy of Sciences, USA* 94: 12002-6.

- 8월 26일 여치

Capinera, J. L., R. D. Scott, and T. J. Walker. 2004. *Field Guide to Grasshoppers, Katydids, and Crickets of the United States.* Ithaca, NY: Cornell University Press.

Gerhardt, H. C., and F. Huber. 2002. *Acoustic Communication in Insects and Anurans.* Chicago: University of Chicago Press.

Gwynne, D. T. 2001. *Katydids and Bush-Crickets: Reproductive Behavior and Evolution of the Tettigoniidae.* Ithaca, NY: Cornell University Press.

Rannels, S., W. Hershberger, and J. Dillon. 1998. *Songs of Crickets and Katydids of the Mid-Atlantic States.* CD audio recording. Maugansville, MD: Wil Hershberger.

- 9월 21일 약

Culpeper, N. 1653. *Culpeper's Complete Herbal.* Reprint, 1985. Secaucus, NJ: Chartwell Books.

Horn, D., T. Cathcart, T. E. Hemmerly, and D. Duhl, eds. 2005. *Wildflowers of Tennessee, the Ohio Valley, and the Southern Appalachians.* Auburn, WA: Lone Pine Publishing.

Lewis, W. H., and M. P. F. Elvin-Lewis. 1977. *Medical Botany: Plants Affecting Man's Health.* New York: John Wiley and Sons.

Mann, R. D. 1985. *William Withering and the Foxglove.* Lancaster, UK: MTP Press.

Moerman, D. E. 1998. *Native American Ethnobotany.* Portland, OR: Timber Press.

U.S. Fish and Wildlife Service. 2009. *General Advice for the Export of Wild and Wild-Simulated American Ginseng* (Panax quinquefolius) *Harvested in 2009 and 2010 from States with Approved CITES Export Programs.* Washington, DC: U.S. Department of the Interior.

Vanisree, M., C.-Y. Lee, S.-F. Lo, S. M. Nalawade, C. Y. Lin, and H.-S. Tsay. 2004. "Studies on the production of some important secondary metabolites from medicinal plants by plant tissue cultures." *Botanical Bulletin of Academia Sinica* 45: 1-22.

■ 9월 23일 털애벌레

Heinrich, B. 2009. *Summer World: A Season of Bounty.* New York: Ecco.

Heinrich, B., and S. L. Collins. 1983. "Caterpillar leaf damage, and the game of hide-and-seek with birds." *Ecology* 64: 592-602.

Real, P. G., R. Iannazzi, A. C. Kamil, and B. Heinrich. 1984. "Discrimination and generalization of leaf damage by blue jays (*Cyanocitta cristata*)." *Animal Learning and Behavior* 12: 202-8.

Stamp, N. E., and T. M. Casey, eds. 1993. *Caterpillars: Ecological and Evolutionary Constraints on Foraging.* London: Chapman and Hall.

Wagner, D. L. 2005. *Caterpillars of Eastern North America: A Guide to Identification and Natural History.* Princeton, NJ: Princeton University Press.


■ 9월 23일 독수리

Blount, J. D., D. C. Houston, A. P. Mller, and J. Wright. 2003. "Do individual branches of immune defence correlate? A comparative case study of scavenging and non-scavenging birds." *Oikos* 102: 340-50.

DeVault, T. L., O. E. Rhodes, Jr., and J. A. Shivik. 2003. "Scavenging by vertebrates: behavioral, ecological, and evolutionary perspectives on an important energy transfer pathway in terrestrial ecosystems." *Oikos* 102:225-34.

Kelly, N. E., D. W. Sparks, T. L. DeVault, and O. E. Rhodes, Jr. 2007. "Diet of Black and Turkey Vultures in a forested landscape." *Wilson Journal of Ornithology* 119: 267-70.

Kirk, D. A., and M. J. Mossman. 1998. "Turkey Vulture (*Cathartes aura*)," The Birds of North America Online (A. Poole, ed.). Ithaca, NY: Cornell Lab of Ornithology. doi:10.2173/bna.339.

Markandya, A., T. Taylor, A. Longo, M. N. Murty, S. Murty, and K. Dhavala. 2008. "Counting the cost of vulture decline-An appraisal of the human health and other benefits of vultures in India." *Ecological Economics* 67: 194-204.

Powers, W. *The Science of Smell.* Iowa State University Extension. www.extension.iastate.edu/Publications/PM1963a.pdf.


■ 9월 26일 이주

Evans Ogden, L. J., and B. J. Stutchbury. 1994. "Hooded Warbler (*Wilsonia citrina*)," The Birds of North America Online (A. Poole, ed.). Ithaca, NY: Cornell Lab of Ornithology. doi:10.2173/bna.110.

Hughes, J. M. 1999. "Yellow-billed Cuckoo (*Coccyzus americanus*)," The Birds of North America Online (A. Poole, ed.). Ithaca, NY: Cornell Lab of Ornithology. doi:10.2173/bna.418.

Rimmer, C. C., and K. P. McFarland. 1998. "Tennessee Warbler (*Vermivora peregrina*)," The Birds of North America Online. doi:10.2173/bna.350.

■ 10월 5일 경보음의 파도

Agrawal, A. A. 2000. "Communication between plants: this time it's real." *Trends in Ecology and Evolution* 15: 446.

Caro, T. M., L. Lombardo, A. W. Goldizen, and M. Kelly. 1995. "Tail-flagging and other antipredator signals in white-tailed deer: new data and synthesis." *Behavioral Ecology* 6: 442-50.

Cotton, S. 2001. "Methyl jasmonate." www.chm.bris.ac.uk/motm/jasmine/jasminev.htm.

Farmer, E. E., and C. A. Ryan. 1990. "Interplant communication: airborne methyl jasmonate induces synthesis of proteinase inhibitors in plant leaves." *Proceedings of the National Academy of Sciences, USA* 87: 7713-16.

FitzGibbon, C. D., and J. H. Fanshawe. 1988. "Stotting in Thomson's gazelles: an honest signal of condition." *Behavioral Ecology and Sociobiology* 23: 69-74.

Maloof, J. 2006. "Breathe." *Conservation in Practice* 7: 5-6.

■ 10월 14일 시과

Green, D. S. 1980. "The terminal velocity and dispersal of spinning samaras." *American Journal of Botany* 67: 1218-24.

Horn, H. S., R. Nathan, and S. R. Kaplan. 2001. "Long-distance dispersal of tree seeds by wind." *Ecological Research* 16: 877-85.

Lentink, D., W. B. Dickson, J. L. van Leewen, and M. H. Dickinson. 2009. "Leading-edge vortices elevate lift of autorotating plant seeds." *Science* 324: 1438-40.

Sipe, T. W., and A. R. Linnerooth. 1995. "Intraspecific variation in samara morphology and flight behavior in *Acer saccharinum* (Aceraceae)." *American Journal of Botany* 82: 1412-19.

■ 10월 29일 얼굴

Darwin, C. 1872. *The Expression of the Emotions in Man and Animals.* Reprint, 1965. Chicago: University of Chicago Press. 한국어판은 『인간과 동물의 감정

표현에 대하여』(서해문집, 1998).

Lorenz, K. 1971. *Studies in Animal and Human Behaviour*. Translated by R. Martin. Cambridge, MA: Harvard University Press.

Randall, J. A. 2001. "Evolution and function of drumming as communication in mammals." *American Zoologist* 41: 1143-56.

Todorov, A., C. P. Said, A. D. Engell, and N. N. Oosterhof. 2008. "Understanding evaluation of faces on social dimensions." *Trends in Cognitive Sciences* 12: 455-60.

■ 11월 5일 빛

Caine, N. G., D. Osorio, and N. I. Mundy. 2009. "A foraging advantage for dichromatic marmosets (*Callithrix geoffroyi*) at low light intensity." *Biology Letters* 6: 36-38.

Craig, C. L., R. S. Weber, and G. D. Bernard. 1996. "Evolution of predator-prey systems: Spider foraging plasticity in response to the visual ecology of prey." *American Naturalist* 147: 205-29.

Endler, J. A. 2006. "Disruptive and cryptic coloration." *Proceedings of the Royal Society, Series B: Biological Sciences* 273: 2425-26.

_____, 1997. "Light, behavior, and conservation of forest dwelling organisms." In *Behavioral Approaches to Conservation in the Wild*, edited by J. R. Clemmons and R. Buchholz, 329-55. Cambridge: Cambridge University Press.

King, R. B., S. Hauff, and J. B. Phillips. 1994. "Physiological color change in the green treefrog: Responses to background brightness and temperature." *Copeia* 1994: 422-32.

Merilaita, S., and J. Lind. 2005. "Background-matching and disruptive coloration, and the evolution of cryptic coloration." *Proceedings of the Royal Society, Series B: Biological Sciences* 272: 665-70.

Mollon, J. D., J. K. Bowmaker, and G. H. Jacobs. 1984. "Variations of color-vision in a New World primate can be explained by polymorphism of retinal photopigments." *Proceedings of the Royal Society, Series B: Biological Sciences* 222: 373-99.

Morgan, M. J., A. Adam, and J. D. Mollon. 1992. "Dichromats detect colour-camouflaged objects that are not detected by trichromats." *Proceedings of the Royal Society, Series B: Biological Sciences* 248: 291-95.

Schaefer, H. M., and N. Stobbe. 2006. "Disruptive coloration provides camouflage independent of background matching." *Proceedings of the Royal Society, Series B: Biological Sciences* 273: 2427-32.

Stevens, M., I. C. Cuthill, A. M. M. Windsor, and H. J. Walker. 2006. "Disruptive contrast in animal camouflage." *Proceedings of the Royal Society, Series B: Biological Sciences* 273: 2433-38.

■ 11월 15일 가는다리새매

Bildstein, K. L., and K. Meyer. 2000. "Sharp-shinned Hawk (*Accipiter striatus*)." The Birds of North America Online (A. Poole, ed.). Ithaca, NY: Cornell Lab of Ornithology. doi:10.2173/bna.482.

Hughes, N. M., H. S. Neufeld, and K. O. Burkey. 2005. "Functional role of anthocyanins in high-light winter leaves of the evergreen herb *Galax urceolata*." *New Phytologist* 168: 575-87.

Lin, E. 2005. *Production and Processing of Small Seeds for Birds*. Agricultural and Food Engineering Technical Report 1. Rome: Food and Agriculture Organization of the United Nations.

Marden, J. H. 1987. "Maximum lift production during takeoff in flying animals." *Journal of Experimental Biology* 130: 235-38.

Zhang, J., G. Harbottle, C. Wang, and Z. Kong. 1999. "Oldest playable musical instruments found at Jiahu early Neolithic site in China." *Nature* 401: 366-68.

■ 11월 21일 곁가지

Canadell, J. G., C. Le Quere, M. R. Raupach, C. B. Field, E. T. Buitenhuis, P. Ciais, T. J. Conway, N. P. Gillett, R. A. Houghton, and G. Marland. 2007. "Contributions to accelerating atmospheric $CO_2$ growth from economic activity, carbon intensity, and efficiency of natural sinks." *Proceedings of the National Academy of Sciences, USA* 104: 18866-70.

Dixon R. K., A. M. Solomon, S. Brown, R. A. Houghton, M. C. Trexier, and J. Wisniewski. 1994. "Carbon pools and flux of global forest ecosystems." *Science* 263: 185-90.

Hopkins, W. G. 1999. *Introduction to Plant Physiology*. 2nd ed. New York: John Wiley and Sons. 한국어판은 『식물생리학』(월드사이언스, 2012) 4판.

Howard, J. L. 2004. *Ailanthus altissima*. In: Fire Effects Information System. U.S. Department of Agriculture, Forest Service, Rocky Mountain Research Station. www.fs.fed.us/database/feis/plants/tree/ailalt/all.html.

Innes, R. J. 2009. *Paulownia tomentosa*. In: Fire Effects Information System. www.fs.fed.us/database/feis/plants/tree/pautom/all.html.

Solomon, S., D. Qin, M. Manning, Z. Chen, M. Marquis, K. B. Averyt, M. Tignor, and H. L. Miller (eds.). 2007. *Contribution of Working Group I to the*

*Fourth Assessment Report of the Intergovernmental Panel on Climate Change.* Cambridge: Cambridge University Press.

Woodbury, P. B., J. E. Smith, and L. S. Heath 2007. "Carbon sequestration in the U.S. forest sector from 1990 to 2010." *Forest Ecology and Management* 241: 14-27.

■ 12월 3일 낙엽

Coleman, D. C., and D. A. Crossley, Jr. 1996. *Fundamentals of Soil Ecology.* San Diego: Academic Press.

Crawford, J. W., J. A. Harris, K. Ritz, and I. M. Young. 2005. "Towards an evolutionary ecology of life in soil." *Trends in Ecology and Evolution* 20: 81-87.

Horton, T. R., and T. D. Bruns. 2001. "The molecular revolution in ectomycorrhizal ecology: peeking into the black-box." *Molecular Ecology* 10: 1855-71.

Wolfe, D. W. 2001. *Tales from the Underground: A Natural History of Subterranean Life.* Reading, MA: Perseus Publishing.

■ 12월 6일 땅속 동물

Budd, G. E., and M. J. Telford. 2009. "The origin and evolution of arthropods." *Nature* 457: 812-17.

Hopkin, S. P. 1997. *Biology of the Springtails (Insecta: Collembola).* Oxford: Oxford University Press.

Regier, J. C., J. W. Shultz, A. Zwick, A. Hussey, B. Ball, R. Wetzer, J. W. Martin, and C. W. Cunningham. 2010. "Arthropod relationships revealed by phylogenomic analysis of nuclear protein-coding sequences." *Nature* 463: 1079-83.

Ruppert, E. E., R. S. Fox, and R. D. Barnes. 2004. *Invertebrate Zoology: A Functional Evolutionary Approach.* 7th ed. Belmont, CA: Brooks/Cole-Thomson Learning.

■ 12월 26일 우듬지

Weiss, R. 2003. "Administration opens Alaska's Tongass forest to logging." *The Washington Post*, December 24, page A16.

**■ 12월 31일 관찰**

Bender, D. J., E. M. Bayne, and R. M. Brigham. 1996. "Lunar condition influences coyote (*Canis latrans*) howling." *American Midland Naturalist* 136: 413-17.

Gese, E. M., and R. L. Ruff. 1998. "Howling by coyotes (*Canis latrans*): variation among social classes, seasons, and pack sizes." *Canadian Journal of Zoology* 76: 1037-43.


**■ 후기**

Davis, M. B., ed. 1996. *Eastern Old-Growth Forest: Prospects for Rediscovery and Recovery*. Washington, DC: Island Press.

Leopold, A. 1949. *A Sand County Almanac, and Sketches Here and There*. New York: Oxford University Press. 한국어판은 『모래 군의 열두 달』(따님, 2000).

Linnaeus, C. [1707-1788], quoted as epigram in Nicholas Culpeper, *The English Physician,* edited by E. Sibly. Reprint, 1800. London: Satcherd.

White, G. 1788-89. *The Natural History of Selbourne*, edited by R. Mabey. Reprint, 1977. London: Penguin Books.

# 찾아보기

숲에서 우주를 보다

2014년  6월 26일 초판 1쇄 발행
2017년  3월 17일 초판 6쇄 발행

지은이    데이비드 조지 해스컬
옮긴이    노승영
펴낸이    박래선 · 신가예
펴낸곳    에이도스
출판신고  제25100-2011-000005호

주소      주소 서울시 은평구 진관4로 17, 810-711
전화      02-355-3191
팩스      02-989-3191
이메일    eidospub.co@gmail.com

표지 디자인 공중정원 박진범
본문 디자인 공중정원 박진범 · 김경주

ISBN      ISBN 979-11-85415-03-1      03470